/ 甘肃省职业教育在线精品课程

U0694626

仪器分析

/活页式教材/

主　编◎李晓玲
副主编◎蔡宏芳　周秀英

重庆大学出版社

内容提要

本书设计了 6 个操作岗位,分别为紫外-可见分光光度计操作岗位、原子吸收分光光度计操作岗位、电化学分析岗位、气相色谱仪操作岗位、液相色谱仪操作岗位和离子色谱仪操作岗位。以工作过程知识作为教材主体内容,融合了职业技能大赛考核项目和企业培训资源,配套实训预习报告和技能考核评分标准,体现了"岗课赛证"融通的特点,能满足企业对检验工岗位工作能力的需求。本书采用立体化设计,突出教学内容的实用性和实践性,配套课程资源链接,包括课程视频、国家标准、动画、思考与练习,以二维码的形式呈现,供读者即扫即用。

本书可作为高职高专应用化工技术、分析检测技术、环境监测技术等相关专业的学生用书,也可作为相关企业分析检验人员的参考用书。

图书在版编目(CIP)数据

仪器分析 / 李晓玲主编. -- 重庆:重庆大学出版社,2023.10

ISBN 978-7-5689-3732-0

Ⅰ. ①仪… Ⅱ. ①李… Ⅲ. ①仪器分析—高等职业教育—教材 Ⅳ. ①O657

中国国家版本馆 CIP 数据核字(2023)第 217427 号

仪器分析

主 编 李晓玲
副主编 蔡宏芳 周秀英
责任编辑:范 琪 版式设计:范 琪
责任校对:谢 芳 责任印制:张 策

*

重庆大学出版社出版发行
出版人:陈晓阳
社址:重庆市沙坪坝区大学城西路 21 号
邮编:401331
电话:(023) 88617190 88617185(中小学)
传真:(023) 88617186 88617166
网址:http://www.cqup.com.cn
邮箱:fxk@ cqup.com.cn(营销中心)
全国新华书店经销
POD:重庆正文印务有限公司

*

开本:787mm×1092mm 1/16 印张:19.25 字数:483 千
2023 年 10 月第 1 版 2023 年 10 月第 1 次印刷
ISBN 978-7-5689-3732-0 定价:69.00 元

前 言

高等职业教育的根本任务是培养面向生产、建设、管理和服务第一线的实践能力强、具有良好职业道德的高素质技能型应用人才，技能型应用人才需要较强的职业综合能力，能够掌握基础理论、技能操作，还能适应岗位并不断学习提升自我，以适应社会发展的需要。发展高等职业教育，培养满足社会产业需求的高等技术应用型人才，我们必须重视职业教育教材改革和建设，编写出具有职业教育特色的优质教材。

国家职业教育改革实施方案中指出，要建设一大批校企"双元"合作开发的国家规划教材，倡导使用新型活页式、工作手册式教材并配套开发信息化资源。本书内容涵盖各种理论、方法、仪器、技术和策略，可用于表征物质组成、性质与结构等，适用于生化、药品、食品、环境、化学、化工、电子等领域，是高等职业教育专业目录中化工技术类各专业的基础化学课程。

本书适当地引入党的二十大精神，让学生对国家的宏观方针政策有更深刻的认识，让党的二十大精神与实际的教学内容有机结合，形成切实可行的指导思想。本书依据先进的教学理念，采用校企合作编写模式，以岗位分析为基础，选取实际生产生活中的典型工作项目，按照"岗位分析—单元技能训练—单元技术理论—综合训练"的系统架构构筑课程子模块，以工作过程系统化为导向培养从业者的综合职业能力。

本书以岗位分析为主线，结合仪器介绍，设计了6个岗位工作内容，涵盖多种仪器分析方法和设备，将分析测试行业者的工作内容比较完整地呈现出来，可使学生全面掌握分析流程，并在项目开展过程中将专业技能知识的学习和技能操作练习有机结合。本书突出以下特点：

（1）教学内容组织与安排遵循学生职业能力培养的基本规律，以岗位为依托，突出职业性。本书以岗位分析为主线，结合仪器分析方法，以能力和岗位需求为要素设计教学项目和内容，融合职业道德要求，使学生在系统掌握专业技术内容的同时，具备较高的职业素养。

（2）本书将《仪器分析》和《仪器分析技术》的内容整合为一体，旨在为职业技术院校打造一本实践性强的、立体化的活页式教材。

（3）本书编写紧扣"以过程为导向""以任务为载体"的高职教育

原则,编写体系衔接性强,符合教育规律。教材采用工作过程系统化构筑模式,按照岗位分析—仪器设备—典型工作项目分析—基础理论—实训项目—思考与练习—思政阅读的模块进行编写,结合配套图片和拓展资源,使学生逐步深入地学习,提高学生学习能力。

(4)从应用性、实用性、综合性的理念出发,校企深度合作"岗课赛证"融通,工作项目采用最新检测方法,渗透了国家(行业)标准中的检测方法,紧跟社会经济技术发展。

(5)本书编写采用立体化设计,以二维码形式穿插了动画、视频资源及国家标准,并配套实训报告和评分标准,线上线下相配合,自学人员易学易用。本书可供学生预习、回看、复习,做到学习内容与专业检测任务的无缝对接。

(6)本书具备"活页"和"教材"的双重属性,具有结构化、模块化、灵活化及趣味化诸多符合教学、自主学习的特征,并具备引导性、功能性、专业性及综合性等培训特质。

本书由甘肃林业职业技术学院李晓玲任主编,甘肃林业职业技术学院蔡宏芳、甘肃农业职业技术学院周秀英任副主编。其中岗位1和岗位2由李晓玲编写,岗位3和岗位5由周秀英编写,岗位4和岗位6由蔡宏芳编写。本课程视频主要由甘肃林业职业技术学院李晓玲、蔡宏芳、张劲宇、李学飞、刘岚、祁佳和甘肃农业职业技术学院周秀英摄制,甘肃省环境监测总站牛武江、甘肃旭明行建技术检测有限公司杨旭军参与拍摄和校核。全书由李晓玲统稿。

由于本书是活页式教材的一种尝试,且限于编者的经验,书中难免存在疏漏和不妥之处,敬请专家和读者批评指正。

编　者

2023 年 3 月

目 录

273／岗位6　离子色谱仪操作岗位

299／参考文献

岗位 **1**

紫外-可见分光光度计操作岗位

📖岗位分析

▶岗位群分布

该岗位群分布于制药、医疗卫生、化学、化工、环保、地质、食品、生物、材料、计量科学、石油、冶金、农业、林业等领域,主要从事科研、生产和教学中的质量控制、产品检验等工作。

▶工作内容

紫外-可见分光光度计操作员的工作内容主要为仪器的操作和维护,样品的处理和检测,具体内容见表1.1。

表 1.1　紫外-可见分光光度计操作员的工作内容

序号	分类	具体工作内容
1	定性分析	有机化合物分子结构推断,样品纯度判断
2	定量分析	抗生素等药品含量分析,油品质量分析,环境中酚类等有害物质检测,有机氯等农药残留分析,食品中氟和汞等有害物质分析等
3	结果处理	对检测结果进行数据处理,给出标准化报告
4	仪器维护	能对仪器进行校检,能对仪器进行日常维护与保养

▶岗位要求

紫外-可见分光光度计操作员属技术性岗位,须符合岗位的技术要求,同时作为企业员工,还必须符合其社会性要求,具体要求见表1.2。

表 1.2　紫外-可见分光光度计操作员的岗位要求

序号	分类	具体工作内容
1	基本要求	精通紫外-可见分光光度计的操作,能针对不同类型的样品选择合适的处理方法,对应进行定性和定量测量,结果准确,效率高
2	维护要求	能有效维护仪器的良好工作环境(如温度、湿度要求,卫生环境管理等),能准确校验仪器(如波长、比色皿等),能处理软硬件出现的简单故障(如样品架位置不准确,仪器操作过程出现报警,光源能量不足需更换等情况)
3	职业道德要求	正直无私,把实事求是摆在职业责任的优先位置,提供真实、客观的检测数据;不断提高专业水平,为公众、雇主和顾客提供专业的服务
4	其他要求	勤奋好学,具有良好的语言和书面表达能力,良好的团队协作能力,能针对工作中出现的问题迅速采取恰当的处理措施,提供高效的服务

🐨 仪器设备

┌─────────────── ○ 资 源 链 接 ○ ───────────────┐

《双光束紫外可见分光光度计》(GB/T 26813—2011)　　《单光束紫外可见分光光度计》(GB/T 26798—2011)

└───┘

▶仪器环境要求

紫外-可见分光光度实训室要求有水、电、工作台等基本设施,同时由于光谱仪器是精密仪器,因此对温度、湿度、抗电磁干扰等条件也有一定的要求,具体要求见表1.3。

表 1.3　紫外-可见分光光度实训室环境要求

项目	具体要求
温度	常温,建议安装空调设备,无回风口
湿度	45% ~60%
供水	配置1~2个水龙头
废液排放	配置废液收集桶
供电	集中设置单相插座若干,设置独立的配电盘、通风柜开关;一般需安装稳压电源
供气	无特殊要求不需要用气
光线	避免强光照射
工作台防震	合成树脂台面,防震,工作台不宜离墙太近,以便检修仪器
防火防爆	配置灭火器
避雷防护	属于第三类防雷建筑物
防静电	设置良好接地
电磁屏蔽	有精密电子仪器设备,需进行有效电磁屏蔽
通风设备	配置通风柜,要求通风良好

▶紫外-可见分光光度实训室管理规范

紫外-可见分光光度计属精密仪器,需要小心使用及定期维护,故实训室需制定详细的管理制度,保证机器的正常运作,具体规定如下。

①仪器的管理和使用必须落实岗位责任制,制定操作规程、使用和保养制度,责任到人。

②仪器使用者要掌握仪器的性能、操作方法和使用注意事项,方可独立完成实验。

③开机前,检查样品室,确保没有样品及空比色皿,仪器自检过程中禁止打开样品室盖。仪器使用全过程中应保证样品室的干燥与清洁。

④测定时,禁止将试剂或液体物质放在仪器的表面,如有溶液溢出或其他原因将样品室弄脏,要及时清理干净。

⑤实验结束后,将比色皿中的溶液倒尽,然后用蒸馏水或有机溶剂冲洗比色皿至干净,倒立晾干后放入比色皿盒中,防尘保存。关闭电源、样品室,做好使用登记。

⑥实验结束后,剩余的耗材、样品、溶剂及废液必须及时清理,一是保证实训室的清洁和安全,二是避免他人误拿、误扔。

⑦实训室内严禁吸烟、使用明火等可能对实验研究及仪器性能造成影响的一切活动。

⑧严禁在仪器设备上摆放任何物品,一切与实验无关的物品不得带入实训室内。

⑨仪器发生故障时要及时上报,对较大事故,责任人需及时组织人员查清事故原因,提出处理意见,并组织修复处理。

⑩实训室负责人应规范记录制度,对仪器进行定期校验与检验,确保其准确度与灵敏度,并定期检查实训室安全设施,保证实训室安全与整洁。

▶仪器——紫外-可见分光光度计

(1)常见的紫外-可见分光光度计

紫外-可见分光光度计品牌众多,常见的紫外-可见分光光度计如图1.1所示。

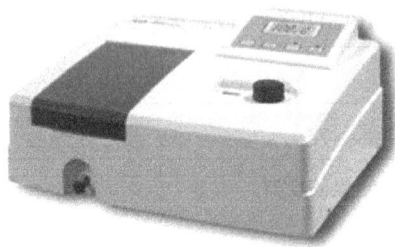

(a)722 N可见分光光度计
(上海仪电分析仪器有限公司)

(b)UV-5900可见分光光度计
(上海元析仪器有限公司)

(c)UV-2601PC 紫外-可见分光光度计
(北京北分瑞利分析仪器(集团)有限责任公司)

(d)V-1800可见分光光度计
(上海美谱达仪器有限公司)

（e）723PC型可见分光光度计
（上海丙林电子科技有限公司）

（f）NanoDrop Lite分光光度计
（美国赛默飞世尔科技公司）

图1.1　常见的紫外-可见分光光度计

（2）比色皿

比色皿是紫外-可见分光光度计的配件。比色皿按材质分为石英池和玻璃池两大类,每一种材质的比色皿型号和长度有很多种(具体说明见表1.4,图示如图1.2所示。)

表1.4　比色皿型号说明

分类	型号	图示例
方形池	光路长=10 mm,高=22.5 mm	图1.2①
	光路长=5 mm,高=22.5 mm	图1.2③
	光路长=5 mm,高=25 mm	图1.2⑥
	光路长=50 mm,高=22.5 mm	图1.2⑦
带密封塞池	光路长=10 mm,高=22.5 mm	图1.2②
半微量池	光路长=5 mm,高=22.5 mm	图1.2④
气体池	光路长=50 mm,直径=25 mm	图1.2⑤
半微量暗池	光路长=2 mm,高=22.5 mm	图1.2⑧
微量暗池	光路长=1 mm,高=12 mm	图1.2⑨

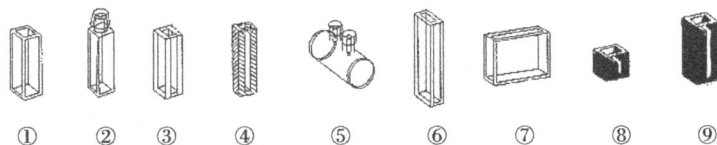

①　②　③　④　⑤　⑥　⑦　⑧　⑨

图1.2　各种型号比色皿示意图

基础理论1.1　紫外-可见分光光度法基本原理

○ 资源链接 ○

光学基础知识

（1）紫外-可见分光光度法概述

一定波长的光照射物质分子,如被物质分子吸收,便会引起物质内部分子、电子或原子核间运动状态的变化,消耗一部分能量,其透射光的强度将减弱。紫外-可见分光光度法便是基于物质分子对 200～780 nm 波长的光辐射的吸收建立起来的,这个波段的光与物质中原子的价电子能级跃迁相适应,可以引起这些价电子跃迁,故紫外-可见分光光度法又称电子光谱法。

采用分光光度计,根据物质对不同波长的单色光吸收程度不同而对物质进行定性和定量分析的测量方法就是分光光度法。按所使用的光源波长范围不同,分光光度法又分为可见分光光度法（400～780 nm）、紫外分光光度法（200～400 nm）和红外分光光度法（780～$1×10^6$ nm）。紫外分光光度法和可见分光光度法合称紫外-可见分光光度法。

（2）物质的颜色和产生的原因

思考一下,为什么硫酸铜溶液是蓝色的,而硫酸亚铁溶液是绿色的? 这是因为硫酸铜吸收了白光中的黄色光从而显示蓝色,而硫酸亚铁溶液吸收了白光中的紫红色从而显示绿色。

人的肉眼能感知波长为 400～780 nm 的光,故这个波长区域称为可见光区。不同波长的光颜色不同,波长按照 780～400 nm 排列,光的颜色呈现红、橙、黄、绿、青、蓝、紫七色。我们看到的白光是这个波段所有颜色光的复合光,如白炽灯光、日光等,而将适当颜色的两种光按一定强度比例混合,可以合成白光,这两种颜色称为互补色,互补情况如图 1.3 所示。

有色物质呈现的颜色是它所吸收的那种波长光波的互补色,即未被它吸收的那部分光波的颜色。例如,某一物质能吸收波长为 400～435 nm 的紫色光波,那么它看上去将是黄绿色,因为它将黄绿色的光反射出来了,而紫色与黄绿色互为补色。所以,物质选择性吸收了可见光而产生颜色,其颜色是被吸收色光的补色。如果物质将可见光线全部吸收,该物质就呈黑色;如果物质在可见光区完全没有吸收,该物质为无色。

图 1.3　有色光的互补色

（3）物质对光的选择性吸收

分子中的电子总是处在某一种运动状态中，每一种状态都具有一定的能量，属于一定的能级。电子受到光、热、电等的激发时，将从一个能级转移到另一个能级，这种现象称为电子的跃迁。由于电子的能级是不连续的，因此，分子只能吸收那些能量相当于两个能级差值或其整数倍的辐射。不同波长的光能量不同，所以，某一特定分子只能选择性地吸收特定波长的光，这就是物质对光的选择性吸收。

研究物质的吸收光谱，可以得到许多物质内部结构的重要信息。

1）物质的吸收曲线

物质的吸收光谱曲线是通过实验获得的，具体方法是：将不同波长的光依次通过某一固定浓度和厚度的有色溶液，分别测出它们对各种波长光的吸收程度（用吸光度 A 表示），以波长为横坐标，以吸光度为纵坐标作图，画出曲线，此曲线即称为该物质的光吸收曲线（或吸收光谱曲线），它描述了物质对不同波长光的吸收程度。图 1.4 为三种不同浓度的高锰酸钾（$KMnO_4$）溶液的光吸收曲线。由图中可以看出：

①高锰酸钾溶液对不同波长的光的吸收程度是不同的，对波长为 525 nm 的绿色光吸收最多，在吸收曲线上有一高峰（称为吸收峰）。光吸收程度最大处的波长称为最大吸收波长（常以 λ_{max} 表示）。在进行光度测定时，通常都是选取在 λ_{max} 处测量，因为这时可得到最大的灵敏度。

②不同浓度的高锰酸钾溶液，其吸收曲线的形状相似，最大吸收波长也一样。所不同的是吸收峰峰高随浓度的增加而增高。

③不同物质的吸收曲线，其形状和最大吸收波长各不相同。因此，可将吸收曲线作为物质定性分析的依据。

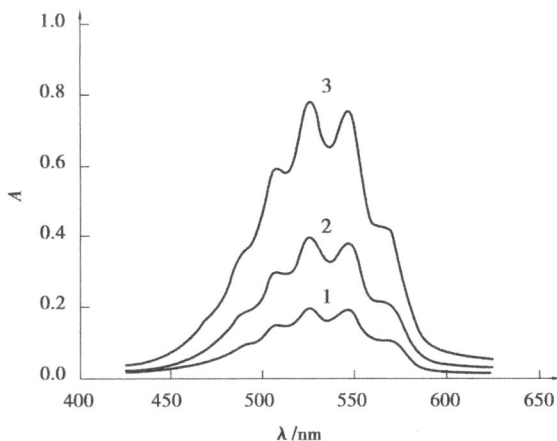

图 1.4　$KMnO_4$ 溶液的光吸收曲线

曲线 1、2、3 对应的浓度分别为：0.14，0.28，0.56 μg/mL

2）透射比和吸光度

当一束强度为 I_0 的单色光垂直照射到某一均匀、非散射的吸收介质时（图 1.5），透射光

强度变为 I_t,则透射光强度与入射光强度之比称为透光率,用 T 表示,则有

$$T = \frac{I_t}{I_0} \tag{1.1}$$

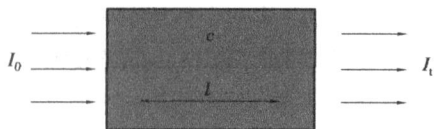

图 1.5　单色光通过均匀介质

物质的透光率越大,表明物质对光的吸收越小;反之,透光率越小,表明物质对光的吸收越大。常用吸光度来表示物质对光的吸收程度,吸光度用 A 表示,计算公式为

$$A = -\lg T = \lg \frac{I_0}{I_t} \tag{1.2}$$

透光率和吸光度都是物质对光的吸收程度的度量。

分光光度法可以测定液体样品,也可以测定固体样品和气体样品,但一般都需要将样品制成溶液后测量。

(4)朗伯-比尔定律

朗伯-比尔定律是光吸收的基本定律,也是分光光度法进行定量分析的依据和基础。它由朗伯(Lambert)定律和比尔(Beer)定律联合而成,即当用一束平行单色光照射溶液时,物质对光的吸收程度与溶液浓度和液层厚度的乘积成正比,是光吸收定律,其数学表达式为

$$A = Kbc \tag{1.3}$$

式中,K 为吸光系数;b 为液层厚度(即样品的光程长度),cm;c 为溶液浓度,mol/L。

朗伯-比尔定律应用必须具备三个基本条件。

①入射光必须是平行的单色光。

②光吸收发生在均匀的介质中。

③光吸收过程中,吸光物质互相不发生作用。

1)摩尔吸光系数

式(1.3)中,比例常数 K 称为吸光系数,其物理意义是:单位浓度的溶液,液层厚度为 1 cm 时,在一定波长下测得的吸光度。

K 值的大小取决于入射光的波长、吸光物质的性质、溶液的温度和性质等,与溶液浓度大小和液层厚度无关。但是 K 值大小因溶液浓度所采用的单位不同而不同,即 K 的大小及单位与 b 和 c 的单位有关。

①质量吸光系数。b 的单位通常以 cm 表示,当 c 的单位为 g/L 时,K 的单位为 $L/(g \cdot cm)$,称为质量吸光系数,用 a 表示。朗伯-比尔定律表示为 $A = abc$。

②摩尔吸光系数。b 的单位通常以 cm 表示,当 c 的单位为 mol/L 时,K 的单位为 $L/(mol \cdot cm)$,称为摩尔吸光系数,用 ε 表示。朗伯-比尔定律表示为 $A = \varepsilon bc$。ε 值越大,表示该物质对某波长光的吸收能力越强,测定的灵敏度也越高。

【例 1.1】　已知含 Fe^{2+} 浓度为 500 μg/L 溶液用 1,10-邻二氮菲反应生成橙红色配合物,

在波长 512 nm 处用 2 cm 吸收池测得 $A = 0.203$，计算该配合物的摩尔吸光系数。（已知：$M_{Fe} = 55.85$ g/mol）

解　由 $A = \varepsilon bc$ 得

$$\varepsilon = \frac{A}{bc} = \frac{0.203}{2.0 \times \dfrac{5.0 \times 10^{-4}}{55.85}} = 1.1 \times 10^4 \text{ L/(mol·cm)}$$

2）偏离朗伯-比尔定律的因素

朗伯-比尔定律是分光光度分析的理论基础。理论上，吸光度对溶液浓度作图，所得的直线的截距为零，斜率为 ε，称为标准曲线或工作曲线。但是，在实际工作中测定未知溶液的浓度时，标准曲线常发生弯曲（图 1.6），这种现象称为对朗伯-比尔定律的偏离。

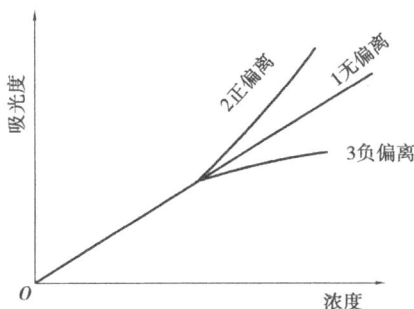

图 1.6　朗伯-比尔定律的偏离

如图 1.6 所示，如果溶液的实际吸光度比理论值大，则称为正偏离光吸收定律；如果实际吸光度比理论值小，则称为负偏离光吸收定律。引起这种偏离的因素主要包括以下几个方面。

①物理性因素。朗伯-比尔定律的前提条件之一是入射光为单色光，但实际上难以获得真正的纯单色光。分光光度计只能获得近乎单色的狭窄光带。非单色光、杂散光、非平行入射光都会引起对朗伯-比尔定律的偏离，最主要的是非单色光作为入射光引起的偏离。

②化学性因素。朗伯-比尔定律成立的前提条件是假设所有的吸光质点之间不发生相互作用，该假设只有在稀溶液（$c < 10^{-2}$ mol/L）时才基本符合，当溶液浓度 $c > 10^{-2}$ mol/L 时，吸光质点间可能发生缔合等相互作用，直接影响对光的吸收，从而导致对朗伯-比尔定律的偏离。

当溶液中存在离解、聚合、互变异构、配合物的形成等化学平衡时，吸光质点的浓度会发生变化，也将影响吸光度的测定，导致对朗伯-比尔定律的偏离。例如，铬酸盐或重铬酸盐溶液中存在下列平衡

$$2CrO_4^{2-} + 2H^+ \Longrightarrow Cr_2O_7^{2-} + H_2O$$

溶液中 CrO_4^{2-}、$Cr_2O_7^{2-}$ 的颜色不同，吸光性质也不相同。此时溶液的 pH 值对测定有重要影响。如在酸性条件下，CrO_4^{2-} 会变成 $Cr_2O_7^{2-}$，吸光物质光谱曲线发生了明显变化（图 1.7），测定会严重偏离朗伯-比尔定律，因此，测量前的化学预处理工作是十分重要的，如控制好显色反应条件、控制溶液的化学平衡等，以防止产生偏离。

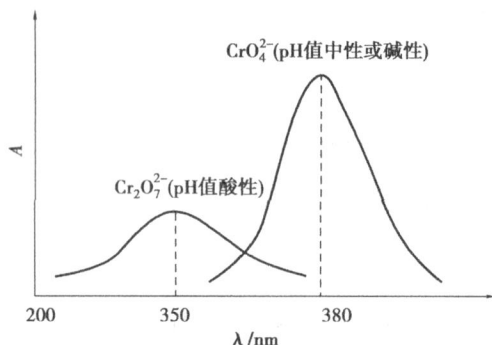

图 1.7　不同 pH 值下铬离子的形态和光谱曲线

③朗伯-比尔定律的局限性引起偏离。严格说,朗伯-比尔定律是一个有限定律,它只适用浓度小于 0.01 mol/L 的稀溶液。当浓度较高时,吸光粒子间平均距离减小,导致每个粒子都会影响其邻近粒子的电荷分布。这种相互作用使它们的摩尔吸光系数 ε 发生改变,导致偏离朗伯-比尔定律。因此,在实际工作中,待测溶液的浓度应控制在 0.01 mol/L 以下。

④光的反射和散射引起偏离。溶液不均匀、比色皿等都会对光产生散射和反射作用,从而导致光损失,这部分损失被计入吸光度,会导致测定偏离朗伯-比尔定律。为了减少这种影响,需要将比色皿进行配对校正,以消除比色皿反光差异带来的误差;采用参比溶液可以校正溶液粒子散射和溶剂吸收单色光对测定产生的影响。

实训项目 1.1　有机化合物吸收光谱的绘制

○ 资源链接 ○

2100 型分光光度计　　　　T6 型分光光度计　　　　1800 型分光光度计

▶项目描述

现有一瓶未知样品,推断为苯甲酸、山梨酸或邻二氮菲中的一种,浓度未知,请判断该未知样品为何种有机物,拟采用紫外-可见分光光度法。

▶能力目标

- 认知仪器组成、配套部件和控制面板。
- 能熟练操作紫外-可见分光光度计。
- 掌握有机化合物吸收光谱及其鉴定方法。
- 能对仪器进行校验和基本的日常维护。

▶项目分析

该项目未知样品为山梨酸、苯甲酸或者邻二氮菲中的一种，需要采用仪器方法将其定性。三种有机物的结构有较大的区别，采用紫外-可见分光光度法可迅速获得未知物的吸收光谱，进而和三种有机物的吸收光谱对比，即可判断其具体为何种有机物。紫外-可见分光光度法仪器设备简单、价格低廉、操作方便、应用广泛，是此类测试的首选方法。

测试者需首先了解仪器的结构组成和各部分作用，在此基础上进行基本操作练习，然后测定物质吸收光谱，并且操作过程中需要注意对仪器进行维护和保养。

注意：紫外-可见分光光度计灵敏度较高，测定对象为微量组分，下限可达 10^{-7}mol/L，测定相对误差范围为 1%~5%，故测定时需要将高浓度样品稀释至合适浓度（一般控制吸光度<1）。

▶项目实施

一、仪器和试剂

1. 仪器

紫外-可见分光光度计（石英比色皿一套，滤纸，擦镜纸等）；比色管（25 mL）；吸量管（5 mL）。

2. 试剂

①标准储备液：山梨酸溶液（1 g/L）；苯甲酸溶液（1 g/L）；邻二氮菲溶液（1 g/L）。

②未知样品：山梨酸、苯甲酸或者邻二氮菲溶液中的一种。

二、基本操作

1. 开关机操作

仪器的开关机键一般在机器的垂直面，插上电源，按下按钮，显示屏亮起即表示开机成功，一般仪器都会进行自检，自检完毕后进入主界面。关机步骤则是先将仪器恢复到开机界面，然后关闭电源键，拔下电源插头。

2. 选择工作波长

波长选择一般有三种方式，一种为手动旋钮式，将旋钮的标记线转到所需波长即可；一种为手动按键式，按"波长"或"设置"键，输入所需波长或按上下键选择，按"确定"即可显示选定波长；第三种为电脑软件设置，单击"波长"，输入具体数值确定即可。

3. 吸收池配套性检查（即测皿差）

石英吸收池在 220 nm 处装蒸馏水，以一个吸收池为参比，调节吸光度为 0，测定其余吸收池的吸光度，其偏差应小于 0.5%，可配成一套使用，记录其余比色皿的吸光度值作为校正值。

4. 选择测量模式

测量模式有吸光度（A）、透光度（T）和校准模式。一般选择吸光度模式。复杂的分光光度计还需进一步选择吸收光谱、测量模式等。

5. 清洗并润洗比色皿

手指捏住比色皿两侧磨砂玻璃,不可接触光学面,先用蒸馏水反复清洗 3～4 次,然后根据实际测定过程,用参比溶液或者待测溶液润洗 3～4 次。润洗完毕,装好溶液,装液高度在比色皿 3/4～4/5,然后用滤纸先吸干比色皿外部的液体,再用擦镜纸小心擦干光学面。

注意:用擦镜纸擦拭时一定要往同一个方向,不可来回擦拭,否则容易损伤光学面,引起测量误差。

6. 测定吸光度

首先,用参比溶液调零,打开暗箱盖子,将参比溶液放入样品池架,置于光路,然后盖上盖子,调节吸光度为 0 或者透光率为 100%。在吸光度模式下,测定待测溶液吸光度。调零后直接将待测溶液放置于光路,在吸光度模式下测定样品的吸光度值。如吸光度太大,说明样品浓度过高,需要稀释后再测定,一般控制样品吸光度值在 1 以下。

三、数据记录及处理

1. 数据记录

①山梨酸溶液波长与吸光度值。

编号	1	2	3	4	5	6	7	8	9	…
波长 λ/nm										
吸光度 A										

②苯甲酸溶液波长与吸光度值。

编号	1	2	3	4	5	6	7	8	9	…
波长 λ/nm										
吸光度 A										

③邻二氮菲溶液波长与吸光度值。

编号	1	2	3	4	5	6	7	8	9	…
波长 λ/nm										
吸光度 A										

④未知样品波长与吸光度值。

编号	1	2	3	4	5	6	7	8	9	…
波长 λ/nm										
吸光度 A										

2. 绘制光吸收曲线

根据以上四组数据先分别绘制三种有机物的光吸收曲线,再绘制未知样品的光吸收曲线。

3. 确定未知样品

通过绘制光吸收曲线,从所得四条曲线上进行分析,连续改变波长,对比吸收曲线的波长位置和形状,确定未知样品成分,得出结果。

四、注意事项

使用比色皿时请注意以下几点。

①拿取比色皿时,手指不能接触其透光面。

②装溶液时,先用该溶液润洗比色皿内壁 2～3 次;测定系列溶液时,通常按由稀到浓的顺序测定。

③被测溶液以装至比色皿的 3/4 高度为宜。

④装好溶液后,先用滤纸轻轻吸去比色皿外部的液体,再用擦镜纸小心擦拭透光面,直到洁净透明。

⑤凡含有腐蚀玻璃的物质(如 F^-、$SnCl_2$、H_3PO_4 等)的溶液,不得长时间盛放在吸收池中。

⑥吸收池使用后应立即用水冲洗干净。有色污染物可用 3 mol/L HCl 和一定体积乙醇的混合液浸泡洗涤,生物样品、胶体或者其他在吸收池光学面上形成薄膜的物质要用适当的溶剂洗涤。

⑦不得在火焰或者电炉上加热或者烘烤吸收池,黏合制成的吸收池不可超声,否则黏合处会脱落,导致吸收池报废。

⑧实验中勿将盛有溶液的比色皿放在仪器面板上,以免玷污或腐蚀仪器。实验完毕,及时把比色皿洗净、晾干,放回比色皿盒中。

实训预习报告

岗位1　紫外-可见分光光度计操作岗位		实训日期：		同组人：	
姓名：		班级：	学号：		成绩：
实训项目1.1　有机化合物吸收光谱的绘制					

健康和安全	通过预习说明哪些是健康和安全措施所必需的,并给出相应的描述。
环保	请说明是否需要采取环保措施,并给出相应的描述。

实训报告

岗位 1　紫外-可见分光光度计操作岗位		实训日期：		同组人：	
姓名：		班级：	学号：		成绩：
实训项目 1.1　有机化合物吸收光谱的绘制					
实训项目名称					
实训目的要求					
实训仪器及试剂					
实训原理					
实训操作步骤					

续表

实训操作步骤	
实训数据处理	
实训结果讨论	

实训评分标准

岗位 1　紫外-可见分光光度计操作岗位			实训日期：	同组人：	
姓名：		班级：	学号：	成绩：	
自评：○熟练 ○不熟练		互评：○熟练 ○不熟练	师评：○合格 ○不合格	导师签字：	
日期：		日期：	日期：	温度：	湿度：

实训项目 1.1　有机化合物吸收光谱的绘制

序号	考核项目	考核内容	配分	评分要求	得分	自评	互评	师评
1	素质考核	○1.有团队协作意识,有大局意识,分工明确、互帮互助 ○2.有安全意识,能自我保护 ○3.有环保意识,能节约用水用电 ○4.能认真严谨操作、合理规划时间、实验态度良好 ○5.能够遵守实验室制度,实验纪律良好	15	未完成 1 项扣 3 分,扣分不得超过 15 分		○有 ○没有 ○能 ○不能	○有 ○没有 ○能 ○不能	○合格 ○不合格
2	专业技能考核	○1.能正确洗涤玻璃仪器 ○2.能正确使用玻璃仪器 ○3.能正确配制溶液 ○4.能正确使用比色皿 ○5.能正确对比色皿配套性进行检查 ○6.能正确设定参数 ○7.能正确使用分光光度计 ○8.能填写仪器使用记录 ○9.能正确填写实训报告 ○10.工作台干净整洁	60	未完成 1 项扣 6 分,扣分不得超过 60 分		○能 ○不能	○能 ○不能	○合格 ○不合格

续表

序号	考核项目	考核内容	配分	评分要求	得分	自评	互评	师评
3	实训结果考核	○1. 数据记录合理,无涂改 ○2. 计算正确无抄袭 ○3. 光吸收曲线符合标准 ○4. 有效数字及单位正确 ○5. 最大吸收波长正确	15	未完成 1 项扣 3 分,扣分不得超过15 分		○熟练 ○不熟练	○熟练 ○不熟练	○合格 ○不合格
4	特色考核	○1. 提前进入"校中厂"参观学习 ○2. 一帮一指导其他学生 ○3. 能够自行设计实验 ○4. 能够独立完成实验 ○5. 能积极主动分享实验心得体会	10	未完成 1 项扣 2 分,扣分不得超过10 分		○能 ○不能	○能 ○不能	○合格 ○不合格
5	重大失误考核	○1. 损坏玻璃仪器 ○2. 不爱惜分光光度计 ○3. 试液重新配制(开始吸光度测量后不允许重新配制溶液) ○4. 重新测定(由于仪器本身的原因造成数据丢失,重新测定不扣分)	-20	每出现一项扣 5 分,并赔偿相关损失,扣分不得超过20 分		○有 ○没有	○有 ○没有	○合格 ○不合格

基础理论1.2　紫外–可见分光光度计结构与原理

○── 资源链接 ──○

单光束紫外-可见分光光度计　　双光束紫外-可见分光光度计　　双波长紫外-可见分光光度计

（1）分光光度计的基本构造

紫外-可见分光光度计（简称"分光光度计"）虽型号众多，但是基本结构相似，都由光源、单色器、吸收池、检测器和信号显示系统五大部分组成，其基本结构如图1.8所示。

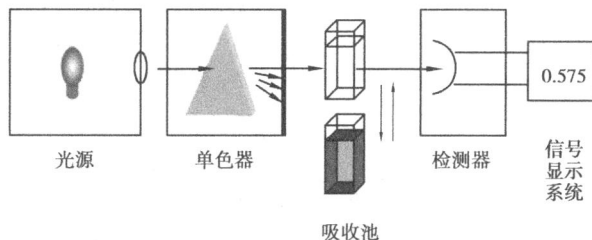

光源　　单色器　　检测器　　信号显示系统

0.575

吸收池

图1.8　分光光度计基本结构示意图

1）光源

光源的作用是提供所需要的可见光或紫外光。分光光度计对光源的要求是在整个紫外光区或可见光谱区可以发射连续光谱，具有足够的辐射强度、较好的稳定性、较长的使用寿命。一般分为可见光光源和紫外光光源。

①可见光光源。一般以钨丝灯和卤钨灯作为光源，其辐射波长范围为120～2 500 nm，其中，120～1 000 nm是最适宜的波长范围。这类光源的辐射能量与施加的外加电压有关，因此必须严格控制灯丝电压，仪器必须配有稳压装置。

②紫外光光源。紫外光光源多为气体放电光源，在近紫外区测定时常用氢灯和氘灯。它们可在160～175 nm范围内产生连续光源。氘灯是紫外光区应用最广泛的一种光源，其光谱分布与氢灯类似，但光强度比相同功率的氢灯要大1～5倍，寿命比氢灯长。为保证发光强度稳定，要求配有稳压器。

2）单色器

单色器是将光源发射的复合光分解成单色光，并可从中选出任一波长单色光的光学系统，是分光光度计的"心脏"。单色器一般由入射狭缝、准光器（透镜或凹面反射镜使入射光成平行光）、色散元件、聚焦元件（透镜系统）和出射狭缝等几部分组成。其核心部分是色散元件，起分光的作用，是棱镜和反射光栅或二者的组合。光栅和棱镜单色器的构成如图1.9所示。

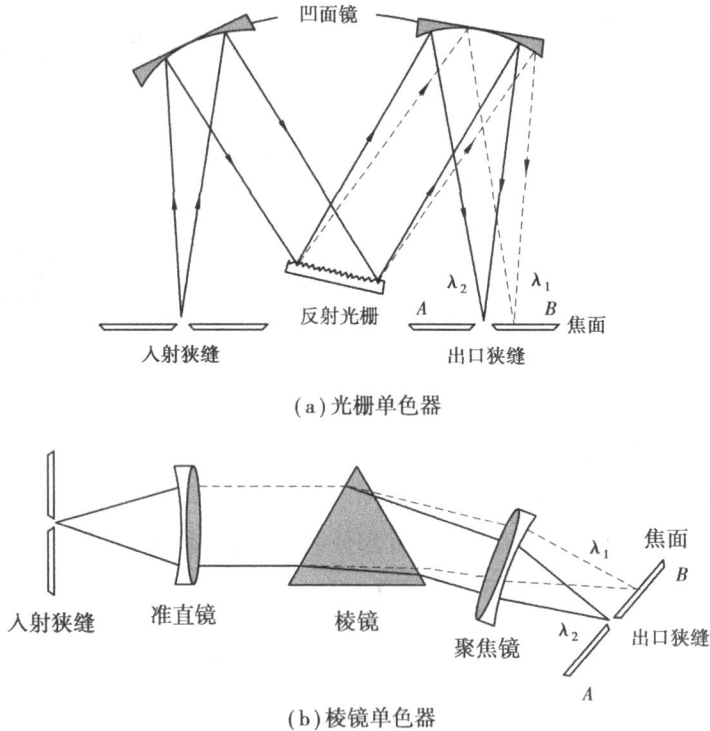

（a）光栅单色器

（b）棱镜单色器

图1.9　光栅和棱镜单色器结构示意图

①光栅单色器。光栅是利用光的衍射与干涉作用制成的。它可用于紫外、可见及红外光域，而且在整个波长区具有良好的、几乎均匀一致的分辨能力。它具有色散波长范围宽、分辨本领高、成本低、便于保存和易于制备等优点，目前生产的紫外-可见分光光度计大多采用光栅作为色散元件。其缺点是各级光谱会重叠而产生干扰。

②棱镜单色器。棱镜单色器的色散原理是依据不同波长的光通过棱镜时有不同的折射率而将其分开。由于玻璃可吸收紫外光，所以玻璃棱镜只能用于150～1 200 nm的波长范围，即只能用于可见光区内。石英棱镜可使用的波长范围较宽，可为185～4 000 nm，即可用于紫外、可见光和近红外三个光区。

需要注意的是，由于光学部件和单色器内外壁的反射、大气或光学元件表面上灰尘的散射等，出射光束中往往混有少量仪器不需要的杂散光，从而影响吸光度的准确性。因此，为了减少杂散光，单色器要用黑色的罩壳封起来，通常不允许任意打开罩壳。

3）吸收池

吸收池又称比色皿，是用于盛放分析试样并能决定透光液层厚度的器件。吸收池一般为长方体（也有圆鼓形或其他形状，但长方体最普遍），两侧及底面为磨砂玻璃面，另外两面为光学透光面。根据光学透光面材质不同，吸收池主要有石英池和玻璃池两种。石英池适用于可见光区及紫外光区，玻璃吸收池只能用于可见光区。按其用途不同，可以制成不同形状和尺寸的吸收池，如矩形液体吸收池、流通吸收池、气体吸收池等。对于稀溶液，可用光程较长的吸收池，如5 cm吸收池等。为减少光的损失，吸收池的光学面必须完全垂直于光束方向。在高精度的分析测定中（紫外区尤其重要），吸收池要挑选配对。因为吸收池材料本身的吸光特征以及吸收池的光程长度的精度等对分析结果都有影响。

4）检测器

检测器的功能是检测光信号,并将光信号转变成电信号,其输出电信号的大小和透过的光强度成正比。常用的检测器有光电池、光电管和光电倍增管等。简易分光光度计上用光电池或光电管作为检测器。目前最常见的检测器是光电倍增管,有的用二极管阵列作为检测器。

对检测器的要求是:在测定的光谱范围内具有高的灵敏度;对辐射能量的响应时间短,线性关系好;对不同波长的辐射响应均相同,且可靠;噪声水平低,稳定性好等。按阴极材料的不同分为蓝敏和红敏两种,前者可用波长范围为 210 ~ 625 nm,后者可用波长范围为 625 ~ 1 000 nm,其特点是灵敏度高、光敏范围广和不易疲劳,但强光照射会引起不可逆损害,因此不宜检测高能量。

①光电池。硒光电池构造如图 1. 10 所示,对光的敏感范围为 100 ~ 800 nm,其中又以 500 ~ 600 nm 最为灵敏。这种光电池的特点是能产生可直接推动微安表或检流计的光电流,但由于容易出现疲劳效应而只能用于低档的分光光度计中,一般不能连续使用 2 h 以上。

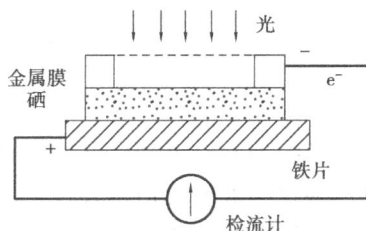

图 1. 10　硒光电池结构示意图

②光电管。光电管在紫外-可见分光光度计上应用较为广泛,与光电池比较,有灵敏度高、光敏范围宽、不易疲劳等优点。

③光电倍增管。光电倍增管是检测微弱光最常用的光电元件,它的灵敏度比一般的光电管要高 200 倍,因此可使用较窄的单色器狭缝,从而对光谱的精细结构有较好的分辨能力。光电倍增管的原理如图 1.11 所示。

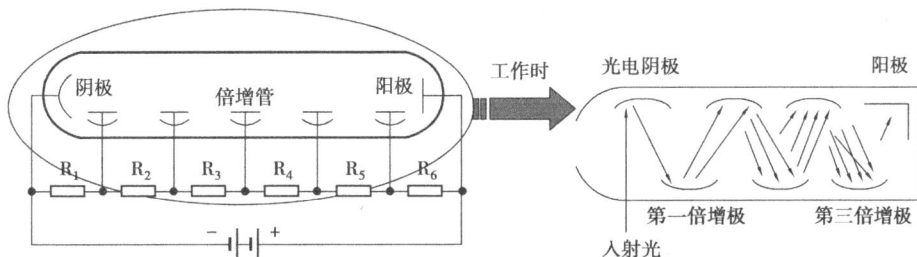

图 1.11　光电倍增管结构示意图

5）信号显示系统

信号显示系统的作用是放大信号并以适当方式指示或记录下来。常用的信号指示装置有直读检流计、电位调节指零装置以及数字显示或自动记录装置等。很多型号的分光光度计装配有微处理机,一方面可对分光光度计进行操作控制,另一方面可进行数据处理。

(2)紫外-可见分光光度计的类型

按光学系统的不同,紫外-可见分光光度计可分为单光束与双光束分光光度计、单波长与双波长分光光度计。

1)单光束紫外-可见分光光度计

在单光束仪器中,分光后的单色光直接透过吸收池,交互测定样品池和参比池的吸收(图1.12)。这种仪器结构简单,适用于测定特定波长的吸收,进行定量分析。

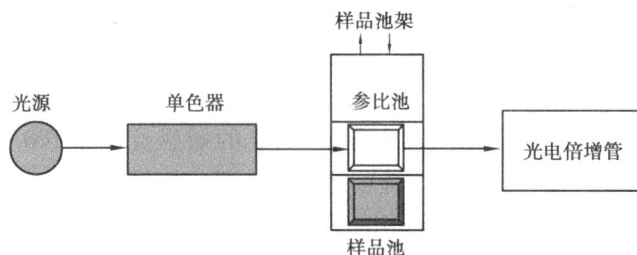

图 1.12　单光束分光光度计的结构示意图

2)双光束紫外-可见分光光度计

双光束仪器中,从光源发出的光经分光后再经扇形旋转镜分成两束,交替通过参比池和样品池,测得的是透过样品溶液和参比溶液的光信号强度之差(图1.13)。双光束仪器克服了单光束仪器由于光源不稳引起的误差,并且可以方便地对全波段进行扫描。

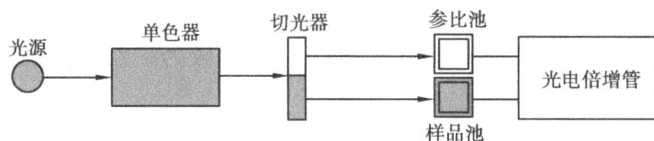

图 1.13　双光束分光光度计的结构示意图

3)双波长紫外-可见分光光度计

由两个单色器分出的 λ_1 和 λ_2 两束不同波长的光,由切光器并束,使其在同一光路交替通过吸收池,由光电倍增管检测信号(图1.14)。双波长仪器的主要特点是可以降低杂散光,光谱精度高,可用于透明和半透明试样的测定,功能更多,但是两个单色器也大大增加了仪器的成本。

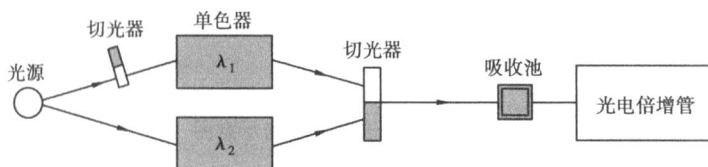

图 1.14　双波长分光光度计的结构示意图

基础理论1.3　紫外–可见分光光度法的应用

紫外-可见分光光度法是一种应用广泛的定量分析方法,也是对物质进行定性分析和结构分析的一种手段,同时还可以测定某些化合物的物理化学参数,例如摩尔质量、配合物的配合比和稳定常数,以及酸、碱的离解常数等。

(1)定性分析

紫外-可见分光光度法在无机元素的定性分析应用方面是比较少的,无机元素的定性分析主要用原子发射光谱法或化学分析法。在有机化合物的定性分析及结构分析方面,由于紫外-可见光谱较为简单,光谱信息少,特征性不强,而且不少简单官能团在近紫外及可见光区没有吸收或吸收很弱,因此,这种方法的应用有较大的局限性。但是,它适用于不饱和有机化合物,尤其是共轭体系的鉴定,以此推断未知物的骨架结构。此外,它可配合红外光谱法、核磁共振波谱法和质谱法等常用的结构分析法进行定量分析和结构分析,是一种有用的辅助方法。一般定性分析方法有三种,即与标准品或标准谱图对照、对比吸收光谱特征数据以及对比吸光度比值。

(2)定量分析

紫外-可见分光光度法最重要和最广泛的用途是微量成分的定量分析,根据样品的组成情况和分析要求,可采用不同的定量方法。紫外-可见分光光度法进行定量分析的依据是朗伯-比尔定律,即在一定波长处待测物质的吸光度与它的浓度呈线性关系,因此,通过测定溶液对一定波长入射光的吸光度,即可求出该物质在溶液中的浓度和含量。常用的定量分析方法主要有标准对照法、标准曲线法。

1)标准对照法

标准对照法是用一个已知浓度的标准溶液(c_s),在一定条件下,测得其吸光度 A_s,然后在相同条件下测得待测溶液(c_x)的吸光度 A_x,则

$$c_x = \frac{A_x}{A_s} c_s \tag{1.4}$$

标准对照法适用的前提是:待测溶液与标准溶液浓度相近,且都符合朗伯-比尔定律。此方法仅适用于个别样品的测定。这是最简单的一种定量方法。

2)标准曲线法

标准曲线法又称为工作曲线法,是实际工作中运用最多、最广泛的一种定量方法。为了

保证测量的准确度,标准样品与待测试样的组成应保持一致,待测试液的浓度应在工作曲线线性范围内,最好在工作曲线中部。

标准曲线法适用于大批量样品,使用起来十分方便。如样品的单组分符合光吸收定律,这时只要测出待测物质的最大吸收波长,就可以在此波长下,选用适当的参比溶液测量试样的吸光度,用工作曲线法测定其含量。

具体操作为:按相同处理方法制备待测试液和一组不同浓度的标准样品,以空白溶液为参比溶液,在特定的波长下,测定待测试液和标准样品的吸光度;以标准样品的浓度为横坐标,吸光度为纵坐标,在坐标纸上绘制标准曲线,如图 1.15 所示;根据待测试液的吸光度值查出其在曲线上的浓度,分别测定各标准溶液的吸光度。

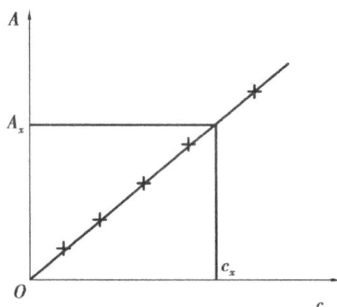

图 1.15　标准曲线法

采用最小二乘法来确定直线的回归方程是较方格纸画图更准确也更常用的方法,工作曲线采用一元线性回归方程表示

$$y = a + bx \tag{1.5}$$

式中,x 为标准溶液的浓度;y 为对应吸光度;a、b 为回归系数,直线称为回归曲线,b 为直线斜率,a 为直线截距,分别由下式求出

$$a = \frac{\sum\limits_{i=1}^{n} y_i - b \sum\limits_{i}^{n} x_i}{n} = \bar{y} - b\bar{x} \qquad b = \frac{\sum\limits_{i=1}^{n} (x_i - \bar{x})^2}{\sum\limits_{i=1}^{n} (y_y - \bar{y})^2} \tag{1.6}$$

式中,$\bar{x}$ 和 $\bar{y}$ 分别为 x 和 y 的平均值;x_i 为第 i 个点的标准溶液的浓度;y_i 为第 i 个点的标准溶液的吸光度,工作曲线线性好坏可以用回归直线的线性相关系数 r 来表示,r 的计算公式为

$$r = \sqrt{\frac{\sum\limits_{i=1}^{n} (x_i - \bar{x})^2}{\sum\limits_{i=1}^{n} (y_i - \bar{y})^2}} \tag{1.7}$$

在相同条件下测定待测组分溶液的吸光度,从标准曲线上即可找出与之对应的未知组分的浓度。标准曲线法适于批量样品的分析,它可以消除一定的随机误差。在绘制标准曲线时应该注意以下几个问题。

①标准溶液一般为 5~7 个点,至少 4 个点。

②待测样品和标准溶液应同时同样处理,吸光度应取几次测定值的平均值。

③标准溶液浓度范围应在溶液吸光度与其浓度呈线性关系区间内,且溶液的吸光度值控制在 0.1~1.0。

④长时间不用而再次使用标准曲线时,以及仪器维修调整后应检查标准曲线,必要时应重新绘制。

⑤在实际工作中,为了避免使用时出错,在所做的标准曲线上还必须标明标准曲线的名称、所用标准溶液名称和浓度、坐标分度和单位、测量条件(仪器型号、入射光波长、吸收池厚度、参比溶液名称)以及制作日期和制作者姓名。

实训项目 **1.2** 水质 总磷的测定

○ 资源链接 ○

水质 总磷的测定——钼酸铵分光光度法　《水质 总磷的测定 钼酸铵分光光度法》(GB 11893—1989)

▶项目描述

某生物制药企业的主要产品为三磷酸腺苷、环磷酸腺苷,该工厂排出废水中含有大量的有机磷和无机磷,导致综合废水中磷的含量超标。对水体危害较大,欲检测其中磷元素含量。拟采用紫外-可见分光光度法。

▶能力目标

• 掌握用过硫酸钾(或硝酸-高氯酸)为氧化剂,将未经过滤的水样消解,用钼酸铵分光光度测定总磷的方法。

• 掌握湿法消解的方法及操作。

• 能熟练操作紫外-可见分光光度计。

• 能采用标准曲线法准确测定样品中磷元素含量。

• 能给出符合要求的检验报告。

▶项目分析

该项目是企业生产过程中废水中磷的测定。污水中的磷部分来源于化肥和农业废弃物。同时,生活中含磷洗涤剂的大量使用也使生活污水中磷的含量显著增加。此外,化工、造纸、橡胶、染料和纺织印染、农药、焦化、石油化工、发酵、医药与医疗及食品等行业排放的废水常含有有机磷化合物。大量的磷排入水体,会造成藻类过度繁殖,导致水体富营养化,使水质恶化。因此,磷含量的检测也是水质检测的重要指标之一。

磷是一种活泼元素,在自然界中不以游离状态存在,而是以含磷有机物、无机磷化合物及还原态 PH_3 这三种状态存在。污水中含磷化合物可分为有机磷与无机磷两类。无机磷几乎都以各种磷酸盐形式存在,包括正磷酸盐、偏磷酸盐、磷酸氢盐、磷酸二氢盐,以及聚合磷酸盐,如焦磷酸盐、三磷酸盐等。有机磷大多是有机磷农药,如乐果、甲基对硫磷、乙基对硫磷、马拉硫磷等,它们大多呈胶体和颗粒状,不溶于水,易溶于有机溶剂。

总磷包括溶解的、颗粒的、有机的和无机磷,在中性条件下用过硫酸钾(或硝酸-高氯酸)使试样消解,将磷全部氧化为正磷酸盐。在酸性介质中,正磷酸盐与钼酸铵反应,在锑盐存在下生成磷钼杂多酸后,立即被抗坏血酸还原,生成蓝色的络合物。

▶项目实施

一、仪器和试剂

1. 仪器

医用手提式蒸气消毒器或一般压力锅($1.1 \sim 1.4$ kg/cm^2);具塞(磨口)刻度管(50 mL);分光光度计。

注意:所有玻璃器皿均应用稀盐酸或稀硝酸浸泡。

2. 试剂

①硫酸(H_2SO_4):$\rho = 1.84$ g/mL。

②硝酸(HNO_3):$\rho = 1.4$ g/mL。

③高氯酸($HClO_4$),优级纯:$\rho = 1.68$ g/mL。

④硫酸,(1+1)。

⑤硫酸,$c(1/2H_2SO_4) \approx 1$ mol/L:将 27 mL 硫酸①加入 973 mL 水中。

⑥氢氧化钠溶液(1 mol/L):将 40 g 氢氧化钠溶于水并稀释至 1 000 mL。

⑦氢氧化钠溶液(6 mol/L):将 240 g 氢氧化钠溶于水并稀释至 1 000 mL。

⑧过硫酸钾溶液(50 g/L):将 5 g 过硫酸钾($K_2S_2O_8$)溶于水,并稀释至 100 mL。

⑨抗坏血酸溶液(100 g/L):溶解 10 g 抗坏血酸($C_6H_8O_6$)于水中,并稀释至 100 mL。此溶液贮于棕色的试剂瓶中,在冷处可稳定几周。如不变色可长时间使用。

⑩钼酸盐溶液:溶解 13 g 钼酸铵($(NH_4)_6Mo_7O_{24} \cdot 4H_2O$)于 100 mL 水中。溶解 0.35 g 酒石酸锑钾($KSbC_4H_4O_7 \cdot 1/2H_2O$)于 100 mL 水中。在不断搅拌下把钼酸铵溶液慢慢加入 300 mL 硫酸④中,加酒石酸锑钾溶液并且混合均匀。此溶液贮存于棕色试剂瓶中,在冷处可保存两个月。

⑪浊度-色度补偿液:混合两个体积硫酸④和一个体积抗坏血酸溶液⑨。使用当天配制。

⑫磷标准贮备液:称取($0.219\ 7 \pm 0.001$)g 于 110 ℃干燥 2 h 在干燥器中放冷的磷酸二氢钾(KH_2PO_4),用水溶解后转移至 1 000 mL 容量瓶中,加入大约 800 mL 水,加 5 mL 硫酸④用水稀释至标线并混匀。1.00 mL 此标准溶液含 50.0 μg 磷。本溶液在玻璃瓶中可贮存至少六个月。

⑬磷标准使用液:将 10.0 mL 的磷标准溶液⑫转移至 250 mL 容量瓶中,用水稀释至标线并混匀。1.00 mL 此标准溶液含 2.0 μg 磷。使用当天配制。

⑭酚酞溶液（10 g/L）：0.5 g 酚酞溶于 50 mL 95% 乙醇中。

二、基本操作

1. 样品采集

取 500 mL 水样后加入 1 mL 硫酸①调节样品的 pH 值，使其低于或等于 1，或不加任何试剂于冷处保存。

注意：含磷量较少的水样，不要用塑料瓶采样，因磷酸盐易吸附在塑料瓶壁上。

2. 试样的制备

取 25 mL 样品于具塞刻度管中。取样时应仔细摇匀，以得到溶解部分和悬浮部分均具有代表性的试样。如样品中含磷浓度较高，所取试样体积可适当减少。

（1）过硫酸钾消解

向试样中加 4 mL 过硫酸钾溶液⑧，将具塞刻度管的盖塞紧后，用一小块布和线将玻璃塞扎紧（或用其他方法固定），放在大烧杯中置于高压蒸气消毒器中加热，待压力达 1.1 kg/cm²，相应温度为 120 ℃，保持 30 min 后停止加热。待压力表读数降至零后，取出放冷。然后，用水稀释至标线。

注意：如用硫酸保存水样，当用过硫酸钾消解时，需先将试样调至中性。

（2）硝酸-高氯酸消解

取 25 mL 试样于锥形瓶中，加数粒玻璃珠，加 2 mL 硝酸②在电热板上加热浓缩至 10 mL。冷却后加 5 mL 硝酸②，再加热浓缩至 10 mL，放冷。加 3 mL 高氯酸③，加热至高氯酸冒白烟，此时可在锥形瓶上加小漏斗或调节电热板温度，使消解液在锥形瓶内壁保持回流状态，直至剩余 3～4 mL，放冷。

加水 10 mL，加 1 滴酚酞指示剂⑭。滴加氢氧化钠溶液⑥或⑦至刚呈微红色，再滴加硫酸⑤使微红刚好退去，充分混匀。移至具塞刻度管中，用水稀释至标线。

注意：①用硝酸-高氯酸消解需要在通风橱中进行。高氯酸和有机物的混合物经加热易发生危险，需将试样先用硝酸消解，然后再加入硝酸-高氯酸进行消解。

②绝不可把消解的试样蒸干。

③如消解后有残渣，用滤纸过滤于具塞刻度管中，并用水充分清洗锥形瓶及滤纸，一并移到具塞刻度管中。

④水样中的有机物用过硫酸钾氧化不能完全破坏时，可用此法消解。

3. 显色

分别向各份消解液中加入 1 mL 抗坏血酸溶液⑨混匀，30 s 后加 2 mL 钼酸盐溶液⑩充分混匀。

注意：①如试样中含有浊度或色度，需配制一个空白试样（消解后用水稀释至标线），并向试样中加入 3 mL 浊度-色度补偿液⑪，但不加抗坏血酸溶液和钼酸盐溶液。然后，从试样的吸光度中扣除空白试样的吸光度。

②砷大于 2 mg/L 干扰测定，用硫代硫酸钠去除。硫化物大于 2 mg/L 干扰测定，通氮气去除。铬大于 50 mg/L 干扰测定，用亚硫酸钠去除。

4.吸光度测量

室温下放置 15 min 后,使用光程为 30 mm 比色皿,在 700 nm 波长下,以水作参比,测定吸光度。扣除空白试验的吸光度后,由工作曲线或回归方程求得磷的含量。

注意:如显色时,室温低于 13 ℃,可在 20~30 ℃ 水浴上显色 15 min 即可。

5. 工作曲线的绘制

取 7 支具塞刻度管,分别加入 0.00,0.50,1.00,3.00,5.00,10.0,15.0 mL 磷酸盐标准溶液⑬,加水至 25 mL。按上述测定步骤进行处理。以水作参比,测定吸光度。扣除空白试验的吸光度后,和对应的磷的含量绘制工作曲线,或统计回归方程。空白试验,用水代替试样,并加入与测定时相同体积的试剂,以水作参比,测定吸光度。

三、数据记录及处理

①将测量结果填入下表。

编号	1	2	3	4	5	6	7	未知液		
$V_{标}$/mL	0.00	0.50	1.00	3.00	5.00	10.0	15.0	10.0	10.0	10.0
吸光度										

②根据表中数据绘制标准曲线,由工作曲线或回归方程求得磷的含量。

总磷含量以 $c(\mathrm{mg/L})$ 表示,按式(1.8)计算

$$c = \frac{m}{V} \tag{1.8}$$

式中,m 为试样测得含磷量,$\mu\mathrm{g}$;V 为测定用试样体积,mL。

四、注意事项

在实际工作中,为了避免使用时出错,在所做的标准曲线上还必须标明标准曲线的名称、所用标准溶液名称和浓度、坐标分度和单位、测量条件(仪器型号、入射光波长、吸收池厚度、参比溶液名称)以及制作日期和制作者姓名。

实训预习报告

岗位 1　紫外-可见分光光度计操作岗位	实训日期：	同组人：	
姓名：	班级：	学号：	成绩：
实训项目 1.2　水质 总磷的测定			

健康和安全	通过预习说明哪些是健康和安全措施所必需的,并给出相应的描述。
环保	请说明是否需要采取环保措施,并给出相应的描述。

实训报告

岗位 1　紫外-可见分光光度计操作岗位	实训日期：		同组人：	
姓名：	班级：	学号：		成绩：

<table>
<tr><td colspan="2" align="center">实训项目 1.2　水质 总磷的测定</td></tr>
<tr><td>实训项目
名称</td><td></td></tr>
<tr><td>实训目的
要求</td><td></td></tr>
<tr><td>实训仪器
及试剂</td><td></td></tr>
<tr><td>实
训
原
理</td><td></td></tr>
<tr><td>实
训
操
作
步
骤</td><td></td></tr>
</table>

续表

实训操作步骤	
实训数据处理	
实训结果讨论	

实训评分标准

岗位1 紫外-可见分光光度计操作岗位		实训日期:	同组人:
姓名:	班级:	学号:	成绩:
自评:○熟练 ○不熟练	互评:○熟练 ○不熟练	师评:○合格 ○不合格	导师签字:
日期:	日期:	日期:	温度: 湿度:

实训项目1.2 水质 总磷的测定

序号	考核项目	考核内容	配分	评分要求	得分	自评	互评	师评
1	素质考核	○1. 有团队协作意识,有大局意识,分工明确、互帮互助 ○2. 有安全意识,能自我保护 ○3. 有环保意识,能节约用水用电 ○4. 能认真严谨操作、合理规划时间、实验态度良好 ○5. 能够遵守实验室制度,实验纪律良好	15	未完成1项扣3分,扣分不得超过15分		○有 ○没有 ○能 ○不能	○有 ○没有 ○能 ○不能	○合格 ○不合格
2	专业技能考核	○1. 能正确采集样品 ○2. 能正确使用玻璃仪器进行试样的制备 ○3. 能正确配制溶液并显色 ○4. 能正确使用比色皿 ○5. 能正确对比色皿配套性进行检查 ○6. 能正确设定参数 ○7. 能正确使用分光光度计 ○8. 能填写仪器使用记录 ○9. 能正确填写实训报告 ○10. 工作台干净整洁	60	未完成1项扣6分,扣分不得超过60分		○能 ○不能	○能 ○不能	○合格 ○不合格

续表

序号	考核项目	考核内容	配分	评分要求	得分	自评	互评	师评
3	实训结果考核	○1. 数据记录合理,无涂改 ○2. 计算正确无抄袭 ○3. 工作曲线线性良好($r \geqslant$ 0.999 995) ○4. 有效数字及单位正确 ○5. 标准系列溶液的吸光度大部分的吸光度在 0.2～0.8(≥4 个点) ○6. 精密度(未知液吸光度值的相对极差≤0.10%,不扣分,0.10%≤相对极差≤0.50%,得一半分,相对极差≥0.50%不得分) ○7. 准确度($|RE| \leqslant 0.5\%$ 不扣分,$0.5\% \leqslant |RE| \leqslant 2.0\%$ 得一半分,$|RE| \geqslant 2.0\%$ 不得分)	15	未完成 1 项扣 3 分,扣分不得超过 15 分		○熟练 ○不熟练	○熟练 ○不熟练	○合格 ○不合格
4	特色考核	○1. 提前进入"校中厂"参观学习 ○2. 一帮一指导其他学生 ○3. 能够自行设计实验 ○4. 能够独立完成实验 ○5. 能积极主动分享实验心得体会	10	未完成 1 项扣 2 分,扣分不得超过 10 分		○能 ○不能	○能 ○不能	○合格 ○不合格
5	重大失误考核	○1. 损坏玻璃仪器 ○2. 损坏分光光度计 ○3. 试液重新配制(开始吸光度测量后不允许重新配制溶液) ○4. 重新测定(由于仪器本身的原因造成数据丢失,重新测定不扣分)	-20	每出现一项倒扣 5 分,并赔偿相关损失,扣分不得超过 20 分		○有 ○没有	○有 ○没有	○合格 ○不合格

基础理论1.4   分析条件的选择及干扰离子的去除

(1)分析条件的选择

紫外-可见分光光度法是利用测量有色物质对某一单色光的吸收程度而建立起来的定量测量方法。紫外-可见分光光度计价格低廉,维护简单,应用十分广泛。在进行分光光度分析实验时,选择合适的测定条件很重要。测定条件包括入射波长、试样浓度、显色条件和参比溶液等。

1)入射波长的选择

一般情况下应选择被测物质的最大吸收波长光作为入射光,以保证较高的灵敏度,从分光光度计单色器中分出的光实际上是一条狭窄的复合光带。如图1.16所示,谱带Ⅱ的吸光度变化比较大,导致朗伯-比尔定律偏离比较显著;谱带Ⅰ的吸光度变化比较小,用谱带Ⅰ进行分析比较准确。因此,通常选用吸光物质的最大吸收波长作为测定波长。而当某一物质有多个吸收峰时,通常选取较高、较宽的吸收峰对应的波长为测定波长,即测定波长选择的原则为高峰、平缓峰、无干扰峰。但若有干扰物质存在,需依据"吸收最大,干扰最小"的原则选择入射波长,选择入射光波长的最佳方法是绘制光的吸收曲线,以确定最佳波长。

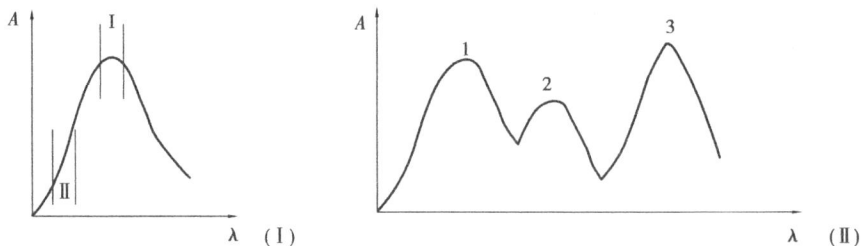

图1.16   分析谱带的选择

2)试样浓度的选择

朗伯-比尔定律只适用于稀溶液(浓度低于0.01 mol/L),为了得到更准确的结果,实验应在朗伯-比尔定律和仪器的线性范围内进行测定。一般试样浓度控制在吸光度为 0.20~0.70(透光率 T 为 65%~20%),此时 A-c 关系较符合线性关系。公式推导和经验证明,试样浓度控制在吸光度为 0.414 时,仪器测量误差最小,低于2%。

3)显色反应及显色条件的选择

很多物质自身没有颜色或颜色较浅,它们对光的吸收程度很低,不能直接用分光光度计测定,而必须先将这些物质进行一定的化学处理,使之转变为对可见光有较强吸收的有色化合物,然后再进行吸光度测定,这个处理过程叫作显色。借助显色试剂,使原本在可见光区无吸收或有吸收但摩尔吸光系数很小的物质转化成摩尔吸光系数较大的有色物质,这种转化反应叫作显色反应,与待测组分形成有色化合物的试剂称为显色剂。使用可见分光光度法测定时,选择合适的显色剂并严格控制显色条件非常重要。显色过程需要控制的条件包括显色剂用量、pH值、显色时间、显色温度等,这些条件需要通过实验来确定。

①显色剂的选择。

常用的显色剂可以分为无机显色剂和有机显色剂两大类。无机显色剂与金属离子形成的配合物的稳定性、灵敏度和选择性相对不高,一般使用不多。显色反应可分为氧化还原反应和配位反应等,其中配位反应居多。同一种组分可与多种显色剂反应生成不同的有色物质。在分析时,选用合适的显色反应可以提高测定的灵敏度和准确度。显色反应应满足以下要求。

a.灵敏度高。分光光度法一般用于微量组分的测定,故一般选择生成有色化合物的、吸光度高的显色反应。有色物质的摩尔吸光系数大小是显色反应灵敏度高低的重要标志,一般来讲,摩尔吸光系数 ε 大于 1×10^4 L/(mol·cm)的显色反应都有不错的灵敏度。但灵敏度高,反应不一定选择性好,故应全面加以考虑,对于高含量组分的测定,应优先考虑选择性。

b.专属性强。一种显色剂最好只与被测组分起显色反应,但这种专属显色反应几乎不存在,往往所用的显色剂会与试样中共存组分不同程度地发生反应。因此在分析工作中应尽量选择干扰少,或干扰容易消除的显色反应。加入掩蔽剂、控制反应条件等措施都可以提高显色剂的选择性,在满足测定灵敏度的前提下,分析工作者也常会根据选择性的高低来确定所用的显色剂。

c.生成的有色化合物组成恒定,化学性质稳定,这样可以保证在测量过程中吸光度不变,否则将影响吸光度测量的准确性和重现性。对于形成不同配位比的配位反应,必须注意控制试验条件,使生成一定组成的配合物,以免引起误差。

d.显色物与显示剂颜色差别要大。显色物与显色剂最大吸收波长之间至少相距 20 nm,最好相距 60 nm 以上。实际工作中,能同时满足上述条件的显色剂很少,因此在选择显色剂时,要认真研究显色反应条件,以采取其他的补救措施。显色剂在测定波长处无明显吸收,即要求有色化合物与显色剂之间的颜色差别要大。这样显色时的颜色变化鲜明,而且在这种情况下,试剂空白一般较小,可以提高测定的准确度。

e.显色反应的条件易于控制。如果反应条件过于严格,难以控制,测定结果的再现性很差,会直接影响到该反应的应用。

②显色剂用量的选择。

理论上,显色剂用量越多,显色反应越彻底,显色物生成越多,但实际并非如此。有时,显色剂本身有颜色,加入显色剂量过多时,会增加空白值,使灵敏度降低。因此,显色剂的用量须遵循过量、适量、定量的"三量"原则。

显色反应 M(待测离子)+R(显色剂)====MR,若 R 的用量不够则显色不完全,若 R 的用量过多则易产生副反应。实验确定其用量的方法为:固定待测组分的浓度和其他条件,分别加入不同量的显色剂,分别测定它们的吸光度,绘制吸光度 A-显色剂浓度 c_R 的曲线,一般可得图 1.17 的三种情况。

若得到图 1.17(a)曲线,说明显色剂浓度在 $a\sim b$ 范围内处于吸光度稳定情况,证明显色生成的配合物比较稳定,因此对显色剂用量要求不需太严格,可以在 $a\sim b$ 之间选择合适的显色剂用量。若得到图 1.17(b)曲线,说明显色物质吸光度在 $a'\sim b'$ 范围内变化相对比较小且此时吸光度值较大,偏离此范围则变化较大,此种情况需严格控制显色剂用量。若出现图 1.17(c)曲线,说明随着显色剂浓度增大,待测物质吸光度逐渐变大,此种情况下对显色剂用量的要求需十分苛刻,若条件过于严格可另换其他显色剂。

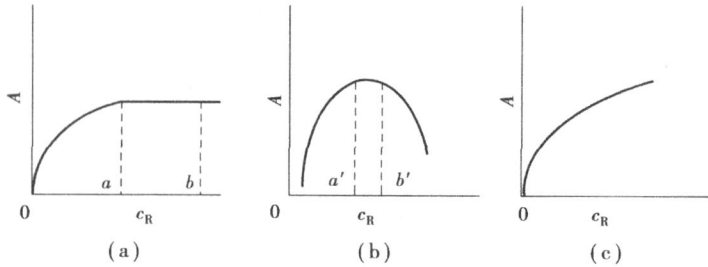

图 1.17   显色剂用量和吸光度的关系曲线

③显色时间的选择。

选择显色时间时,应从两个方面进行考虑,一是显色反应完成所需要的时间,即显色(发色)时间;二是显色后,有色物质色泽保持稳定的时间,即稳定时间。发色完成到稳定时间结束的时间段是最佳测定时间,确定的方法是:配制一份显色剂溶液,从加入显色剂开始计时,每隔一定时间 t 测一次吸光度 A,绘制 A-t 曲线(一般得到三种曲线),如图 1.18 所示,曲线平坦部分为最适宜时间。当得到图 1.18(a)曲线时,一般选择 10~60 min 内完成测定,最好不超过 90 min;当得到图 1.18(b)曲线时,测量时间不宜过长,否则有色物质易被氧化;当得到图 1.18(c)曲线时,测定时间难以控制,应更换显色剂。

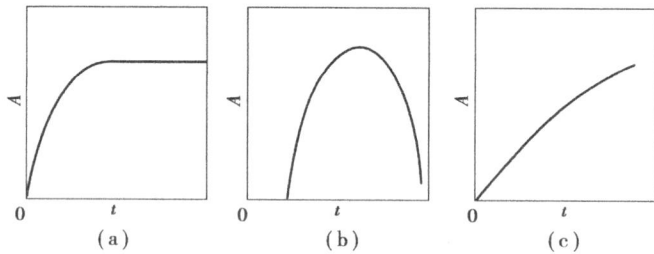

图 1.18   吸光度与显色时间关系

④显色温度的选择。

一般显色反应在室温下进行,但是也有一些反应要加热到一定温度才能进行,还有一些有色配合物则会在室温下分解,但有些反应须在较高的温度下才能进行或进行较快。相反,有些反应需要在低温下进行,例如用重氮反应测定 NO_2 时,要求温度低于 5 ℃,否则将形成 N_2,影响吸光度的测定。因此,通常显色反应要求在室温下进行,一般不能超过 80 ℃,否则不易控制。因此,需要根据实验来确定适宜的显色温度。具体操作为:固定待测组分的浓度、显色剂用量、pH 值等条件,在不同温度下测定吸光度,绘制吸光度 A-显色温度 T 的曲线,如果出现图 1.19 的情况,则选择吸光度最大的 35 ℃作为显色反应温度。

4)酸度的选择

溶液酸度是显色反应十分重要的条件,其影响主要表现在以下几个方面。

①对待测组分的影响。

一些金属离子(Fe^{2+}、Al^{3+}、Th^{4+})等在酸度较高时,会产生碱式盐或氢氧化物,影响分光光度测定;酸度过低会引起被测离子水解,尤其是 Fe^{3+} 等金属离子,在低酸度的情况下极易水解变成沉淀等形式,有色配合物被破坏,吸光度无法测定。

②对显色剂颜色的影响。

当显色剂为有机弱酸时,它本身具有酸碱指示剂的性质,在不同酸度的情况下,显色剂的分子和离子状态具有不同的颜色,可能干扰测定。酸度过高会降低配合物的稳定性,特别是对弱酸型有机显色剂和金属离子形成的配合物影响很大,而且酸度变化还会影响显色剂颜色,如二甲酚橙在 pH 值小于 6.3 时为黄色,pH 值大于 6.3 时为红色,若显色之后的物质为红色,则必须控制其 pH 值使二甲酚橙显黄色方可避免干扰。

③对显色剂浓度的影响。

显色剂本身为弱酸、弱碱,存在电离平衡。当 pH 值发生改变时,会影响显色剂的电离平衡,使显色剂的有效浓度发生改变,影响测定结果。

④对生成的显色物组成有影响。

酸度的选择会影响显色反应完成度和配合物组成。当酸度不同时,同一种离子和同一种显色剂发生显色反应,可以得到不同配位数不同颜色的配合物。例如,磺基水杨酸与 Fe^{3+} 的显色反应中,当溶液在 pH 值为 2~3 时,生成 1:1 的红紫色配合物;当 pH 值为 4~7 时,生成 1:2 的棕橙色配合物;当 pH 值为 8~10 时,生成 1:3 的黄色配合物;当 pH 值大于 12 时,生成 $Fe(OH)_3$ 沉淀。因此,必须严格控制溶液的 pH 值,获得组成恒定的配合物,才能得到准确的测定结果。

综上所述,酸度对显色反应的影响很大,适宜的酸度必须通过试验来确定。具体方法为:固定待测组分的浓度、显色剂用量和其他条件,改变溶液 pH 值,制得一组 pH 值呈梯度变化的显色溶液,在相同条件下测定其吸光度,绘制吸光度 A-酸度 pH 值的曲线,从图中找出最适宜的 pH 值(曲线平坦部分)作为测定时的条件,如图 1.20 所示。

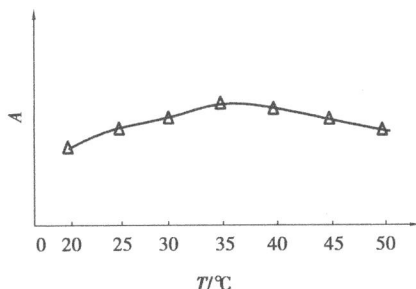

图 1.19　吸光度 A 和显色温度 T 的关系曲线示例　　图 1.20　吸光度 A 与 pH 值的关系曲线示例

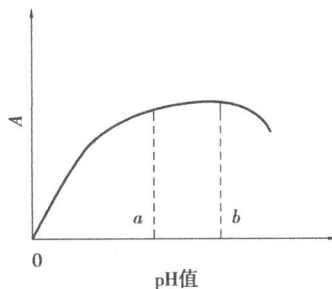

5)参比溶液的选择

在分光光度法分析时,分光光度测定使用的吸收池是透明的,对入射光的反射、溶剂试剂对光的吸收和透射等因素造成测定误差,另外,溶剂、试剂等也会对入射光产生吸收,使测得的吸光度不能真正反映待测组分的吸光度。为了抵消由此带来的测量误差,需要选择合适的参比溶液调节 T=100%(A=0),此时认为入射光 100% 通过吸收池,比较真实地反映待测组分对入射光的吸收,也就比较真实地反映了待测组分的浓度,使测定的待测物质的浓度也更真实。参比溶液选择遵循的一般原则如下。

①溶剂参比。

若试样溶液的组成比较简单,共存的其他组分很少且对测定波长的光几乎无吸收,仅待测物质与显色剂反应生成的物质有吸收时,参比溶液成分为配置待测物质所用的溶剂。溶剂参比可以消除溶剂吸收、比色皿等因素的影响,则用纯溶剂(一般为水)作参比溶液。

②试剂参比。

若显色剂或其他所加的试剂在测定波长处略有吸收,而试液本身无吸收,则可以用试剂空白(不加试液)作参比溶液,即按显色反应相同条件,只是不加入试样,同样加入试剂和溶剂作为参比溶液,试剂参比可消除试剂中组分吸光带来的影响。

③试液参比。

若试样中其他共存组分有吸收,但不与显色剂反应,则当显色剂在测定波长无吸收时,可用试样溶液作参比溶液,即参比试液和样品试液采用相同处理但不加入显色剂。试样参比可消除试样中有色离子的影响,则可用试液空白(不加显色剂)作参比溶液。

④褪色参比。

如果显色剂和样品基体有吸收,可以在显色剂中加入某种褪色剂,选择性地和被测离子配位(或改变其价态),生成稳定无色的配合物,使已经显色的产物褪色,用此溶液作为参比溶液,称为褪色溶液。如铬天青 S 与 Al^{3+} 反应显色后,可以加入 NH_4F 夺取 Al^{3+},形成无色 $[AlF_6]^{3-}$。将此褪色后的溶液作参比可以消除显色剂的颜色及样品中微量共存离子的干扰。褪色参比效果比较理想,但并非任何显色溶液都能找到合适的褪色方法。若显色剂、试液中其他组分在测量波长处有吸收,则可在试液中加入适当掩蔽剂将待测组分掩蔽后再加显色剂作为参比溶液。

总之,选择参比溶液,应尽可能全部抵消共存有色物质的干扰,使最终获得的吸光度和目标物的浓度良性相关,真正反映待测物的浓度。

(2)**共存离子的干扰和消除方法**

1)干扰离子的影响

分光光度分析中,干扰离子的影响是客观存在的,具体表现如下。

①干扰离子本身有颜色,在测量条件下有吸收,影响待测离子的测定。

②干扰离子发生水解,或析出沉淀或与显色剂发生反应等,影响吸光度测定。如干扰离子与显色剂生成更稳定的无色配合物,消耗显色剂,使待测组分与显色剂反应不完全,或干扰离子与显色剂生成有色配合物而干扰测定。

2)干扰离子的消除

为了消除干扰离子引起的干扰,可以采取以下措施。

①控制溶液的 pH 值,使显色剂只与待测组分反应生成有色物,而与干扰离子不生成有色物。

②加入适当的掩蔽剂,掩蔽干扰离子。选择掩蔽剂的条件是掩蔽剂只与干扰离子反应,不与待测组分反应,且生成物无色,或掩蔽剂使干扰离子价态发生改变,失去干扰能力。

③分离干扰离子,可以采用萃取、吸附等方法除去干扰离子。

实训项目 1.3　邻二氮菲分光光度法测定微量铁的条件试验

▶项目描述

邻二氮菲是测定微量铁的一种较好的试剂,在建立一个新的吸收光谱法定量测定时,为了获得较高的灵敏度和准确度,必须进行一系列条件试验,包括显色化合物的吸收光谱曲线(简称"吸收光谱")的绘制、选择合适的测定波长、显色剂用量、溶液 pH 值的选择及显色化合物影响等。此外,还要研究显色化合物符合朗伯-比尔定律的浓度范围、干扰离子的影响及其排除的方法等。

▶能力目标

- 能熟练操作紫外-可见分光光度计。
- 能通过试验确定最佳显色条件和测量条件。
- 能给出符合要求的检验报告。

▶项目分析

铁的显色试剂很多,例如硫氰酸铵、巯基乙酸、磺基水杨酸钠等。邻二氮菲(简写 phen)是测定微量铁的一种较好的试剂,在 pH 值为 2～9 时,它与 Fe^{2+} 反应,生成稳定的橘红色络合物 $[Fe(phen)_3^{2+}]$,此配合物的 $\lg K_稳 = 21.3$,摩尔吸光系数 $\varepsilon_{510} = 1.1 \times 10^4$ L/(mol·cm),反应过程如图 1.21 所示。此反应很灵敏,颜色深度与酸度无关,而且很稳定,在有还原剂存在的条件下,颜色深度可以保持几个月不变。本方法的选择性很高,相当于铁含量 40 倍的 Sn^{2+}、Al^{3+}、Ca^{2+}、Mg^{2+}、Zn^{2+}、SiO_3^{2-};20 倍的 Cr^{3+}、Mn^{2+}、VO_3^-、PO_4^{3-};5 倍的 Co^{2+}、Cu^{2+} 等均不干扰测定,所以此法应用很广。而 Fe^{3+} 能与邻二氮菲生成 3:1 配合物,呈淡蓝色,$\lg K_稳 = 14.1$。因此,在加入显色剂之前,应用盐酸羟胺($NH_2OH \cdot HCl$)将 Fe^{3+} 还原为 Fe^{2+},其反应式如下:

$$2Fe^{3+} + 2NH_2OH \cdot HCl \rightleftharpoons 2Fe^{2+} + N_2 \uparrow + 2H_2O + 4H^+ + 2Cl^-$$

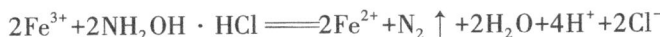

测定时,控制溶液的酸度为 pH≈5 较为适宜,用邻二氮菲可测定试样中铁的总量。

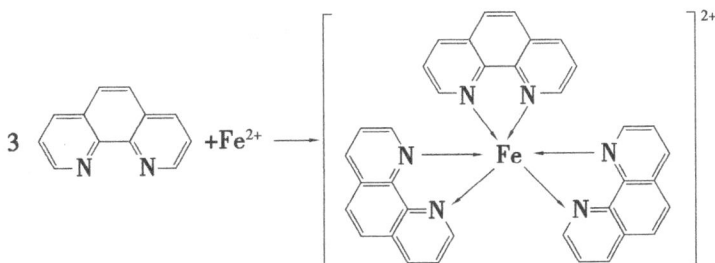

图 1.21　邻二氮菲和 Fe^{2+} 络合反应示意图

条件试验的一般步骤为改变其中一个因素,暂时固定其他因素,显色后测量相应溶液吸光度,通过吸光度与变化因素的曲线来确定适宜的条件。为保证测定结果有较好的灵敏度和准确性,需控制显色剂用量、溶液酸度、显色时间、显色温度等条件,这些条件均需通过试验确定。

►项目实施

一、仪器和试剂

1.仪器

可见分光光度计(或紫外-可见分光光度计);容量瓶(50 mL,250 mL);吸量管(5 mL,10 mL);广泛 pH 试纸和 pH 计。

2.试剂

①标准溶液配制:配制 100 μg/mL 铁标准溶液储备液,准确称取 0.215 2 g 优级纯的铁铵矾($NH_4Fe(SO_4)_2 \cdot 12H_2O$)于烧杯中,加水溶解,加入 6 mol/L HCl 溶液 5 mL,酸化后的溶液转移到 250 mL 容量瓶中,用蒸馏水稀释至刻度,摇匀,所得溶液含铁 100 μg/mL。

配制 10.0 μg/mL 的铁标准工作液,吸取上述溶液 25.00 mL 置于 250 mL 容量瓶中,用蒸馏水稀释至刻度,摇匀,所得溶液含铁 10 μg/mL。

②0.1% 邻二氮菲水溶液:称取 0.5 g 邻二氮菲于小烧杯中,加入 2~3 mL 95% 乙醇溶解,再用水稀释到 500 mL。

③10% 盐酸羟胺水溶液:称取 5.0 g 盐酸羟胺于小烧杯中,加入少量的水溶解,再用水稀释到 50 mL。

④HAc-NaAc 缓冲溶液(pH=4.6):称取 82 g 优级纯的醋酸钠,加入 120 mL 冰醋酸,加水溶解,稀释至 500 mL。

⑤0.1 mol/L NaOH 溶液。

⑥0.1 mol/L HCl 溶液。

二、基本操作

1.最佳显色时间的选择

最佳显色时间的选择即测定有色配合物的稳定性。吸取 10.0 μg/mL 铁标准溶液 3.0 mL 于 50 mL 容量瓶中,加入 1.0 mL 10% 盐酸羟胺溶液,振荡后,放置 2 min。然后,依次加入 5.0 mL HAc-NaAc 缓冲溶液(pH=4.6)和 2.5 mL 0.1% 邻二氮菲水溶液并摇匀,静置片刻,加水稀释至刻度。在 510 nm 波长下,用 1 cm 比色皿,以蒸馏水为参比溶液,每隔 5 min 测定一次吸光度,时长 2 h。测定吸光度随时间的变化规律,找出有色配合物稳定的时间范围。以加入显色剂后放置时间为横坐标、吸光度为纵坐标,绘制 A-t 曲线,根据曲线得出结论。

2.酸度的影响

于 10 只 50 mL 容量瓶中,用吸量管各加入 2.0 mL 10 μg/mL 铁标准溶液,1.0 mL 10% 盐酸羟胺溶液和 2.5 mL 0.1% 邻二氮菲水溶液,然后按下表分别加入 HCl 溶液或 NaOH 溶液,再分别用蒸馏水稀释至刻度,摇匀,放置 10 min,用 1 cm 比色皿,并以蒸馏水作参比,在波长510 nm 处测定各溶液的吸光度。另外,先用广泛 pH 试纸粗略测定所配制各溶液的 pH 值,再用酸度计测定各溶液的 pH 值。

编号	1	2	3	4	5	6	7	8	9	10
$V(\text{HCl})/\text{mL}$	2.0	1.0	0.5							
$V(\text{NaOH})/\text{mL}$				0.0	0.5	1.0	2.0	4.0	7.0	10.0

3. 显色剂用量的影响

用吸量管分别加入 1.0 mL 10 μg/mL 铁标准溶液于 8 只 50 mL 容量瓶中,并分别依次加入 1.0 mL 10% 盐酸羟胺溶液、5.0 mL HAc-NaAc 缓冲溶液和各为 0.5,1.0,2.0,2.5,4.0,5.0 mL 的邻二氮菲溶液,用蒸馏水分别稀释至刻度,摇匀,放置 10 min,以蒸馏水作参比溶液,在波长 510 nm 处测定各溶液的吸光度。以加入邻二氮菲的体积数为横坐标,各溶液的吸光度为纵坐标作图。从曲线上确定显色剂的最适宜加入量。

三、数据记录及处理

1. 记录测量结果

①最佳显色时间的选择。

编号	1	2	3	4	5	6	7	⋯
t/min	0	5	10	15	20	25	30	⋯
吸光度								

②酸度的影响。

编号	1	2	3	4	5	6	7	8	9	10
pH 值										
吸光度										

③显色剂用量的影响。

编号	1	2	3	4	5	6
$V_{\text{显}}/\text{mL}$	0.5	1.0	2.0	2.5	4.0	5.0
吸光度						

2. 绘制曲线

①吸光度-时间曲线(吸光度为纵坐标)。

②吸光度-pH 曲线(吸光度为纵坐标)。

③吸光度-显色剂用量曲线(吸光度为纵坐标)。

3. 确定显色反应实验条件

从所得三条曲线上确定显色反应适宜的 pH 值范围,合适的显色剂用量范围和适宜的时间范围。

四、注意事项

①不能颠倒各种试剂的加入顺序。

②读数据时要注意 A 和 T 所对应的数据。透射比与吸光度的关系为:$A = \lg(I_0/I) = \lg(1/T)$。

③每次测定前要注意调零。

④测定标准溶液以及样品溶液时必须用待测液润洗 3 次或 3 次以上。

实训预习报告

岗位 1　紫外-可见分光光度计操作岗位	实训日期：		同组人：	
姓名：	班级：		学号：	成绩：
实训项目 1.3　　邻二氮菲分光光度法测定微量铁的条件试验				

健康和安全	通过预习说明哪些是健康和安全措施所必需的,并给出相应的描述。
环保	请说明是否需要采取环保措施,并给出相应的描述。

实训报告

岗位1 紫外-可见分光光度计操作岗位	实训日期：		同组人：	
姓名：	班级：	学号：		成绩：

<table>
<tr><td colspan="2" align="center">实训项目1.3 邻二氮菲分光光度法测定微量铁的条件试验</td></tr>
<tr><td>实训项目
名称</td><td></td></tr>
<tr><td>实训目的
要求</td><td></td></tr>
<tr><td>实训仪器
及试剂</td><td></td></tr>
<tr><td>实训原理</td><td></td></tr>
<tr><td>实训操作步骤</td><td></td></tr>
</table>

实训操作步骤	
实训数据处理	
实训结果讨论	

实训评分标准

岗位1 紫外-可见分光光度计操作岗位			实训日期:		同组人:	
姓名:		班级:	学号:		成绩:	
自评:○熟练 ○不熟练		互评:○熟练 ○不熟练	师评:○合格 ○不合格		导师签字:	
日期:		日期:	日期:		温度:	湿度:

<table>
<tr><td colspan="9" align="center">实训项目1.3　邻二氮菲分光光度法测定微量铁的条件试验</td></tr>
<tr><td>序号</td><td>考核项目</td><td>考核内容</td><td>配分</td><td>评分要求</td><td>得分</td><td>自评</td><td>互评</td><td>师评</td></tr>
<tr><td>1</td><td>素质考核</td><td>○1.有团队协作意识,有大局意识,分工明确、互帮互助
○2.有安全意识,能自我保护
○3.有环保意识,能节约用水用电
○4.能认真严谨操作、合理规划时间、实验态度良好
○5.能够遵守实验室制度,实验纪律良好</td><td>15</td><td>未完成1项扣3分,扣分不得超过15分</td><td></td><td>○有
○没有
○能
○不能</td><td>○有
○没有
○能
○不能</td><td>○合格
○不合格</td></tr>
<tr><td>2</td><td>专业技能考核</td><td>○1.能正确洗涤玻璃仪器并使用玻璃仪器
○2.能正确进行显色条件的设置
○3.能正确配制溶液
○4.能正确使用比色皿
○5.能正确对比色皿配套性进行检查
○6.能正确设定参数
○7.能正确使用分光光度计
○8.能填写仪器使用记录
○9.能正确填写实训报告
○10.工作台干净整洁</td><td>60</td><td>未完成1项扣6分,扣分不得超过60分</td><td></td><td>○能
○不能</td><td>○能
○不能</td><td>○合格
○不合格</td></tr>
</table>

续表

序号	考核项目	考核内容	配分	评分要求	得分	自评	互评	师评
3	实训结果考核	○1. 数据记录合理,无涂改 ○2. 结论判断正确,无抄袭 ○3. 显色时间范围合理 ○4. 显色剂酸度测定正确 ○5. 显色剂用量范围准确	15	未完成 1 项扣 3 分,扣分不 得 超 过15 分		○熟练 ○不熟练	○熟练 ○不熟练	○合格 ○不合格
4	特色考核	○1. 提前进入"校中厂"参观学习 ○2. 一帮一指导其他学生 ○3. 能够自行设计实验 ○4. 能够独立完成实验 ○5. 能积极主动分享实验心得体会	10	未完成 1 项扣 2 分,扣分不 得 超 过10 分		○能 ○不能	○能 ○不能	○合格 ○不合格
5	重大失误考核	○1. 损坏玻璃仪器 ○2. 损坏分光光度计 ○3. 试液重新配制(开始吸光度测量后不允许重新配制溶液) ○4. 重新测定(由于仪器本身的原因造成数据丢失,重新测定不扣分)	-20	每 出 现 一 项扣 5 分,并赔偿相关损失,扣分不得超过 20 分		○有 ○没有	○有 ○没有	○合格 ○不合格

实训项目 1.4 测定电镀用水中铁元素含量

○ 资源链接 ○

《工业用化工产品铁含量测定的通用方法——
1,10-菲啰啉分光光度法》(GB/T 3049—2006)

化工产品中铁含量测定——
1,10-菲啰啉分光光度法

▶项目描述

某表面处理有限公司送检一批电镀溶液用水,欲检测其中铁元素含量。

▶能力目标

- 能熟练操作紫外-可见分光光度计。
- 会确定最大吸收波长。
- 能采用标准曲线法准确测定样品中铁元素含量。
- 能给出符合要求的检验报告。

▶项目分析

电镀液用水中杂质离子含量很低,故需要精密仪器方可测定。

邻二氮菲分光光度法是化工产品中微量铁测定的通用方法。在 pH 值为 2~9 的溶液中,邻二氮菲和 Fe^{2+} 生成橘红色配合物,反应过程如图 1.21 所示。

为保证测定结果有较好的灵敏度和准确性,根据"实训项目 1.3 邻二氮菲分光光度法测定微量铁的条件试验"确定的显色剂用量、溶液酸度、显色时间等条件,控制相应的条件,检测最大吸收波长,然后进行工作曲线的测定,从而进行定量分析。

▶项目实施

一、仪器和试剂

1. 仪器

可见分光光度计(或紫外-可见分光光度计);容量瓶(50 mL,250 mL);吸量管(5 mL,10 mL)。

2. 试剂

①标准溶液配制:配制 100 μg/mL 铁标准溶液储备液,准确称取 0.215 2 g 优级纯的铁铵矾($NH_4Fe(SO_4)_2 \cdot 12H_2O$)于烧杯中,加水溶解,加入 6 mol/L HCl 溶液 5 mL,酸化后的溶液转移到 250 mL 容量瓶中,用蒸馏水稀释至刻度,摇匀,所得溶液含铁 100 μg/mL。

配制 10.0 μg/mL 的铁标准工作液,吸取上述溶液 25.00 mL 置于 250 mL 容量瓶中,用蒸馏水稀释至刻度,摇匀,所得溶液含铁 10 μg/mL。

②0.1% 邻二氮菲水溶液:称取 0.5 g 邻二氮菲于小烧杯中,加入 2~3 mL 95% 乙醇溶解,再用水稀释至 500 mL。

③10% 盐酸羟胺水溶液:称取 5.0 g 盐酸羟胺于小烧杯中,加入少量的水溶解,再用水稀释至 50 mL。

④HAc-NaAc 缓冲溶液(pH=4.6):称取 82 g 优级纯的醋酸钠,加入 120 mL 冰醋酸,加水溶解,稀释至 500 mL。

⑤0.1 mol/L NaOH 溶液。

⑥0.1 mol/L HCl 溶液。

二、基本操作

1. 最大吸收 10.0 μg/mL 波长的选择

分别吸取 10.0 μg/mL 铁标准溶液 1.0 mL、3.0 mL 于 50 mL 容量瓶中,加入 1.0 mL 10% 盐酸羟胺溶液,摇匀,静置 2 min,然后依次再加入 5.0 mL HAc-NaAc 缓冲溶液(pH=4.6)和 2.5 mL 0.1% 邻二氮菲水溶液,加水稀释至刻度,并摇匀,静置 15 min。以蒸馏水为参比溶液,在波长 440~560 nm 范围,用 1 cm 比色皿,间隔 20 nm 测其吸光度(在最大值附近取得密一些),以波长为横坐标,吸光度为纵坐标,绘制光吸收曲线,从光吸收曲线上确定测定的适宜波长。

2. 样品中铁含量的测定

(1)标准曲线的绘制

取 7 个 50 mL 容量瓶,用吸量管分别吸取 10.0 μg/mL 铁标准溶液 0.0,0.5,1.0,2.0,3.0,4.0,5.0 mL 于各容量瓶中,分别加入 1.0 mL 10% 盐酸羟胺溶液,摇匀,静置 2 min。再分别加入 5.0 mL HAc-NaAc 缓冲溶液,2.5 mL 0.1% 邻二氮菲溶液,用水稀释至刻度,摇匀,静置 15 min。以试剂空白为参比,用 1 cm 比色皿,在步骤 1 测定的波长下分别测定各溶液的吸光度,以铁的浓度为横坐标,相应的吸光度为纵坐标,绘制标准曲线。

(2)试液中铁含量的测定

准确吸取 10.0 mL 电镀用水溶液 3 份,于 50 mL 容量瓶中,以配制标准溶液同样的方法对未知溶液进行显色,并测定吸光度。根据吸光度曲线上查出的试液中的铁含量,并计算出原试液中的铁含量。

三、数据记录及处理

(1)记录测量结果

①最大吸收波长的选择。

编号	1	2	3	4	5	6	7	8	9	…
波长/nm										
吸光度										

②试液中铁含量的测定。

编号	1	2	3	4	5	6	未知液1	未知液2	未知液3
$V_{标}$/mL	0.0	0.5	1.0	2.0	3.0	4.0	10.0	10.0	10.0
吸光度									

（2）绘制曲线

①吸光度-波长曲线（吸光度为纵坐标），即光吸收曲线。

②铁含量测定的标准曲线（吸光度为纵坐标）。

（3）计算结果

从所得两条曲线上确定最大吸收波长，以及电镀用水中铁元素含量。

四、注意事项

①测定标准溶液以及样品溶液时必须用待测液润洗 3 次或 3 次以上。

②测量顺序必须按浓度由低到高进行。

③最佳波长选择好后不再改变。

④参比溶液、未知液必须以配制标准溶液同样的方法进行显色。

实训预习报告

岗位 1　紫外-可见分光光度计操作岗位	实训日期：		同组人：	
姓名：	班级：		学号：	成绩：
实训项目 1.4　测定电镀用水中铁元素含量				

健康和安全	通过预习说明哪些是健康和安全措施所必需的，并给出相应的描述。
环保	请说明是否需要采取环保措施，并给出相应的描述。

实训报告

岗位1　紫外-可见分光光度计操作岗位	实训日期：		同组人：	
姓名：	班级：	学号：		成绩：
实训项目1.4　测定电镀用水中铁元素含量				
实训项目 名称				
实训目的 要求				
实训仪器 及试剂				
实 训 原 理				
实 训 操 作 步 骤				

续表

实训操作步骤	
实训数据处理	
实训结果讨论	

实训评分标准

岗位1 紫外-可见分光光度计操作岗位		实训日期：	同组人：
姓名：	班级：	学号：	成绩：
自评：○熟练 ○不熟练	互评：○熟练 ○不熟练	师评：○合格 ○不合格	导师签字：
日期：	日期：	日期：	温度：　　湿度：

实训项目1.4　测定电镀用水中铁元素含量

序号	考核项目	考核内容	配分	评分要求	得分	自评	互评	师评
1	素质考核	○1. 有团队协作意识,有大局意识,分工明确、互帮互助 ○2. 有安全意识,能自我保护 ○3. 有环保意识,能节约用水用电 ○4. 能认真严谨操作、合理规划时间、实验态度良好 ○5. 能够遵守实验室制度,实验纪律良好	15	未完成1项扣3分,扣分不得超过15分		○有 ○没有 ○能 ○不能	○有 ○没有 ○能 ○不能	○合格 ○不合格
2	专业技能考核	○1. 能正确洗涤玻璃仪器并使用玻璃仪器 ○2. 能正确加入相应的顺序 ○3. 能正确配制溶液 ○4. 能正确使用比色皿 ○5. 能正确对比色皿配套性进行检查 ○6. 能正确设定参数 ○7. 能正确使用分光光度计 ○8. 能填写仪器使用记录 ○9. 能正确填写实训报告 ○10. 工作台干净整洁	60	未完成1项扣6分,扣分不得超过60分		○能 ○不能	○能 ○不能	○合格 ○不合格

续表

序号	考核项目	考核内容	配分	评分要求	得分	自评	互评	师评
3	实训结果考核	○1. 数据记录合理,无涂改 ○2. 工作曲线线性良好($r \geq$ 0.999 995) ○3. 有效数字及单位正确 ○4. 标准系列溶液的吸光度大部分的吸光度在0.2～0.8(≥4个点) ○5. 精密度(未知液吸光度值的相对极差≤0.10%,不扣分,0.10%≤相对极差≤0.50%,得一半分,相对极差≥0.50%不得分) ○6. 准确度($\lvert RE \rvert$≤0.5%不扣分,0.5%≤$\lvert RE \rvert$≤2.0%得一半分,$\lvert RE \rvert$≥2.0%不得分)	15	未完成1项扣3分,扣分不得超过15分		○熟练 ○不熟练	○熟练 ○不熟练	○合格 ○不合格
4	特色考核	○1. 提前进入"校中厂"参观学习 ○2. 一帮一指导其他学生 ○3. 能够自行设计实验 ○4. 能够独立完成实验 ○5. 能积极主动分享实验心得体会	10	未完成1项扣2分,扣分不得超过10分		○能 ○不能	○能 ○不能	○合格 ○不合格
5	重大失误考核	○1. 损坏玻璃仪器 ○2. 损坏分光光度计 ○3. 试液重新配制(开始吸光度测量后不允许重新配制溶液) ○4. 重新测定(由于仪器本身的原因造成数据丢失,重新测定不扣分)	-20	每出现一项扣5分,并赔偿相关损失,扣分不得超过20分		○有 ○没有	○有 ○没有	○合格 ○不合格

基础理论1.5　吸光度的加和性原理

（1）吸光度的加和性原理

在多组分的体系中，某一波长下，如果各种吸光物质之间没有相互作用，则体系在波长的总吸光度等于体系中各个组分吸光度之和，即吸光度具有加和性，称为吸光度加和性原理。其数学表达式为

$$A = A_1 + A_2 + A_3 + \cdots + A_n \tag{1.9}$$

式中，A_1，A_2，A_3，$\cdots$，A_n 为体系中各组分 $1, 2, 3, \cdots, n$ 的吸光度。

吸光度的加和性原理对多组分同时测定的定量分析、校正干扰等都极为有用。

（2）测定多组分物质

多组分物质是指在被测溶液中含有两个或以上的吸光组分，其测定依据为吸光度的加和性原理。假设溶液中同时存在组分 x 和 y，它们的吸光情况一般为以下三种情况（图 1.22）。

①完全不重叠。分别扫描 x、y 标准物质的吸收光谱，确定二者互不干扰，各自选定最大吸收波长进行测定即可。

②部分重叠和完全重叠。分别扫描 x、y 标准物质的吸收光谱，确定干扰情况，可选定两个波长并分别测定吸光度，根据吸光度加和性原理，列出二元二次方程

$$A_1 = \varepsilon_{x1} b c_x + \varepsilon_{x1} b c_y$$
$$A_2 = \varepsilon_{x2} b c_x + \varepsilon_{x2} b c_y$$

式中，c_x，c_y 分别为 x 组分和 y 组分的浓度；ε_{x1} 和 ε_{y1} 分别为 x 组分和 y 组分在波长 λ_1 处的摩尔吸光系数；ε_{x2} 和 ε_{y2} 分别为 x 组分和 y 组分在波长 λ_2 处的摩尔吸光系数；ε_{x1}，ε_{y1}，ε_{x2}，ε_{y2} 可以用 x 和 y 的标准溶液分别在 λ_1 和 λ_2 处测定吸光度后计算求得，将 ε_{x1}，ε_{y1}，ε_{x2}，ε_{y2} 代入方程，可得两组分的浓度。如采用双波长仪器，结合计算机分析软件，测定更加方便快捷。

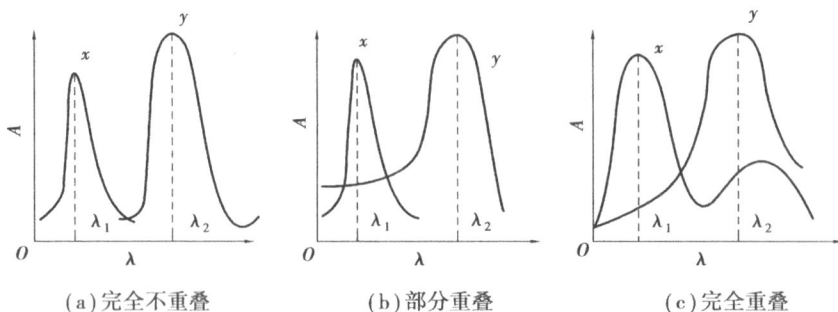

图 1.22　双组分样品吸收光谱重叠情况

（3）测定高含量组分

紫外-可见分光光度法一般适用于含量为 $10^{-2} \sim 10^{-6}$ mol/L 浓度范围的样品测定，过高和过低含量的组分，由于溶液偏离朗伯-比尔定律或因仪器本身灵敏度的限制，会使测定产生较

大误差,此时若使用示差法可以解决这个问题。

示差法与一般分光光度法的区别在于它采用了一个已知浓度、成分与待测溶液相同的溶液作参比溶液(称为参比标准溶液),测定过程与一般分光光度法相同。由于使用了这种标准参比溶液,大大提高了测定的准确度。示差法采用的是标尺扩展原理(图1.23),因而可以有效地降低测量误差。

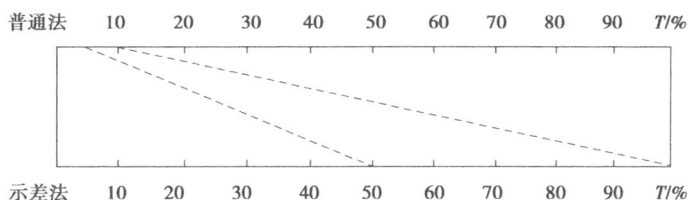

图1.23　示差法的标尺扩展示意图

实训项目 1.5 多组分含量的测定

▶项目描述

一款碳酸饮料中含有日落黄和柠檬黄两种人工色素,现需要检测其中两种色素的含量是否符合国家标准,拟采用紫外-可见分光光度计进行测定,两种物质的吸光光谱如图1.24所示。

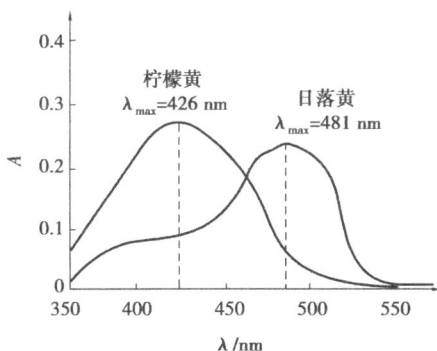

图1.24　柠檬黄和日落黄的吸光光谱

▶能力目标

- 掌握吸光度的叠加原理。
- 掌握双组分样品的测定方法。
- 掌握多组分物质的化学计量数据处理。
- 熟练操作紫外-可见分光光度计。
- 正确使用并维护保养仪器。

▶项目分析

该碳酸饮料产品标签标识其中含有日落黄和柠檬黄,但未标识其含量,观察样品性状,如透明可直接进行测定,如样品属悬浊液,则需过水性 0.22 μm 滤膜方可测定。测定时,需根据吸光度范围将溶液稀释至其吸光度 A 在 0.2～0.8 范围内。柠檬黄和日落黄的标准溶液也需要设计好浓度范围,使标准曲线范围覆盖样品吸光度。

▶项目实施

一、仪器和试剂

1. 仪器
紫外-可见分光光度计;其他常用物品和玻璃器皿若干。
2. 试剂
日落黄标准溶液(100.0 mg/L);柠檬黄标准溶液(100.0 mg/L);待测定样品。

二、基本操作

1. 绘制吸收光谱
取各色素标准溶液 2 mL 于 10.0 mL 比色管,加水稀释至刻度,选用 1 cm 比色皿,测定波长范围 350～600 nm 的吸光度,绘制吸收曲线,找出各自的最大吸收波长 λ_1 和 λ_2。
2. 确定摩尔吸光系数
取色素标准溶液 0.10,0.50,1.00,2.00,3.00,4.00,5.00 mL 于 10.0 mL 比色管,对应浓度为 0.001,0.005,0.010,0.020,0.030,0.040,0.050 mg/mL 浓度的柠檬黄和日落黄标准物质,以试剂空白为参比,采用 1 cm 比色皿,测定最大吸收波长处色素的吸光度。以浓度为横坐标,吸光度为纵坐标,绘制标准曲线,确定线性方程,其斜率即为该物质在该波长下质量吸光系数 a,根据 $\varepsilon = aM$,可得 ε。两种物质、两个吸收波长故得到四条标准曲线,有 ε_{x1},ε_{y1},ε_{x2},ε_{y2} 4 个值。
3. 样品测定
测定样品在两个最大波长下的吸光度 A_1,A_2,ε_{x1},ε_{y1},ε_{x2},ε_{y2} 联立方程

$$A_1 = \varepsilon_{x1}bc_x + \varepsilon_{y1}bc_y$$
$$A_2 = \varepsilon_{x2}bc_x + \varepsilon_{y2}bc_y$$

(1.10)

求得两种物质的浓度。

三、数据记录及处理

①绘制吸收光谱数据。

波长/nm		350	370	390	410	430	450	470	490	510	530	550	570	590
吸光度	日落黄													
	柠檬黄													

②根据上表中数据,确定日落黄和柠檬黄的最大吸收波长 λ_1 和 λ_2。

③确定摩尔吸光系数及样品吸光度的测定。

编号	1	2	3	4	5	6	7
日落黄溶液体积 V/mL	0.10	0.50	1.00	2.00	3.00	4.00	5.00
柠檬黄溶液体积 V/mL	0.10	0.50	1.00	2.00	3.00	4.00	5.00
$A_{日落黄,\lambda_1}$							
$A_{柠檬黄,\lambda_1}$							
$A_{日落黄,\lambda_2}$							
$A_{柠檬黄,\lambda_2}$							
$A_{样品,\lambda_1}$							
$A_{样品,\lambda_2}$							

④根据上表中数据,绘制四条标准曲线,确定 ε_{x_1},ε_{y_1},ε_{x_2},ε_{y_2}。

⑤根据公式(1.10),求待测样品中日落黄和柠檬黄的浓度。

四、注意事项

做吸收曲线时,每改变一次波长,都必须重调参比溶液 $T = 100\%$,$A = 0$。

实训预习报告

岗位 1　紫外-可见分光光度计操作岗位		实训日期：		同组人：	
姓名：		班级：		学号：	成绩：
实训项目 1.5　多组分含量的测定					

健康和安全	通过预习说明哪些是健康和安全措施所必需的,并给出相应的描述。
环保	请说明是否需要采取环保措施,并给出相应的描述。

实训报告

岗位 1　紫外-可见分光光度计操作岗位		实训日期：		同组人：	
姓名：		班级：		学号：	成绩：
实训项目 1.5　多组分含量的测定					
实训项目 名称					
实训目的 要求					
实训仪器 及试剂					
实 训 原 理					
实 训 操 作 步 骤					

续表

实训操作步骤	
实训数据处理	
实训结果讨论	

实训评分标准

岗位 1　紫外-可见分光光度计操作岗位			实训日期：	同组人：
姓名：	班级：		学号：	成绩：
自评：○熟练 ○不熟练	互评：○熟练 ○不熟练	师评：○合格 ○不合格		导师签字：
日期：	日期：	日期：	温度：　　湿度：	

<table>
<tr><td colspan="10" align="center">实训项目 1.5　多组分含量的测定</td></tr>
<tr><td>序号</td><td>考核项目</td><td colspan="2">考核内容</td><td>配分</td><td>评分要求</td><td>得分</td><td>自评</td><td>互评</td><td>师评</td></tr>
<tr>
<td>1</td>
<td>素质考核</td>
<td colspan="2">○1. 有团队协作意识,有大局意识,分工明确、互帮互助
○2. 有安全意识,能自我保护
○3. 有环保意识,能节约用水用电
○4. 能认真严谨操作、合理规划时间、实验态度良好
○5. 能够遵守实验室制度,实验纪律良好</td>
<td>15</td>
<td>未完成 1 项扣 3 分,扣分不得超过 15 分</td>
<td></td>
<td>○有
○没有
○能
○不能</td>
<td>○有
○没有
○能
○不能</td>
<td>○合格
○不合格</td>
</tr>
<tr>
<td>2</td>
<td>专业技能考核</td>
<td colspan="2">○1. 能正确洗涤玻璃仪器
○2. 能正确使用玻璃仪器
○3. 能正确配制溶液
○4. 能正确使用比色皿
○5. 能正确对比色皿配套性进行检查
○6. 能正确设定参数
○7. 能正确使用分光光度计
○8. 能填写仪器使用记录
○9. 能正确填写实训报告
○10. 工作台干净整洁</td>
<td>60</td>
<td>未完成 1 项扣 6 分,扣分不得超过 60 分</td>
<td></td>
<td>○能
○不能</td>
<td>○能
○不能</td>
<td>○合格
○不合格</td>
</tr>
</table>

续表

序号	考核项目	考核内容	配分	评分要求	得分	自评	互评	师评
3	实训结果考核	○1. 数据记录合理,无涂改 ○2. 计算正确无抄袭 ○3. 工作曲线线性良好($r \geqslant$ 0.999 995) ○4. 有效数字及单位正确 ○5. 标准系列溶液的吸光度大部分的吸光度在 0.2 ~ 0.8($\geqslant 4$ 个点) ○6. 精密度(未知液吸光度值的相对极差$\leqslant 0.10\%$,不扣分,$0.10\% \leqslant$ 相对极差$\leqslant 0.50\%$,得一半分,相对极差$\geqslant 0.50\%$不得分) ○7. 准确度($\lvert RE \rvert \leqslant 0.5\%$不扣分,$0.5\% \leqslant \lvert RE \rvert \leqslant 2.0\%$得一半分,$\lvert RE \rvert \geqslant 2.0\%$不得分)	15	未完成 1 项扣 3 分,扣分不得超过 15 分		○熟练 ○不熟练	○熟练 ○不熟练	○合格 ○不合格
4	特色考核	○1. 提前进入"校中厂"参观学习 ○2. 一帮一指导其他学生 ○3. 能够自行设计实验 ○4. 能够独立完成实验 ○5. 能积极主动分享实验心得体会	10	未完成 1 项扣 2 分,扣分不得超过 10 分		○能 ○不能	○能 ○不能	○合格 ○不合格
5	重大失误考核	○1. 损坏玻璃仪器 ○2. 损坏分光光度计 ○3. 试液重新配制(开始吸光度测量后不允许重新配制溶液) ○4. 重新测定(由于仪器本身的原因造成数据丢失,重新测定不扣分)	-20	每出现一项扣 5 分,并赔偿相关损失,扣分不得超过 20 分		○有 ○没有	○有 ○没有	○合格 ○不合格

思考与练习

┌─────────────── ○ 资源链接 ○ ───────────────┐

岗位 1 习题

岗位 1 习题答案

└───┘

思政阅读

┌─────────────── ○ 资源链接 ○ ───────────────┐

科学家故事——屠呦呦

└───┘

岗位 2

原子吸收分光光度计操作岗位

🧑‍🔬 岗位分析

▶**岗位群分布**

该岗位群主要分布于冶金、环保、食品、制药、医疗卫生、化学、化工、农业等领域,主要从事环境和产品中金属物质的检验以及科学研发的质量控制等工作。

▶**工作内容**

原子吸收分光光度计操作员的工作内容主要为样品中金属物质的处理和检测,以重金属检测为主,需熟练掌握仪器的使用,能对仪器进行基本维护,具体内容见表2.1。

表2.1　原子吸收分光光度计操作员的工作内容

序号	分类	具体工作内容
1	定性分析	判断样品中是否含有目标金属物质或对样品进行纯度分析
2	定量分析	金属产品中各种成分的含量分析,环境中的金属污染物质量分析,食品中铅、镉、汞等有害金属物质检测,精细化学品中有害金属分析,药品中杂质金属离子含量分析等
3	结果处理	对检测结果进行数据处理,给出标准化报告
4	仪器维护	能对仪器进行校检,能对仪器进行日常维护与保养

▶**岗位要求**

原子吸收分光光度计造价不菲,该仪器操作岗位属技术性含量较高的岗位,须符合岗位的技术要求,同时作为企业员工,还必须符合其社会性要求,具体要求见表2.2。

表2.2　原子吸收分光光度计操作员的岗位要求

序号	分类	具体工作内容
1	基本要求	精通原子吸收分光光度计的操作,掌握原子吸收分光光度计的方法编辑,能针对不同类型的样品选择合适的处理方法,对应进行定量测量,结果准确,效率高
2	维护要求	能有效维护仪器的良好工作环境(如温度、湿度要求,卫生环境管理等),能正确使用维护钢瓶,能处理软硬件出现的简单故障(如光路不正、火焰不稳,仪器操作过程出现报警,元素灯不亮等情况),能保证对实验室进行严格的"5S"管理,能在项目实施过程中贯彻节约、环保理念
3	职业道德要求	正直无私,把实事求是摆在职业责任的优先位置,提供真实、客观的检测数据;不断提高专业水平,为公众、雇主和顾客提供专业的服务
4	其他要求	勤奋好学,具有良好的语言和书面表达能力,良好的团队协作能力,能针对工作中出现的问题迅速采取恰当的处理措施,提供高效的服务

仪器设备

─○ 资源链接 ○─

《原子吸收分光光度计》(GB/T 21187—2007)

▶仪器环境要求

原子吸收分光光度计实训室的基本设备要求有水、电、工作台等基本设施,同时由于原子吸收分光光度计器是大型精密仪器,因此对温度、湿度、抗电磁干扰等条件也有较高的要求,具体要求见表2.3。

表2.3　原子吸收分光光度实训室环境要求

项目	具体要求
环境温度	恒温 10~30 ℃,建议安装空调设备
相对湿度	<70%
供水设施	配置 1~2 个水龙头
废液排放	配置多个实验室用尖嘴水龙头(配水槽),石墨炉原子化系统需要用水进行冷却降温
供电设施	电路线路一: 电网电压 220 V±10%,频率(50±1)Hz,功率不小于 220 V×10 A,插座规格:220 V 16 A,插线板 1~2 个(提供光谱主机仪器、计算机主机、显示器、打印机使用电源)。 电路线路二: 电网电压 220 V±10%,频率(50±1)Hz,功率不小于 220 V×30 A 中控开关规格:220 V 60 A 数量一个(提供石墨炉系统使用电源,由于石墨炉功率高达 7 kW,故线路用线为 6 mm² 以上的粗铜线)。 电路线路三: 电网电压 220 V±10%,频率(50±1)Hz,功率不小于 220 V×10 A(供空气压缩机使用电压)
供气设施	空气由空气压缩机提供,乙炔、氩气由高压钢瓶提供,纯度 99.99% 以上
光线要求	避免强光照射
工作台防震	合成树脂台面,防震,工作台应离墙,以便于检修仪器
防火防爆	配置 CO_2 灭火器
避雷防护	属于第三类防雷建筑物
防静电	设置良好接地
电磁屏蔽	有精密电子仪器设备,需进行有效电磁屏蔽
通风设备	要求通风良好,应配置通风柜或排风管等室外排风设备

▶原子吸收光谱实训室管理规范

原子吸收分光光度计属精密仪器,需要小心使用及定期维护,故实训室需制定详细的管理制度,保证机器的正常运作,具体规定如下。

①仪器的管理和使用必须落实岗位责任制,制定操作规程、使用和保养制度,责任到人。

②仪器使用者要掌握仪器的性能、操作方法和使用注意事项,能正确地使用仪器,未经教师允许,不得随意更改操作参数,更不得随意拆卸仪器的零部件。必须熟练掌握分析方法,明确仪器的应用范围和局限性,方可实施分析步骤。

③开机前,检查仪器外观,确保仪器正常,仪器使用全过程中应严格按照操作规程使用。实验过程中须有教师和管理人员监控实训室安全,防止出现中毒、烫伤、割伤、腐蚀、爆炸等安全事故,尤其是钢瓶的使用和维护需特别仔细。

④使用实训室时,需仔细阅读操作规程,认真听讲,严格按要求进行,如钢瓶气体的开关顺序和操作(先开助燃气、再开燃气,先关燃气、再关助燃气等)等均需注意。

⑤电源线应注意远离热源,接地良好;气源应和仪器保持一定距离,避免阳光直射、高温环境,远离明火,并注意防静电处理,定期检查气路系统。乙炔钢瓶不得使用银、铜部件,如遇突然停电,迅速关闭乙炔阀门,防止回火(具体可参考《溶解乙炔气瓶安全监察规程》)。

⑥实验结束后,剩余的耗材、样品、溶剂及废液必须及时清理,保证实训室的清洁和安全,严禁实训室内吸烟、使用明火等可能对实验研究及仪器性能造成影响的一切活动。一切与实验无关的物品不得带入仪器室内。

⑦使用人应维护实训室仪器设备,每次实验完成后将仪器复原并盖好防尘罩,做好仪器使用记录。实训室负责人应定期保养并规范记录制度,对其进行定期的校验与检验,确保仪器准确度与灵敏度,并定期检查实训室安全设施,保证实训室安全与整洁。

⑧仪器发生故障时要及时上报,对较大事故,责任人需及时组织人员查清事故原因,提出处理意见,并组织修复处理。

▶仪器——原子吸收分光光度计

(1)常见的原子吸收分光光度计

原子吸收分光光度计品牌众多,常见的原子吸收分光光度计如图 2.1 所示。

(a)AAnalyst 50 原子吸收分光光度计　　　(b)AAnalyst 700/800 原子吸收分光光度计
　　(美国珀金埃尔默仪器有限公司)　　　　　　(美国珀金埃尔默仪器有限公司)

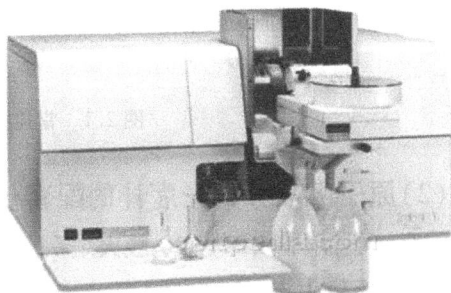

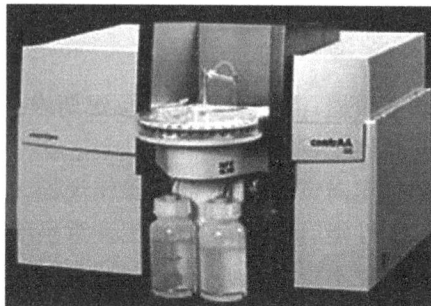

（c）novAA 350 全自动火焰原子吸收光谱仪
（德国耶拿分析仪器股份公司）

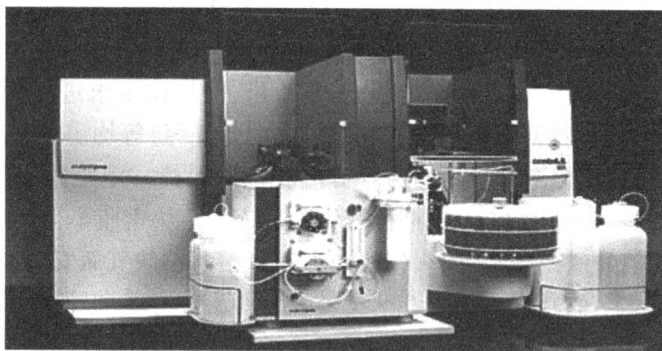

（d）ZEEnit 700P 火焰-石墨炉联用原子吸收光谱仪
（德国耶拿分析仪器股份公司）

（e）AA-7000 原子吸收分光光度计
（日本岛津公司）

（f）TAS-990 原子吸收分光光度计
（北京普析通用仪器有限责任公司）

图 2.1　常见的原子吸收分光光度计

（2）原子吸收分光光度计的配套仪器和配件

①高压钢瓶（图 2.2）。一般火焰法的燃气采用乙炔,石墨炉法的保护气采用氩气,纯度均在 99.99% 以上。

②空气压缩机（图 2.3）。空气压缩机为火焰原子吸收分光光度计提供助燃气。

③石墨炉稳压电源（图 2.4）。石墨炉需要 30 A 电源且频率波动不超过 1 Hz,因此必须配备稳压电源。

图 2.2　乙炔和氩气的高压钢瓶

图 2.3　空气压缩机

④石墨炉冷凝水系统(图 2.5)。石墨炉一个分析过程需要从室温升至 1 000 ~ 3 000 ℃,故需要循环冷凝水系统使仪器迅速降温,为下个分析过程做准备。

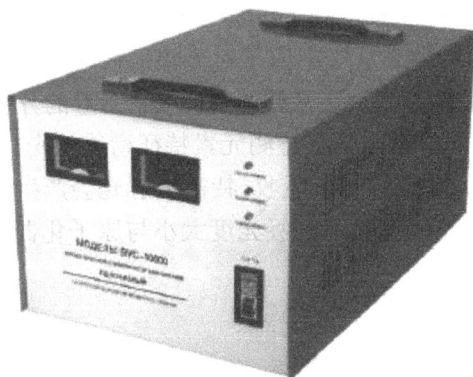

图 2.4　稳压电源

图 2.5　冷凝水系统

⑤空心阴极灯(图 2.6)。提供锐线光源,多为单元素灯。

⑥石墨管(图 2.7)。石墨炉的样品池,型号多样,可耐高温。

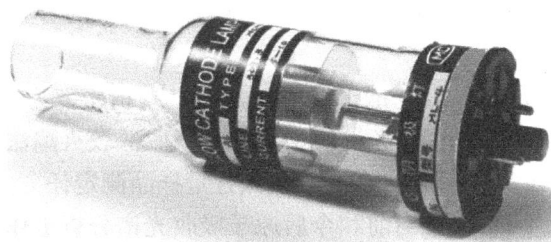

图 2.6　空心阴极灯

图 2.7　石墨管

基础理论2.1 原子吸收分光光度法基本原理

○ 资源链接 ○

原子吸收光谱分析法基本原理

(1)原子吸收分光光度法简介

1)原子吸收分光光度法

原子吸收分光光度法又称原子吸收光谱法(Atomic Absorption Sepectroscopy,AAS)。该方法是 20 世纪 50 年代中期建立并发展起来的一种测量气态原子对光辐射的吸收强度的分析方法,基于试样蒸气对待测元素共振线的吸收特性来测定试样中待测元素含量的分析方法。

原子吸收分光光度法的基本原理为锐线光源发出具有待测元素特征谱线的光,在通过目标样品的原子化蒸气时,被蒸气中待测元素的基态原子所吸收,特征辐射光会产生一定程度的减弱,其减弱规律遵循朗伯-比尔定律,即检测系统检测到吸光度大小与原子化器中待测元素的原子浓度成正比,从而求得待测元素的含量。

2)原子吸收光谱分析的特点

①选择性好。由于谱线很窄,谱线重叠概率较小,所以原子吸收光谱产生谱线干扰的概率很小。只要实验条件合适,共存元素不会在测量过程中产生有效干扰,所以样品预处理后可以不必分离共存元素而直接测定。

②灵敏度高,检出限低。原子吸收光谱分析法是目前最灵敏的方法之一。火焰原子吸收法的检出限可达 10^{-9} g/mL,石墨炉原子吸收法的检出限可达到 $10^{-10} \sim 10^{-14}$ g。如采用预富集方法,其灵敏度可进一步提高。分析时需要的进样量很少,对于试样来源困难的分析极为有利。

③精密度高。火焰原子吸收法的精密度较好,在一般的微、痕量测定中,精密度为 1% ~ 3%。如果仪器性能好可控制相对标准偏差 RSD 小于 1%。石墨炉原子吸收法较火焰法的精密度稍低,一般相对标准偏差 RSD 可控制在 3% ~ 5%。在高背景低含量样品测定任务中,精密度下降。如何进一步提高灵敏度和降低干扰,仍是当前和今后原子吸收光谱分析工作者研究的重要课题。

④分析快速,自动化程度高。一次测量仅耗时 0.5 ~ 3 min,采用自动进样器可实现整个分析过程的自动化。如仪器具备连续测试功能还可实现多种元素的连续测定。

⑤分析范围广。原子吸收光谱可分析测定 70 多种元素。不管样品目标元素含量高低、元素是何种性质、何种结构、样品是何种状态,基本都可以采用这种方法进行分析,因此原子吸收光谱法在冶金、地质、采矿、石油化工、精细化工、食品、医药和环境监测等各个领域的应用十分广泛。

⑥仪器简单,操作方便,但不能实现多元素同时分析。即使采用多元素灯也需要逐一分析,而且为保证测量效果,一般采用单元素灯,故测定不同元素,常需更换光源灯。

(2)原子吸收分光光度法基本原理

1)共振线和吸收线

任何元素的原子都是由原子核和围绕原子核运动的电子组成。原子核外电子按其能量的高低分层分布而形成不同的能级,因此一个原子核可以具有多种能级状态。能量最低的能级状态称为基态($E_0=0$),其余能级称为激发态,而能量最低的激发态则称为第一激发态。

通常情况下,原子中的电子处于基态,当基态原子受到一定外界能量(如光能、热能等)激发时,吸收能量,如这个能量 E 恰好等于该基态原子中基态和某一较高能级之间的能级差 ΔE 时,电子被激发至高能级,处于高能级的电子不稳定,回跃到基态或低能级,回跃过程中伴随着能量放出。当能量以光释放时就产生一定波长的线状光谱,产生吸收线和发射线。故吸收能量不同,原子所处的激发态也不同。

如该能量以光的形式提供,基态原子吸收这一特征波长则产生原子吸收光谱。核外电子从基态跃迁至第一激发态所吸收的谱线称为共振吸收线,简称共振线。当核外电子从第一激发态跃迁回基态时所发射的同样频率的谱线称为共振发射线,也简称共振线(图2.8)。共振线指的是满足基态和第一激发态之间能级能量要求的光能量谱线。

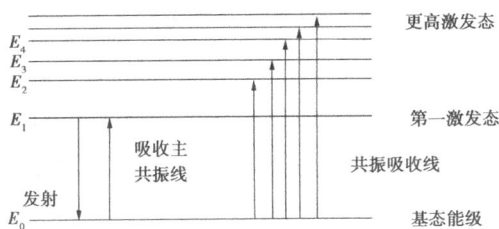

图2.8　原子共振吸收线示意图

不同元素的原子结构不同,故其共振线也不同,也各有特征,可作元素特性参数。由于基态与第一激发态之间的能级差最小,电子跃迁能量要求最容易满足,故共振吸收线最易产生。对大多数元素来讲,共振线是所有吸收线中最灵敏的,原子吸收光谱分析中就常以元素的共振线作为分析线。

2)原子吸收法的定量基础

光源辐射的强度为 I_0 的不同频率的光,通过待测试样的原子蒸气时,有一部分光被吸收,其透射光的强度 I_ν 与原子蒸气的厚度 L 之间仍服从朗伯-比尔定律,即

$$I_\nu = I_0 \exp(-K_\nu L) \tag{2.1}$$

式中,K_ν 为原子蒸气对频率为 ν 的电磁辐射的吸收系数。

3)谱线轮廓

原子对光的吸收是一系列不连续的线,并且这些线不是严格几何意义上的线,而是有一定形状,占据着相当宽度的频率或波长范围,即有一定的宽度。这些线构成了原子吸收光谱,它们不但占有一定的频率宽度,其强度还随频率急剧变化。通常采用谱线轮廓来描述这种

变化。

原子对光的吸收具有选择性,即不同频率的光,原子对它的吸收是不同的,故透过光的强度 I_ν 随着光的频率 ν 而有所变化,其变化规律如图2.9(a)所示。由图可知,在频率 ν_0 处透过光最少,即吸收最大。可见原子蒸气在特征频率 ν_0 处有吸收线,而且具有一定的频率(或波长)范围,这在光谱学中称为吸收线轮廓。常用吸收系数 K_ν 随频率 ν 的变化曲线来描述吸收线轮廓,如图2.9(b)所示。

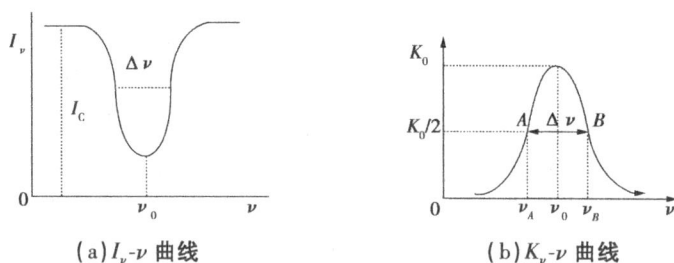

(a) I_ν-ν 曲线　　　　　　　(b) K_ν-ν 曲线

图2.9　吸收线轮廓示意图

原子吸收光谱曲线轮廓反映了原子对不同频率的光具有选择性吸收的性质,其表征参数为中心频率 ν_0 和半宽度 $\Delta\nu$。由图2.9(b)可见,当频率为 ν_0 时吸收系数有极大值,称为最大吸收系数或峰值吸收系数,以 K_0 表示。最大吸收系数所对应的频率 ν_0 称中心频率。半宽度 $\Delta\nu$ 为中心频率最大吸收系数一半($K_0/2$)处,吸收光谱曲线轮廓上 AB 两点之间的频率差, $\Delta\nu$ 的数量级为 $10^{-3} \sim 10^{-2}$ nm,具体情况受多种实验因素影响。

4)谱线轮廓变宽的因素

原子吸收光谱曲线轮廓变宽的原因有两个方面:一方面是由原子本身性质所决定,如自然宽度;另一方面是由压力、热等外界因素影响引起的,如多普勒变宽等。

①自然宽度。实际的谱线有一个有限的宽度分布,这一宽度在无外界影响的情况下,是同发生跃迁的能级有限寿命相关的,是必然存在的,这个宽度是吸收线本身的宽度,称为自然宽度。激发态原子平均寿命越长,吸收线自然宽度越窄,经不确定性原理测算,谱线的自然宽度约为 10^{-5} nm 量级,这个宽度比其他因素引起的变宽小得多,常可以忽略不计。

②多普勒变宽。光源或原子化器的原子处于无规则热运动状态,从各个不同的方向向检测器运动,即使每个原子发出的光频率相同,当检测器接收时也产生了一定的频移,从而引起谱线变宽,称为谱线的多普勒变宽。多普勒变宽源于原子的无规则热运动,故又叫热变宽,随温度升高而加剧,并随元素种类而异,是一种非均匀变宽。在一般火焰温度下,多普勒变宽可以使谱线增宽 $10^{-4} \sim 10^{-3}$ nm,是谱线变宽的主要原因。

③碰撞变宽。处于热运动中的原子,彼此之间发生碰撞或与器壁发生碰撞,都会使原子的运动状态发生改变。碰撞的瞬间辐射过程中断,导致激发态原子寿命缩短从而引起谱线变宽,又称压力变宽。碰撞效应引起的变宽分为洛伦兹变宽和霍尔兹马克变宽两种。洛伦兹变宽是待测元素的原子与其他元素原子或粒子相互碰撞而引起的吸收线变宽,随原子区内蒸气压力的增大和温度的升高而增大;霍尔兹马克变宽是同种分析原子相互碰撞引起的变宽,又称共振变宽,元素低浓度下影响较小。碰撞变宽的宽度一般为 10^{-3} nm,火焰原子化器中以洛伦兹变宽为主,石墨炉中则二者皆存在。

④场致变宽和自吸变宽。外界电场效应和磁场效应引起原子的电子能级的分裂会导致谱线变宽,称为场致变宽。光源辐射出的共振线由于周围较冷的同种原子吸收部分辐射,使谱线轮廓塌陷,继而自吸或自蚀导致的谱线变宽叫作谱线的自吸变宽,在实际应用中应选择合适的灯电流来避免自吸变宽效应。

在原子吸收光谱中,通常是几种变宽效应同时存在。但在特定的条件下,则以某种变宽效应为主,其他的变宽效应作用较小或可忽略不计。在通常的原子吸收分析实验条件下,吸收线轮廓主要受到多普勒变宽和洛伦兹变宽的影响,而其他元素的粒子浓度很小时,则主要受多普勒变宽的影响。

5)基态原子数与温度的关系

原子吸收光谱法是以待测元素对其共振发射线的吸收为基础。共振线被吸收的程度取决于处于基态的原子数量,但在试样的高温原子化过程中,待测元素的原子不可能全部是基态原子,其中必有一部分被热激发成为激发态原子。因此,原子蒸气中基态原子与待测元素原子总数之间的关系、基态原子数与温度的关系是原子吸收光谱分析中必须考虑的问题。在火焰原子化法中,原子是在高温火焰中被原子化的。一定火焰温度下,处于热力学平衡时,火焰中激发态原子数与基态原子数之比服从玻尔兹曼(Boltzmann)分布定律

$$\frac{N_j}{N_0} = \frac{P_j}{P_0}\mathrm{e}^{-(E_j-E_0)/kT} \tag{2.2}$$

式中, N_j , N_0 分别为激发态原子数和基态原子数; P_j , P_0 分别为激发态和基态原子的统计权重,它表示能级的简并度; K 为玻尔兹曼常数(1.38×10^{-23} J/K); T 为热力学温度; E_j , E_0 分别为激发态和基态的能量。

在原子吸收光谱中,对一定波长的谱线, P_j/P_0 和 ΔE 都是已知值。因此,只要火焰温度 T 确定之后,即可求得激发态与基态原子数之比 N_j/N_0 。

对于同一个原子来说,温度越高, N_j/N_0 值越大;对不同的原子,同一温度下,共振线波长越长, N_j/N_0 也越大。对于原子吸收光谱分析来说,常用的火焰温度一般低于 3 000 K,大多数共振线的波长小于 600 nm,因此对大多数元素来说, N_j/N_0 值绝大部分在 10^{-3} 以下,即激发态和基态原子数之比小于千分之一。即可认为,火焰中的基态原子数 N_0 等于原子总数 N ,热激发产生的激发态原子数 N_j 可以忽略不计。

(3)原子吸收光谱法测量原理

1)积分吸收法

原子吸收测定时,原子蒸气所吸收的全部能量作积分吸收曲线,在一定条件下,基态原子数 N_0 正比于吸收线下所包括的整个面积(图 2.10),它是原子蒸气所吸收的全部能量,在原子吸收分析中称为积分吸收。根据经典色散理论,定量关系式为

$$\int K_\nu d_\nu = \frac{\pi e^2}{mc}N_0 f \tag{2.3}$$

式中, e 为电子电荷; m 为电子质量; c 为光速; N_0 为单位体积蒸气中吸收辐射的基态原子数; f 为振子强度(一定条件下对一定元素,可视为一定值)。

由式(2.3)可知,一定实验条件下,基态原子蒸气的积分吸收与单位体积原子蒸气中吸收辐射的原子数成简单线性关系,如能测定积分值,即可测定待测元素的原子数目,从而实现绝对测量。但吸收线半宽度仅有 $10^{-3} \sim 10^{-2}$ nm,因此需要分辨率很高的单色器。采用连续光源测定相当困难,到目前用仪器还不能准确地测出半宽度如此之小的积分吸收。例如,对波长为 500 nm 的谱线,要能分辨波长差为 10^{-3} nm 的两条谱线,则分辨率应该达到 $500/10^{-3} = 5 \times 10^5$。但目前仪器仅能提供的谱线宽度为 10^{-1} nm 左右。如图 2.11 所示,b 为原子吸收线,其半宽度约为 10^{-3} nm,a 为总入射光强度 0.2 nm,这样待测元素原子吸收线引起的吸收值仅相当于入射光强度 a 的 0.5% $\left(\dfrac{10^{-3}}{2 \times 10^{-1}} \times 100\% = 0.5\% \right)$,使测定的灵敏度极差。因此,要在高的背景下测量如此窄的吸收峰面积,难以实现。

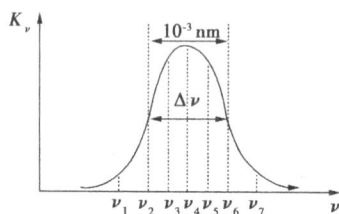

图 2.10　积分吸收的测量　　图 2.11　连续光源与原子吸收线宽度对比图

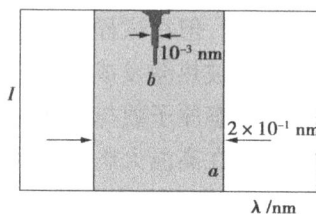

2)峰值吸收法

1955 年,澳大利亚科学家瓦尔西解决了上述难题。他指出,在使用锐线光源辐射及采用温度不太高的稳定的火焰原子化器下,峰值吸收系数 K_0 与火焰中待测元素的基态原子数 N_0 成正比,这种方法称为峰值吸收法。这说明,可以用测量峰值吸收系数 K_0 代替难以实现测量的积分吸收而得到分析结果。

为了准确测定峰值吸收系数 K_0,必须采用锐线光源代替连续光源。也就是说,必须有一个与吸收线中心频率 ν_0 相同,半宽度比吸收线更窄的发射线作为光源,如图 2.12 所示,则能测出峰值吸收系数。能提供锐线光的空心阴极灯较好解决了这一问题。

实现峰值吸收测量的条件是:光源发射线半宽度小于吸收线半宽度,且通过原子蒸气发射线的中心频率恰好与吸收线的中心频率 ν_0 重合。

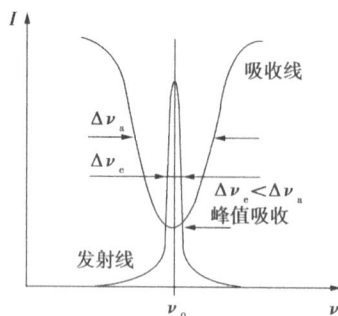

图 2.12　峰值吸收测量示意图　　图 2.13　基态原子对光的吸收示意图

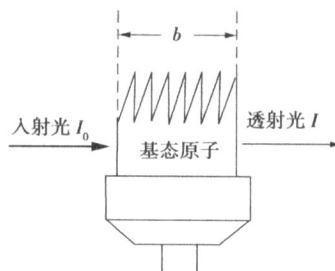

基态原子对共振线的吸收程度与蒸气中基态原子的数目和原子蒸气厚度的关系在一定

条件下遵循朗伯-比尔定律

$$A = \lg(I_0/I) = KbN_0 \qquad (2.4)$$

式中,A 为吸光度;I_0 为光源发出待测元素共振线强度;I 为透过光的强度;K 为原子吸收系数;N_0 为样品蒸气中基态原子数目;b 为原子蒸气厚度。

基态原子对光的吸收示意图如图 2.13 所示。式(2.4)表示原子吸收光谱分析法测定的吸光度 A 与待测元素吸收辐射的基态原子数 N_0 成正比。根据玻尔兹曼分布定律,激发态原子数和离子数只占基态原子数 1% 以下,因此可认为蒸气中基态原子数基本接近待测元素总原子数,而总原子数和溶液中待测元素浓度成正比,故在一定浓度范围和一定吸收光程的情况下,吸光度与待测元素的浓度关系可表示为 $A = Kc$,此式也是原子吸收光谱法定量依据。

实训项目 2.1 原子吸收分光光度计的基本操作

○ 资源链接 ○

原子吸收分光光度计的实验技术

▶项目描述

李明刚应聘了一家五金公司的分析工作,岗位为原子吸收分光光度计操作员,公司要求其演示一下分光光度计的基本操作并回答关于该方法的相关理论。操作机型为 AA 240DVO 火焰原子吸收分光光度计。

▶能力目标

- 能正确辨识仪器以及配套设备。
- 能解释原子吸收法的基本原理。
- 能正确操作原子吸收分光光度计。
- 能对仪器进行基本的日常维护。

▶项目分析

该项目是学生面试时经常遇到的场景之一,主要考查学生对方法的掌握,对仪器的使用是否符合用人单位的预期,在考查了学生的专业能力的同时还考查了学生的临场反应能力、沟通能力和表达能力。

原子吸收分光光度法的测定过程为:由光源辐射出特征元素的特征光谱,通过样品蒸气时被待测元素的基态原子吸收,剩余部分进入单色器将该特征谱线进一步分离,之后特征光谱进入检测器,经检测器将光信号转变为电信号,并经信号指示系统调制放大后,显示或打印出吸光度 A(或透光率 T),完成测定。

▶项目实施

1. 开机

开机要求按照顺序操作：

①开稳压电源，待电压稳定在 220 V 后，打开主机电源开关。

②开空压机。调节出口压力 0.23 ~ 0.3 MPa。

③开燃气钢瓶主阀，调节出口压力 0.03 ~ 0.07 MPa。

④开排风扇和冷却水。

2. 测试

①在开机主页面上选定待测元素进入"ANALYTICAL CONDITIONS"页面，按提示手动设置仪器参数。

②装上待测元素空心阴极灯，按提示加上灯电流，预热 30 min。

③进入"MEASUREMENT CONDITIONS"页面，设置测试参数。

④进入"ANALYTICAL RESULTS"页面，点火、调零，将进样毛细管插入溶液，待吸光度显示稳定后，按"START"，屏幕显示结果。

⑤将毛细管插入去离子水中，回到零点，依次测定。

3. 数据记录

记录屏幕显示的测试数据。

4. 关机

①测试完毕后，在点火状态下吸喷干净的去离子水清洗原子化器数分钟。

②关闭燃气钢瓶主阀，待管路中余气燃净后关闭仪器的燃气阀门。

③将燃气钢瓶减压阀旋松。

④关空压机，并放掉余气及水分。

⑤用滤纸将燃烧头缝擦干净。

⑥在记录本上记录仪器使用情况。

▶注意事项

①操作者在使用仪器前必须仔细阅读操作说明书，熟悉操作步骤，了解仪器的基本结构和水、电、气管路及开关。

②点火前打开排风扇，仪器排液管的水封中应注满水。

③点火前先通助燃气，后通燃料气。熄火时先关燃料气，后关助燃气。使用 N_2O 作助燃气时，须切换到空气状态方可点火和熄火，同时应更换燃烧头。

④空心阴极灯和氘灯的能量计数应小于 100。

⑤检查雾化室的废液是否畅通无阻，如果有水封，一定要设法排除后再进行点火。

⑥防止"回火"。点火的操作顺序为先开助燃气，后开燃气；熄灭顺序为先关燃气，待火熄灭后再关助燃气。一旦发生"回火"，应镇定地迅速关闭燃气，然后关闭助燃气，切断仪器电源。若"回火"引燃了供气管道及附近物品时，应采用 CO_2 灭火器灭火。

⑦空心阴极灯的维护。当发现空心阴极灯的石英窗口有污染时，应用脱脂棉蘸无水乙醇

擦拭干净。

⑧供气管道的检漏。当发现有漏气时,可采用简易的肥皂水检漏法或检漏仪检漏。

⑨燃烧器的维护。当燃烧器的缝口积存盐类时,火焰可能出现分叉,这时应当熄灭火焰,用滤纸插入缝口擦拭,或用刀片插入缝口轻轻刮除积盐,或用水冲洗。

⑩雾化器的金属毛细管的检修。当雾化器的金属毛细管被堵塞时,可用软而细的金属丝疏通或用洗耳球从出样口吹出堵塞物。

⑪操作者离开仪器时,必须熄灭火焰。实验完毕离开实验室前检查水、电、气开关。

基础理论2.2　原子吸收分光光度计的结构与原理

○ 资 源 链 接 ○

原子吸收分光光度计的结构和原理

(1)原子吸收分光光度计的结构

原子吸收分光光度计又称原子吸收光谱仪,主要由光源、原子化系统、分光系统、检测系统四个基本部分和背景校正装置以及一些其他配套装置组成(图2.14)。

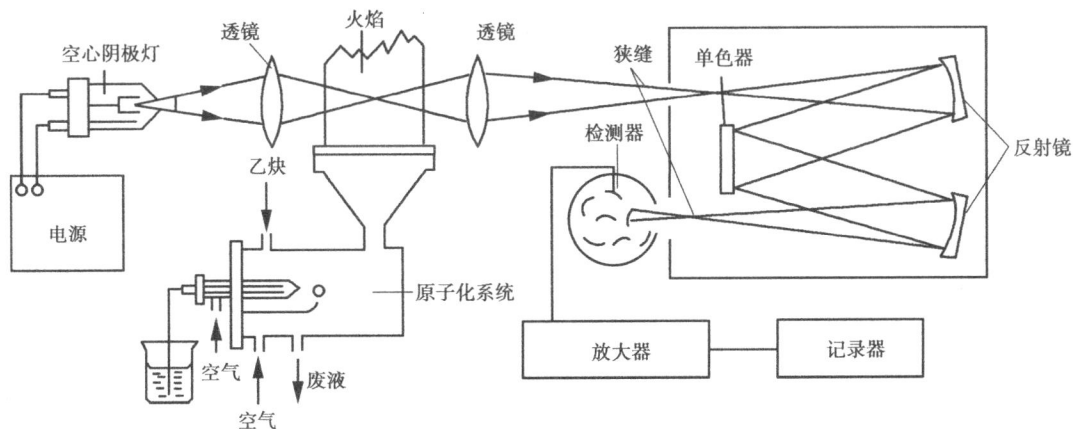

图2.14　原子吸收分光光度计结构示意图

其工作原理是:光源发出特征光谱辐射,经过原子化器室后,由分光系统得到单色光经过光电倍增管后到达检测器,终端计算机从检测器得到信号,进一步转化为数据进行处理。

1)光源

光源的作用是发射被测元素的特征光谱。

对光源的基本要求是:光源必须能发射出比吸收线宽度更窄的线状光谱;光源的发光强度大且稳定、背景低、噪声小;光源的使用寿命长。

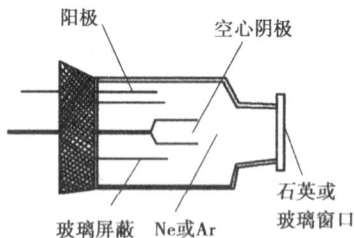

图2.15 空心阴极灯结构示意图

光源一般采用空心阴极灯和无极放电灯。

①空心阴极灯。

空心阴极灯又称元素灯,其构造如图 2.15 所示。

空心阴极灯是一种阴极呈空心圆柱形的特殊的放电管,由一个在钨棒上镶钛丝或钽片的阳极和一个由发射所需特征谱线的金属或合金制成的空心筒状阴极组成。管内充有低压惰性气体(氖或氩)。

空心阴极灯的工作原理:当在两电极施加 $300 \sim 500$ V 电压时,阴极灯开始辉光放电,电子从空心阴极射向阳极,并与周围惰性气体碰撞并使之电离。所产生的惰性气体的阳离子获得足够能量,在电场作用下撞击阴极内壁,使阴极表面上的自由原子溅射出来,溅射出的金属原子再与电子、阳离子、气体原子碰撞而被激发,当激发态原子返回基态时,辐射出特征频率的锐线光谱。

通常一种元素制成一种空心阴极灯,用于相应元素的测定。一般每测一种元素需要更换一种空心阴极灯。目前也制得多元素灯,多元素灯工作时可同时测定几种元素,减少了换灯的麻烦,但光强度较弱,容易产生干扰,目前应用的多元素灯中,最多可测定 $6 \sim 7$ 种元素。

使用时轻拿轻放,点亮后盖好灯室,避免测量过程中环境变化带来的不利影响;长期不用时,需要定期将其在工作电流下点燃 3 h 处理,检查辉光正常与否。辉光颜色因灯内所充气体不同而有异,充氖气的灯为橙红色,充氩气的灯为淡紫色,汞灯为蓝色,如颜色有异则说明灯内有杂质气体,需要进行处理。

②无极放电灯。

无极放电灯用石英管制成。其结构如图 2.16 所示。

在石英管内放入少量金属或较易蒸发的金属卤化物,抽真空后充入几百帕压力的氩气,再密封。将它置于高频(2 250 MHz)的微波电场时,微波将灯内气体原子激发,被激发气体原子又使离解的气化金属或金属卤化物激发而产生半宽很窄、强度很大的被测金属元素的特征谱线。

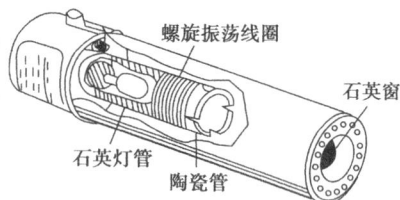

图2.16 无极放电灯结构示意图

无极放电灯的发射强度比空心阴极灯高 $100 \sim 1\ 000$ 倍,特别适用于难激发元素的测定。目前,商用的无极放电灯已有 18 种元素,如 K、Rb、Zn、Cd、Sn、Pb、Al、P、As 等。

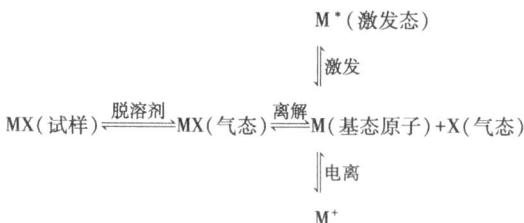

图2.17 元素的原子化过程示意图

2)原子化系统

原子化系统的作用是将样品中的被测元素转化为原子蒸气。将样品中被测元素变成气态的基态原子的设备称为原子化器,又叫原子化系统。样品中待测元素吸收能量变成气态的基态原子蒸气的过程称为试样的"原子化"过程。元素的原子化过程示意图如图 2.17 所示。

　　原子化系统在原子吸收分光光度计中是一个重要设备,其基本要求有:具有足够高的原子化效率,具有良好的稳定性和重现性,操作简单,干扰因素尽量少等。常用的原子化系统有火焰原子化系统和无火焰原子化系统。

　　①火焰原子化系统。

　　火焰原子化过程包括雾化、原子化两个阶段。雾化阶段是将样品溶液变成细小雾滴以增加样品吸收能量的表面积,这些雾滴在雾化室中与气体(燃气与助燃气)均匀混合,除去大液滴后,再进入燃烧器形成火焰。原子化阶段则是在火焰能量的供给下,小雾滴样品离解成基态原子并呈现气化状态。火焰原子化系统使用火焰原子化器,火焰原子化器由雾化器、雾化室和燃烧器三部分组成,其结构如图2.18所示。

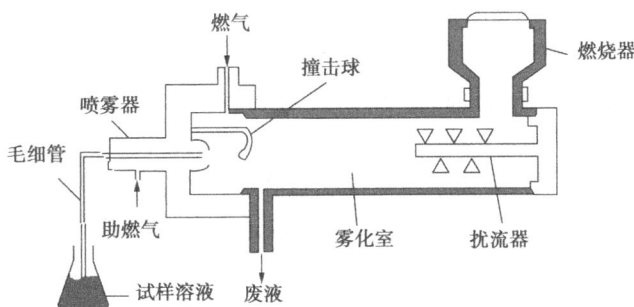

图2.18　火焰原子化器示意图

　　a.雾化器。雾化器是将试液喷雾雾化成微小的雾滴的设备。其作用是将试液雾化,使之形成直径为微米级的气溶胶。典型的雾化器如图2.19所示。

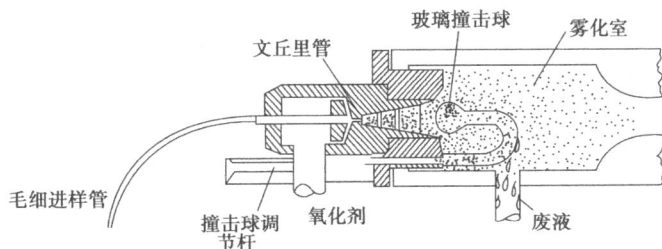

图2.19　雾化器剖面示意图

　　当助燃气高速通过时,在毛细管外壁与喷嘴口构成的环形间隙中,形成负压区,将试样溶液吸入,并被高速气流分散成气溶胶,在出口与撞击球碰撞,进一步分散成微米级的细雾。撞击球的作用就是使小型微粒的比例增大,有利于原子化。

　　喷雾器的喷射速度一般要求在1~12 mL/min,雾化效率一般为10%~30%。

　　采用火焰原子法测定的均为液态样品,一般为强酸溶液,因此喷雾器多采用不锈钢、聚四氟乙烯或玻璃等抗腐蚀能力比较强的材料制成。

　　b.雾化室。雾化室有四个作用,一是进一步细化雾滴,二是使燃气和助燃气充分混合,三是脱溶剂,四是缓冲和稳定雾滴运输。因此,一个符合要求的雾化室应当具有细化雾滴作用、输送雾滴平稳、记忆效应小、噪声低等性能。

　　较大的气溶胶在室内凝聚为大的液滴沿室壁流入泄液管排走,其作用是使进入火焰的气溶胶在混合室内充分混合均匀以减少它们进入火焰时对火焰的扰动,并让气溶胶在室内部分蒸发脱溶。

雾滴越细越易干燥、熔化、气化,生成的自由原子蒸气就越多,测定的灵敏度就越高。因此,为让喷射出的雾滴进一步分散成更细小的细雾,通常在毛细管的前端几毫米处放有一个撞击球,使高速喷入的雾滴撞击在撞击球上,提高雾化效率。

雾化室一般呈一定角度倾斜,以使大的雾滴从废液管顺利排走,防止其进入火焰,同时也防止前试样对本次测定的记忆效应。为防止回火危险,废液管常采用不同形式的水封方式。一般的喷雾装置的雾化效率为10% ~20% ,雾化效率越高,试样的利用度越高。

c. 燃烧器。燃烧器的作用是使样品原子化,即燃气在助燃气的作用下形成火焰,被雾化的样品溶液进入燃烧器,经蒸发、干燥形成固态气溶胶雾粒,再经熔化、受热离解成基态自由原子。

原子吸收分析的火焰应有足够高的温度,能有效地蒸发和分解试样,并使被测元素原子化。燃烧器需要满足耐高温、耐腐蚀、原子化程度高、火焰稳定、吸收光程长、噪声小等要求。燃烧器一般采用不锈钢制造,但全钛燃烧头的性能更加优良,器型以长缝居多,缝长多在50 ~ 100 mm,缝宽0.5 ~0.7 mm,具体需根据所用燃料确定。燃烧器有单缝和多缝之分,单缝燃烧器应用最广。燃烧器的高度可上下调节,以便选取适宜的火焰部位测量。为了改变吸收光程,扩大测量浓度范围,燃烧器可旋转一定角度。

d. 火焰的性质与种类。不同类型的火焰,其温度是不同的。常用火焰类型及特点见表 2.4。

表 2.4　常用火焰类型及特点

燃气	助燃气	燃烧速度/$(cm \cdot s^{-1})$	温度/℃	特点
C_2H_2	空气	158 ~266	2 100 ~2 500	温度较高,最常用(稳定、噪声小、重现性好)
C_2H_2	O_2	1 100 ~2 480	2 500 ~3 000	高温火焰,可用于更难原子化的元素
C_2H_2	N_2O	160 ~285	2 600 ~3 000	高温火焰,具强还原性(可使难分解的氧化物原子化)
H_2	空气	300 ~440	1 700 ~1 900	较低温氧化性火焰,适于 As、Se、Sn、Zn 等元素
H_2	O_2	900 ~1 400	1 900 ~2 500	高燃烧速度,高温,但不易控制
H_2	N_2O	~390	~2 800	高温,适于难分解氧化物的原子化
丙烷	空气	~82	~2 000	低温,适于易解离的元素,如碱金属和碱土金属

火焰原子吸收测定中最常用的火焰是乙炔-空气火焰。该火焰燃烧稳定,重现性好,噪声低,燃烧速度不是很大,温度足够高,对大多数元素有足够的灵敏度。氢气-空气火焰燃烧速度较乙炔-空气火焰高,但温度较低,优点是背景发射较弱,透射性能好。乙炔-氧化亚氮火焰的特点是火焰温度高,而燃烧速度并不快,是目前应用较广泛的一种高温火焰,可测定 70 多种元素。

火焰的温度和性质取决于燃气与助燃气的种类及其化学计量比,即使是同一类型的火焰,燃气与助燃气的比例不同,火焰的温度和性质也会不同。按火焰燃气和助燃气比例的不同,可将火焰分为三类:化学计量火焰、富燃火焰和贫燃火焰。

化学计量火焰。燃气与助燃气之比与化学反应计量关系恰好相等或接近,又称中性火焰。这类火焰层次清晰、稳定、温度高、干扰少,火焰呈氧化性,适用于 30 多种元素的测定。例如,燃助比约为 1∶2 的乙炔-空气火焰。

富燃火焰。燃气与助燃气之比大于化学计量关系的火焰,又称还原性火焰。这类火焰发射背景强、噪声高、温度低,适用于难离解且易氧化元素的测定,如 Ca、Sr、Ba、Cr、Mo 等。例如,燃助比约为 3∶1 的乙炔-空气火焰。

贫燃火焰。燃气与助燃气之比小于化学计量关系的火焰,又称氧化性火焰。这类火焰由于助燃气充分,冷的助燃气带走火焰中的热量,火焰温度低,火焰呈蓝色,适于易离解、易电离元素的原子化(如碱金属、碱土金属)以及一些不宜生成氧化物的元素测定(如 Ag、Cu、Fe、Co、Ni、Pb、Cd 等)。例如,燃助比约为 1∶6 的乙炔-空气火焰。

火焰原子化的优点是易操作,分析速度快,一次测定时间约 3~10 s;重现性好,RSD 一般可控制在 3% 甚至 1% 以下;有效光程大,对大多数元素都有较高的灵敏度,检出限低,应用非常广泛;仪器价格相对比较便宜,一般购买原子吸收分光光度计的企业都会优先购置火焰原子化仪器。火焰原子化的不足是原子化效率低,一般在 10%~20%,样品的利用率很低;灵敏度相对石墨炉法不够高,对低于 10^{-6} g/L 样品分析准确度明显下降;仅能分析液态样品,不能分析固态样品,应用范围受限。

②无火焰原子化系统。

无火焰原子化法使用电加热原子化器,它克服了火焰原子化器样品用量多,不能直接分析固体样品的缺点。无火焰原子化器的种类很多,常用的是管式石墨炉原子化器。管式石墨炉原子化器由加热电源、保护气控制系统和石墨管状炉组成,其结构如图 2.20 所示。

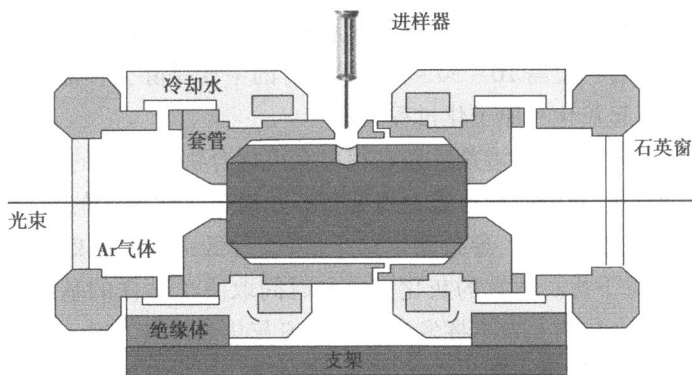

图 2.20　管式石墨炉原子化器示意图

高温管式石墨原子化器的加热电源一般采用低压、大电流的交流电,为保证炉温恒定,要求提供的电流稳定。炉温可在 1~2 s 内达 3 000 ℃。炉体采用金属外壳,内设石墨管座、水冷却外套、石英窗和内外保护气路。试样的原子化在石墨管内进行。石墨管由致密石墨制成,长 30~60 mm,管上小孔用于注入试样。目前广泛应用的标准型石墨管长约 28 mm,内径 8 mm,有的内部有样品平台,管中央开一孔,用于注入试样和通过保护气,其结构如图 2.21 所示。石墨炉需要不断通入惰性气体(Ar 或 N_2),保护样品原子化后的基态原子不被氧化,同时防止石墨管高温氧化,惰性载气还起到了清除反应物、清洗石墨管的作用,以便下次进样测量。为了使石墨管在每次分析完样品后可以迅速降温,炉体内安装了冷却水套,内通冷却循环水来保证降温效果。

实验时将试样从石墨管的中央小孔注入,为了防止试样及石墨管氧化,加热需要在惰性气氛中进行(不断通入 Ar 或 N_2)。测定时分干燥、灰化、原子化和净化除残四个阶段。

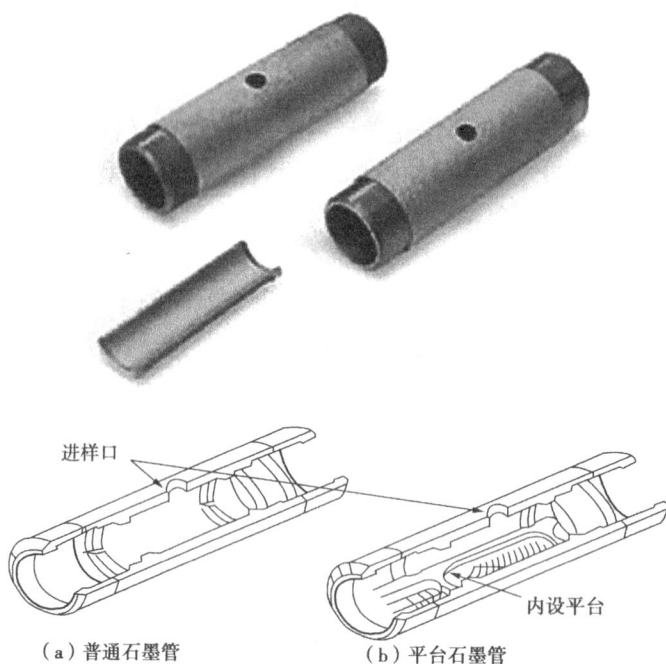

（a）普通石墨管　　　　　　（b）平台石墨管

图 2.21　石墨管及其结构示意图

a. 干燥阶段。干燥温度一般略高于溶剂的沸点(一般 200 ℃ 以下)。干燥时间取决于试样溶剂类型和进样体积,一般需 10 ~ 30 s。干燥的目的主要是除去样品中的水分和可挥发溶剂,避免因溶剂存在引起灰化和原子化过程飞溅。

b. 灰化阶段。试样的基体除溶剂外还有很多有机化合物和其他的干扰元素,灰化的目的是尽可能地去除试样中的基体而尽可能地保留目标元素。灰化温度的选择非常重要,过高则目标物会提前原子化被载气带走,导致测定结果偏低,过低则无法有效去除基体而使后面原子化测定过程受到严重干扰。适宜的灰化温度和时间取决于试样的基体复杂性和被测元素的性质,最高灰化温度以待测元素不挥发为限。一般灰化温度在 400 ~ 1 800 ℃,内载气持续流通,将基体燃烧物带走,待测元素留在管中。灰化时间 10 ~ 30 s,具体可以根据条件实验来确定。

c. 原子化阶段。原子化的目的是使被测元素的化合物蒸气气化解离为基态原子。在这个阶段,待测元素在瞬间高温下被蒸发解离为基态原子蒸气,吸收对应的特征辐射而产生较大的吸光度。之所以称瞬间是因为石墨管需要在 1 ~ 3 s 内由灰化温度升至 1 800 ~ 3 000 ℃ 的高温。原子化温度随被测元素不同而不同,适宜的原子化温度需要通过实验确定。

d. 净化阶段。净化的目的是除去石墨管中残留物质,消除记忆效应,为下一个样品的测定做准备。当一个样品测定结束,需要用比原子化阶段稍高的温度加热净化石墨管,使其中残留的物质充分蒸发,消除记忆效应。净化的温度为 3 000 ℃,时间为 5 s 左右。如原子化的温度已经很高或者样品属于易挥发物质,也可采用较低原子化的温度,经 2 ~ 7 s 即可达到消除记忆的效果。如除残效果不佳,还可以在分析样品前采用石墨管空烧的方式进行净化处理。

石墨炉电热高温原子化器具有以下特点：试样用量少，液体试样为 $1 \sim 100\ \mu L$，固体为 $0.1 \sim 10\ mg$；灵敏度高，检测限多为 $1.0 \times 10^{-10} \sim 1.0 \times 10^{-12}\ g$，某些元素检测限可达 $1.0 \times 10^{-14}\ g$，是一种微痕量分析技术；试样利用率高，原子化的原子在石墨炉中可以停留较长的时间，可达 1 s 甚至更长，且原子化过程是在还原性气氛中进行的，原子化效率可达 90% 以上；可直接测定黏度较大的试样和固体样品；整个原子化过程是在一个密闭的配有冷却装置的系统中进行的，在操作时比火焰法安全；温度最高可达 3 000 ℃，升温速度快，允许在真空紫外区进行原子吸收光谱测定，可分析元素的范围广。石墨炉原子化的不足是：管壁炉温存在时间和空间的不等温性会引起严重的基体干扰和记忆效应，需要校正背景；校正曲线的线性范围窄，一般小于两个数量级；测定的精密度、重现性不如火焰原子化法，RSD 一般可控制在 5% 以下。

③低温原子化器。

低温原子化是利用某些元素（如 Hg）本身或元素的氢化物（如 AsH_3）在低温下的易挥发性，将其导入气体流动吸收池内进行原子化。目前通过该原子化方式测定的元素有 Hg、As、Sb、Se、Sn、Bi、Ge、Pb、Te 等。生成氢化物是一个氧化还原过程，所生成的氢化物是共价分子型化合物，沸点低、易挥发、易分离分解。以 As 为例，反应过程可表示如下

$$AsCl_3 + 4NaBH_4 + HCl + 8H_2O \Longrightarrow AsH_3\uparrow + 4NaCl + 4HBO_2 + 13H_2\uparrow$$

AsH_3 不稳定，在 900 ℃温度下就能分解析出自由砷原子，实现快速原子化。

3）分光系统

在原子吸收光谱仪器中，单色器也称分光器，是一种波长选择器，由入射狭缝、准直镜、色散元件（棱镜或光栅）、聚光镜和出射狭缝组成，其作用是将所需要的共振吸收线分离出来。分光系统既要将谱线分开，又要有一定的出射光强度。单色器的关键部件是色散元件，现在商品化的仪器都是使用光栅，如图 2.22 所示。

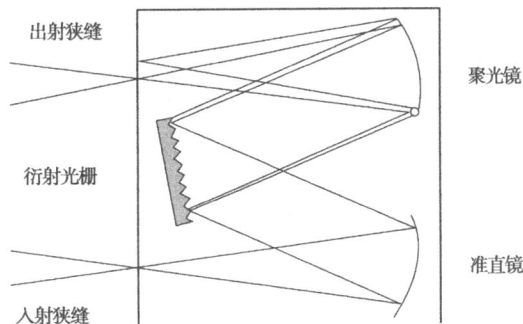

图 2.22　单色器结构示意图

进行原子吸收测定时，为保证谱线强度，需选用适当的光栅色散率和狭缝宽度配合，以形成合适的光谱通带来满足测量的需要。

4）检测系统

检测系统由检测器（光电倍增管）、放大器、对数转换器和显示装置组成。检测系统的作用是将通过分光系统的光信号转换成电信号后进行测定。

①光电元件。在原子吸收光谱仪器中，最常用的转换器是光电倍增管。这是一种多极的真空光电管，内部有电子倍增结构，是目前灵敏度最高、响应速度最快的一种光电检测器，广泛应用于各种光谱仪器上。但须注意如工作电压过高、照射的光过强或光照时间过长，会引起光电倍增管的疲劳效应。

光电倍增管的原理和连接线路如图 2.23 所示。光电倍增管中有一个光敏阴极 K，若干个倍增极（也是光敏阴极，如 D_1—D_4，图中只画出 4 个，实际有 $9 \sim 12$ 个）和一个阳极 A。外加

负高压到阴极 K,经过一系列电阻(R₁—R₅)使电压依次均匀分布在各个倍增极上,这样就能发生光电倍增作用。分光后的光照射到阴极 K 上,使其释放出光电子,阴极 K 释放的一次光电子碰撞到第 1 个倍增极上,就可以放出增加了若干倍的二次光电子,二次再碰撞到第 2 个倍增极上,又可以放出比二次光电子增加了若干倍的光电子,如此继续碰撞下去,在最后一个倍增极上放出的光电子可以比最初阴极放出的电子多 10^6 倍以上。最后,倍增了的电子射向阳极而形成电流(最大电流可达 10 μA)。光电流通过光电倍增管负载电阻 R 转换成电压信号送入放大器。

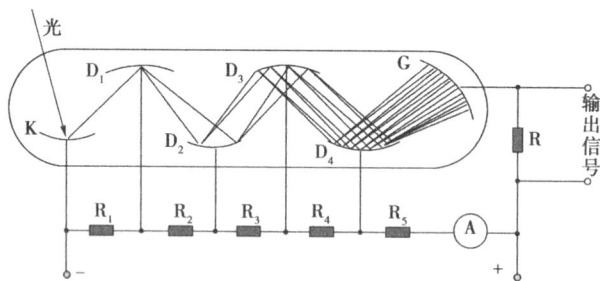

K—光阴极；D₁—D₄—倍增极；A—电流计；R₁—R₅—电阻；G—阳极

图 2.23　光电倍增管原理示意图

②放大器。放大器的作用是将光电转换器输出的电压信号放大后送入显示装置。由光源发出的光经原子蒸气、单色器后已经很弱,由光电倍增管放大其发出信号还不够强,故电信号在进入显示装置前还必须再进一步放大。由于原子吸收法采取了对光源信号事先进行调制的方法,因此来自光电转换器的电信号是脉动的。为了有选择地将这种脉动信号进行放大,就要求交流放大器与光源的脉动频率严格一致(同步),因此多采用同步检波放大器,以改善信噪比。另外要求这种放大器要有足够的增益(约 300 倍)和良好的稳定性。目前广泛采用的是交流选频放大器和相敏放大器。

③对数转换器。原子吸收分光光度法中吸收前后光强度的变化与试样中待测元素的浓度的关系,在火焰宽度一定时是服从朗伯-比尔定律的,但吸收后的光强度并不直接与浓度呈线性关系。因此,为了在指示仪表上显示出与试样浓度成比例的数值,就必须进行信号的对数转换。最简单的方法是将指示仪表的表面按对数进行刻度(与一般的分光光度计相同),但这样的对数刻度疏密不均匀,浓度越高(吸光度越大),刻度越密,对高浓度测定的读数误差就较大,而且欲将指示仪表改为别的显示仪器(如记录器、数字显示器等)或进行量程扩展时也会发生困难,为此信号在进入指示仪表前,利用如三极管运算放大器直流型对数变换电路进行对数变换。

④显示装置。放大器放大后的信号经数字转换器换算成数字信号,在数字显示器或者计算机输出端显示出来。一般原子吸收光谱仪都采用计算机控制,配套有开发的仪器软件,可实现参数选择、信号输出、界面调整、数据处理等多种功能,基本可达到半自动化以上程度,应用起来非常方便。

（2）原子吸收分光光度计的类型

1）按照原子化的方法分类

原子化器是将样品中被测元素变成气态的基态原子的设备,又叫原子化系统。原子化器可分为预混合型火焰原子化器、石墨炉原子化器、石英炉原子化器、阴极溅射原子化器等类型,其对应的原子吸收分光光度计分别称为火焰原子吸收分光光度计、石墨炉原子吸收分光光度计、冷原子吸收分光光度计和阴极溅射原子吸收分光光度计。

①火焰原子吸收分光光度计。火焰原子吸收分光光度计采用火焰原子化器,采取火焰燃烧的方式实现原子化的方法。其具有操作简便、重现性好的特点。

②石墨炉原子吸收分光光度计。石墨炉原子吸收分光光度计采用石墨炉原子化器,采取将试样放置在石墨管壁、石墨平台、碳棒盛样小孔或石墨坩埚内用电加热至高温实现原子化的方法。其具有原子化效率高、灵敏度高、试样用量少的特点。

③冷原子吸收分光光度计。冷原子吸收分光光度计采用石英炉原子化器,是将气态分析物引入石英炉内在较低温度下实现原子化的一种方法,又称低温原子化法,主要是与蒸气发生法配合使用(氢化物发生、汞蒸气发生和挥发性化合物发生)。其具有灵敏度高、精密度好、方法简便、操作自动化的特点。

④阴极溅射原子吸收分光光度计。阴极溅射原子吸收分光光度计采用阴极溅射原子化器,采取辉光放电产生的阳离子轰击阴极表面、直接将被测定元素转化为原子蒸气的方法。其具有分析速度快(液体样品10种元素少于30 s,固体样品30种元素约2 min)、可分析固体样品的特点。

2）按照波道数目和光束形式分类

原子吸收分光光度计按波道数目有单道、双道和多道之分,按光束形式可分为单光束和双光束两类。

①单道单光束型原子吸收分光光度计。

单道是指仪器只有一个光源、一个单色器、一个显示系统,每次只能测一种元素。单光束是指从光源中发出的光仅以单一光束的形式通过原子化器、单色器和检测系统。单道单光束型原子吸收分光光度计光学系统如图2.24所示。

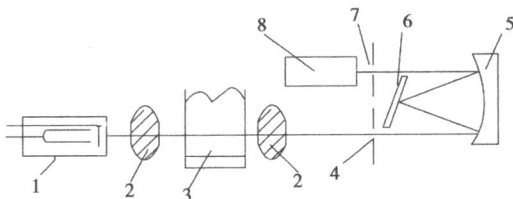

图2.24 单道单光束型原子吸收分光光度计结构示意图

1—空心阴极灯;2—透镜;3—原子化器;4—入射狭缝;5—反射镜;

6—光栅;7—出射狭缝;8—检测器

此类仪器结构简单,体积小,价格低,操作方便,能满足一般原子吸收分析的要求。缺点是不能消除光源波动造成的影响,基线漂移。

②单道双光束型原子吸收分光光度计。

双光束是指从光源发出的光被切光器分成两束强度相等的光,一束为样品光束通过原子化器被基态原子部分吸收;另一束只作为参比光束不通过原子化器,其光强度不被减弱。两束光被原子化器后面的反射镜反射后,交替地进入同一单色器和检测器。单道双光束型原子吸收分光光度计的光学系统如图2.25所示。

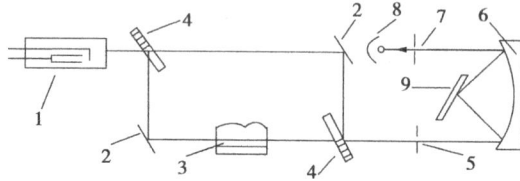

图2.25　单道双光束型原子吸收分光光度计结构示意图
1—空心阴极灯;2—反光镜;3—原子化器;2—切光器;5—入射狭缝;
6—反射镜;7—出射狭缝;8—检测器;9—光栅

此类仪器由于两光束来源于同一个光源,光源的漂移通过参比光束的作用而得到补偿,所以能获得一个稳定的测量光束输出信号。缺点是参比光束不通过火焰,无法消除火焰扰动和背景吸收的影响。

③双道单光束型原子吸收分光光度计。

双道单光束是指仪器有两个不同光源,两个单色器,两个检测显示系统,而光束只有一路。双道单光束型原子吸收分光光度计光学系统如图2.26所示。

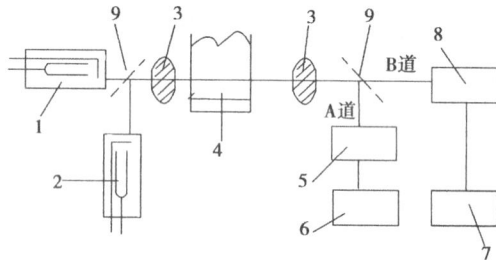

图2.26　双道单光束型原子吸收分光光度计结构示意图
1—空心阴极灯A;2—空心阴极灯B;3—透镜;4—原子化器;5—分光系统A;
6,7—检测系统;8—分光系统B;9—半透半反光镜

此类仪器有两种不同元素的空心阴极灯发射出不同波长的共振发射线,两条谱线同时通过原子化器,被两种不同元素的基态原子蒸气吸收,利用两套各自独立的单色器和检测器,对两路光进行分光和检测,同时给出两种元素检测结果。此类仪器一次可测两种元素,并可进行背景吸收扣除。

④双道双光束型原子吸收分光光度计。

这类仪器有两个光源,两套独立的单色器和检测显示系统。但每一光源发出的光都分为两个光束,一束为样品光束,通过原子化器;一束为参比光束,不通过原子化器。双道双光束型原子吸收分光光度计光学系统如图2.27所示。

此类仪器两道光路可各自独立运行,相当于两台单道双光束仪器,可以同时测定两种元素;两道光路相结合可消除光源强度波动的影响及原子化系统的干扰,准确度高,稳定性好,但仪器结构复杂。

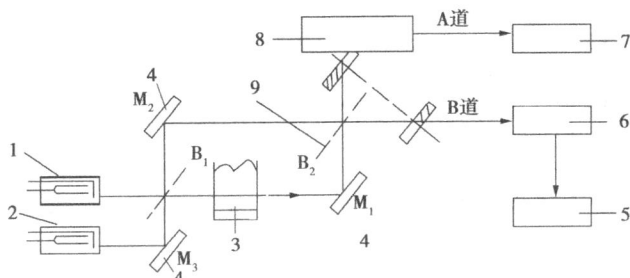

图 2.27　双道双光束型原子吸收分光光度计结构示意图
1—空心阴极灯 A；2—空心阴极灯 B；3—原子化器；4—平面反射镜（M_1、M_2、M_3）；
5，7—检测系统；6—分光系统 A；8—分光系统 B；9—半透半反光镜

目前已研制出多道原子吸收分光光度计，可同时检测多种元素。随着计算机技术的迅速发展，原子吸收分光光度计都已配备了微机处理系统。对全自动的原子吸收分光光度计，其微机处理系统可对仪器的波长选择、灯电流值、原子化器位置、单色器狭缝宽度等多种参数进行自动选择。同时，可绘出测定过程中各种分析曲线，自动记录，储存分析结果，大大简化了分析操作过程，缩短了工作时间。

（3）原子吸收分光光度计常用辅助部件的使用

1）火焰法原子吸收中空压机的使用

原子吸收分光光度计使用的空压机，应通过下述步骤确认其工作状态。

①确认油位水平在空压机正常工作要求的范围。

②关闭截止阀和排气阀，逆时针旋转分表压力控制手柄至全部关闭，然后连接空压机的电源。

③当总表压力达到 0.5 MPa 时，电机将停止，用手提起安全阀并确认工作是否正常，此时将会有很响的嘶声，但无危险。

④当总表压力达到 0.4 MPa 时，电机再次启动。

⑤当总表压力再次达到 0.5 MPa 时，顺时针转动分表压力控制手柄，设置分表压力到 0.35 MPa，空压机处于正常工作状态。

⑥用肥皂水或其他漏气检测方法检测各连接处、压力表、空气变压器等，查看是否漏气。

⑦空压机连续运行要比间歇运行有更稳定的压力输出。空压机在使用中应经常放水，空气中的水汽会影响到分析的精度，但放水后应检测水管是否漏气，否则可再按几下按钮，放水应在火焰熄灭时带压进行。

2）钢瓶的使用

原子吸收法所用燃气均为高压钢瓶装载，当钢瓶内气体压力小于 0.5 MPa 就需重新充气。使用时需注意乙炔气体的管道系统不可采用铜制品，因为铜会和乙炔产生易爆炸的乙炔铜，也不可在乙炔钢瓶中混入丙酮，否则会影响火焰稳定性。使用过程中需先开助燃气再开燃气并迅速点火，熄火时反顺序操作。所有燃气钢瓶附近不可有明火。

①钢瓶必须垂直放置，在安装钢瓶的调压器前，必须先除去在钢瓶出口处的尘土。

②打开钢瓶总阀前，先逆时针转动分表的控制手柄，并确认出口方向无人时才能慢慢用

钢瓶手柄打开总阀。

③使用一氧化二氮、氢气、氩气、氧气等钢瓶时,总阀要开至足够大,否则流量不稳定;对于乙炔钢瓶,则转动钢瓶总阀不要超过1.5圈,防止丙酮或 N,N-二甲基甲酰胺(DMF)从瓶中流出。

④使用一氧化二氮-乙炔火焰时,乙炔钢瓶要打开1~1.5圈,如果总阀打开不足,乙炔流量太小,在从空气乙炔火焰切换到一氧化二氮乙炔火焰时可能回火。

⑤钢瓶的手柄要放在总阀上,使用时也是如此;使用后,不仅要关闭截止阀,而且要关闭钢瓶总阀。

⑥当乙炔钢瓶的压力小于0.5 MPa时,就要换新钢瓶;乙炔气在高压容器中是溶解在丙酮或 DMF 里。而丙酮或 DMF 则吸附在多孔性材料中,一旦钢瓶压力小于0.5 MPa,丙酮或 DMF 的蒸气将与乙炔混合流出,气体流量不稳定;如果钢瓶压力小于0.3 MPa,丙酮或 DMF 的蒸气将汽化流出,气体流量将无法控制。

基础理论2.3 原子吸收光谱的定量分析

○ 资源链接 ○

原子吸收分谱分析的定量方法

原子吸收光谱分析进行定量测定时,应用最多的是标准曲线法和标准加入法。

(1)标准曲线法

标准曲线法是最常用的分析方法,它与紫外-可见分光光度法的标准曲线法相似,适用于组成简单、大批量样品的分析。

具体方法是:首先,配制一组浓度合适的标准样品,在最佳测定条件下,由低浓度到高浓度依次测定其吸光度,以吸光度为纵坐标、标准样品浓度为横坐标作标准曲线;然后,在相同的条件下,测定被测溶液的吸光度;最后,在标准曲线上用内插法求出未知样品中被测元素的浓度。

为了保证测定的准确度,测定时应注意:标准溶液与被测溶液的基体(指溶液中除被测组分外的其他成分的总体)要相似,以消除基体干扰;标准溶液浓度范围应将样品溶液中被测元素浓度包括在内,范围大小应以获得合适的吸光度读数为准;不同的仪器有所不同,通常吸光度读数为0.2~0.8较合适,这样的读数误差相对较小;标准储备溶液的浓度不应小于1 000 μg/mL;低浓度的实验溶液临用时,用逐级稀释的方法由标准储备溶液配制,并不宜长时间放置,以避免浓度发生变化;测定的顺序,应由低浓度到高浓度,以避免记忆效应造成的测定误差;若连续测定时间较长,应在实验过程中适时地用试剂空白溶液和标准溶液检查和校正仪器的零点(或基线)的漂移与稳定性;此外,每次分析都应重新绘制工作曲线。

在实际分析中,在使用标准曲线法时要特别注意以下几点。

①所配制的标准溶液的浓度,应在吸光度与浓度呈直线关系的范围内。

②标准溶液与试样溶液都应用相同的试剂处理。

③应该扣除空白值。

④在整个分析过程中,操作条件应保持不变。

⑤由于喷雾效率和火焰状态经常变动,标准曲线的斜率也随之变动,因此,每次测定前应用标准溶液对吸光度进行检查和校正。

⑥应设法使所作曲线斜率接近 45°,以减小读数误差。

【例 2.1】   测定某溶液中铜元素含量,称取样品 0.542 8 g,经处理后以 5% 硝酸定容 100 mL,采用预混合火焰燃烧法测定元素吸光度,测得 $A_x = 0.325$,标准曲线法吸光度和样品浓度的关系为 $A_x = 0.136c_x + 0.008$,求该样品铜含量。

解

$$c_x = \frac{A_x - 0.008}{0.136} = 2.33 (\mu g/mL)$$

$$w\% = \frac{2.33 \times 100 \times 10^{-6}}{0.542 8} \times 100\% = 0.043\%$$

该样品溶液铜元素含量为 0.043%。

(2)标准加入法

当样品中共存物不明或基体复杂无法配制组成匹配的标准样品时,使用标准加入法是合适的。

具体方法是:分取几份等量的被测试样,其中一份不加入被测元素,其余各份试样中分别加入不同已知量 $c_1, c_2, c_3, \cdots, c_n$ 的被测元素,然后在标准测定条件下分别测定它们的吸光度,绘制吸光度对被测元素加入 c 的曲线,如图 2.28 所示。

如果被测试样中不含被测元素,在正确校正背景之后,曲线应通过原点;如果曲线不通过原点,说明含有被测元素,截距对应的吸光度就是被测元素所引起的效应。外延曲线与横坐标轴相交,交点至原点的距离所对应的浓度 c_x,即为所求被测元素的含量。

标准加入法可以消除基体效应带来的影响,并在一定程度上消除了化学干扰和电离干扰,但不能消除背景

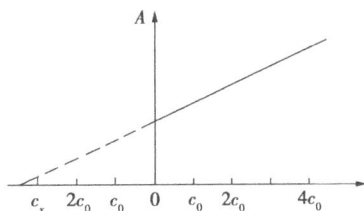

图 2.28   标准加入法工作曲线

干扰。应用标准加入法,一定要彻底校正背景,所以只有扣除背景以后,才能得到被测元素的真实含量,否则将使测定结果偏高。

使用标准加入法测定分析时应注意以下几点。

①相应的标准曲线应是一条通过原点的直线,被测组分的浓度应在此线性范围内。

②第二份中加入的标准溶液的浓度与样品的浓度应当接近(可通过试喷样品和标准溶液,比较两者的吸光度来判断),避免曲线的斜率过大或过小,造成较大的测定结果误差。

③为了保证得到准确的外推结果,至少要采用 4 个点来绘制外推曲线。

④同样应设法使所作曲线接近45°,以减小读数误差。

【例2.2】 某实验室采用原子吸收法测定吡啶甲酸铬样品,采用样品 20 mL,稀释 10 倍后,取溶液 5 mL 共计 4 份,每份加基体改性剂 5 mL,然后在每份样品中一次加入浓度为 100 ng/mL 铬标准样品 0.00,2.00,4.00,6.00 mL,定容至 10.00 mL,然后上机测定得吸光度为:0.043,0.136,0.215,0.321。求样品中铬含量。

解 样品中加入标准样品后的浓度当量为:0.00,20.0,40.0,60.0 ng/mL,作 A-c 校正曲线,得直线方程为:$A_y = 0.004\ 6c_x + 0.043\ 4$。反推直线 $A = 0$ 时,$c_x = 9.43$ ng/mL。稀释换算:$c_x = 9.43 \times 10.00/5.00 \times 10 = 188.6$ ng/mL。

该吡啶甲酸铬的含量为 188.6 ng/mL。

(3)分析方法的评价指标

一个好的分析方法必须具备良好的检测能力,并能获得可靠的测定结果。我们常用一些评价指标作为衡量的标准。其中分析方法的检测能力普遍采用的指标是灵敏度和检出限,方法可靠性采用的指标是精密度和准确度。

1)检测能力指标

①灵敏度 S。国际纯粹与应用化学联合会(International Union of Pure and Applied Chemistry,IUPAC)规定,方法的灵敏度 S 表示被测组分浓度或含量改变一个单位时所引起的分析信号的变化,即 $S = dA/dc$,其中 A 为分析信号,c 为浓度或含量。如被测组分单位浓度或含量变化引起的分析信号变化非常显著,则认为此方法或仪器的灵敏度较高。在分析方法的校正曲线上,S 是 A-c 工作曲线的斜率,斜率越大,说明方法的灵敏度越高。

原子吸收光谱法中,常采用特征浓度或特征质量来衡量方法灵敏度。特征浓度常用于火焰原子吸收法,指的是产生 1% 吸收或 0.004 4 吸光度所需的被测元素的浓度,计算公式为

$$特征浓度 = \frac{c}{A} \times 0.004\ 4\,(mg/mL) \tag{2.5}$$

特征质量多用于石墨炉分析中,按峰高计算,被分析元素产生 0.004 4 吸光度所需质量,计算公式为

$$特征质量 = \frac{cV}{A} \times 0.004\ 4\,(ng) \tag{2.6}$$

特征浓度或特征质量越小,方法的灵敏度越高。

②检出限(LOD)。检出限是指能产生一个确证在试样中存在被测定组分的分析信号所需要的该组分的最小浓度或最小含量测定值,表征了分析方法的最大检测能力。IUPAC 规定,在遵从正态分布的条件下,能给出 3 倍于空白噪声的吸光度时,所对应的元素的浓度或者质量。所谓"空白"噪声是指测定空白试样(组成与被测试样相同而不含有被测组分的试样)的标准偏差 σ。具体做法是,对空白或接近空白的溶液进行多次测量(一般 11 次或以上),3σ 即是检出限,这是元素在溶液中可被检出的最低浓度。如样品给出的信号大于或等于 10σ,则认为可对此元素做有效测定,此浓度或质量被称为检测限。检出限计算公式为

$$D_{c} = c \times \frac{3\sigma}{\overline{A}} \qquad (2.7)$$

或

$$D_{m} = cV \times \frac{3\sigma}{\overline{A}} \qquad (2.8)$$

式中，D_c 为相对检出限，$\mu g/mL$；D_m 为绝对检出限，g；$\overline{A}$ 为多次测定的试样的平均值；σ 为噪声的标准偏差。

2) 可靠性指标

①精密度。精密度是多次测定结果的重复性、准确度好的必要条件。常以标准偏差（SD）和相对标准偏差（RSD）衡量。

②准确度。准确度是指测定值和真值的差别。准确度好坏常采用回收率实验来评价。回收率的测定可采用下面两种方法。

a. 标准样品对照实验。将已知含量的待测元素标准物质在与试样相同条件下进行预处理，在相同仪器和测定条件下，按相同定量方法进行测定，求出标准样品中待测组分的含量，其回收率为测定值和真实值之比，计算公式为

$$回收率\% = \frac{标准样品测定值}{标准样品真实值} \times 100\% \qquad (2.9)$$

b. 标准样品回收实验。在样品的前处理前，先在试样中加入已知量的标准分析元素（其状态也应与试样中待分析的元素相近）。在进行完整分析过程后，复核回收百分数。计算公式为

$$回收率\% = \frac{加入标样的测定值 - 未加标样的测定值}{标样加入量} \times 100\% \qquad (2.10)$$

我们可以根据回收率接近 100% 的程度，检验方法的可靠性。样品的含量等级不同，回收率的要求不同，含量越低，回收率允许的范围越宽。

用原子吸收分析法进行试样分析后，实验结果的表示应包括：浓度（或质量）数据、精密度和误差范围三项内容。实验结果应表示为：平均值 $\pm 3S$，99% 的置信度。

实训项目 2.2　水质　钙和镁的测定

○ 资源链接 ○

水质　钙和镁的测定——火焰原子吸收分光光度法

《水质　钙和镁的测定　原子吸收分光光度法》
（GB 11905—1989）

▶项目描述

　　某市水质监测局要检测部分地方提供的地下水样中的钙、镁离子的含量。钙、镁离子含量的检测是水质检测中重要的一部分,是衡量水质的重要手段。

▶能力目标

- 学会配制标准系列溶液。
- 学会使用标准曲线法进行定量分析。
- 熟悉原子吸收分光光度计的基本操作。
- 能对仪器进行校验和基本的日常维护。

▶项目分析

　　钙是构成人体骨骼最重要的成分,也是人体内含量最多的矿物质元素。只有离子化的钙才能起到正常生理作用,保持血液 pH 值在 7.35 ~ 7.45,维持人体体液的酸碱平衡。如果钙离子增加,细胞会变得很活跃,反之,细胞就会老化或受到破坏,导致人体过早衰老。镁离子是一个直接的血管扩张剂,镁缺乏会增加血管张力,易发生高血压,可引起多种心律失常;镁缺乏与冠状动脉痉挛和变异性心绞痛有关。

　　从动物和人体角度进行的研究同时证明长期饮用极软水(TDS 小于 50 mg/L)可使心血管疾病发生风险相对增加,饮水镁含量每增高 6 mg/L 会使先天性心脏病降低 10%;饮水镁含量高(大于 9.8 mg/L)可使男女急性心肌梗死下降 19% 和 25%;饮水镁含量与心血管疾病死亡率具有统计学意义负相关。无论是天然水、自来水还是矿泉水都含有大量的钙、镁离子,尤其是对钙、镁离子需求比较敏感的老人和小孩来说,长期饮用完全不含钙、镁离子的纯净水或蒸馏水,就会起各种疾病。

　　原子吸收光谱法是基于由待测元素空心阴极灯发射出一定强度和波长的特征谱线的光,当它通过含有待测元素的基态原子蒸气时,原子蒸气对这一波长的光产生吸收,未被吸收的特征谱线的光经单色器分光后,照射到光电检测器上被检测,根据该特征谱线光强度被吸收的程度,即可测得试样中待测元素的含量。火焰原子吸收光谱法是利用火焰的热能,使试样中待测元素转化为基态原子的方法。常用的火焰为空气-乙炔火焰,其绝对分析灵敏度可达 10^{-9} g/mL,可用于常见的 30 多种元素的分析,应用最为广泛。

　　测定原理:在一定浓度范围内,被测元素的浓度(c)、入射光强(I_0)和透射光强(I)符合朗伯-比尔定律。配制已知浓度的标准系列溶液,在一定的仪器条件下,依次测定其吸光度,以加入的标准溶液的浓度为横坐标,相应的吸光度为纵坐标,绘制标准曲线。试样经适当处理后,在与测量标准曲线吸光度相同的实验条件下测量其吸光度,在标准曲线上即可查出试样溶液中被测元素的含量,再换算成原始试样中被测元素的含量。

►项目实施

一、仪器和试剂

1. 仪器

原子吸收分光光度计(310 型或其他型号);钙、镁空心阴极灯;无油空气压缩机或空气钢瓶、乙炔钢瓶。

2. 试剂

金属镁或碳酸镁(优级纯);无水碳酸钙(优级纯);浓盐酸(优级纯);稀盐酸溶液(1 mol/L)。

二、基本操作

1. 标准溶液配制

①钙标准储备液(1 000 μg/mL):准确称取已在 110 ℃下烘干 2 h 的无水碳酸钙 0.625 0 g 于 100 mL 烧杯中,用少量纯水润湿,盖上表面皿,滴加 1 mol/L 盐酸溶液,直至完全溶解,然后把溶液转移到 250 mL 容量瓶中,用水稀释至刻度,摇匀备用。

②钙标准使用液(20 μg/mL):准确吸取 5 mL 上述钙标准储备液于 250 mL 容量瓶中,用水稀释至刻度,摇匀备用。

③镁标准储备液(1 000 μg/mL):准确称取金属镁 0.250 0 g 于 100 mL 烧杯中,盖上表面皿,滴加 5 mL 1 mol/L 盐酸溶液溶解,然后把溶液转移到 250 mL 容量瓶中,用水稀释至刻度,摇匀备用。

④镁标准使用液(10 μg/mL):准确吸取 2.5 mL 上述镁标准储备液于 250 mL 容量瓶中,用水稀释至刻度,摇匀备用。

2. 配制标准系列溶液

①钙标准系列溶液:准确吸取 2.0,4.0,6.0,8.0,10.0 mL 上述钙标准使用液,分别置于 5 只 25 mL 容量瓶中,用水稀释至刻度,摇匀备用。该标准系列溶液钙的浓度分别为 1.6,3.2,4.8,6.4,8.0 μg/mL。

②镁标准系列溶液:准确吸取 1.0,2.0,3.0,4.0,5.0 mL 上述镁标准使用液,分别置于 5 只 25 mL 容量瓶中,用水稀释至刻度,摇匀备用。该标准系列溶液镁的浓度分别为 0.4,0.8,1.2,1.6,2.0 μg/mL。

3. 配制自来水样溶液

准确吸取 2 mL 自来水于 25 mL 容量瓶中,用水稀释至刻度,摇匀。

4. 测定各标准系列溶液的吸光度

根据实验条件,将原子吸收分光光度计按仪器操作步骤进行调节,待检测器电路和气路系统达到稳定,记录仪基线平直时,即可进样。

5. 测定自来水中钙、镁浓度

在相同条件下,分别测定自来水样溶液中钙、镁的吸光度。

三、数据记录及处理

①列表记录测量钙、镁标准系列溶液的吸光度，然后以吸光度为纵坐标，标准系列溶液浓度为横坐标绘制标准曲线。

②测量自来水样溶液的吸光度，然后在上述标准曲线上查得水样中钙、镁的浓度（μg/mL）。若经稀释需要乘倍数求得原始自来水中钙、镁含量。或将数据输入计算机，以一元线性回归方程计算钙、镁的含量。

四、注意事项

①此时所选工作灯为钙或镁元素灯之一，待测元素改变需要重新选择工作灯。

②空压机使用 1 h 需按下排水阀排水；点火及实验过程中要远离燃烧器，其上避免遮盖。

③乙炔为易燃易爆气体，必须严格按照操作步骤工作。在点燃乙炔火焰之前，应先开空气，后开乙炔气；结束或暂停实验时，应先关乙炔气，后关空气。乙炔钢瓶的工作压力，一定要控制在所规定范围内，不得超压工作。必须切记，保障安全。

实训预习报告

岗位 2　原子吸收分光光度计操作岗位		实训日期：		同组人：	
姓名：		班级：	学号：		成绩：
实训项目 2.2　水质 钙和镁的测定					

健康和安全	通过预习说明哪些是健康和安全措施所必需的,并给出相应的描述。
环保	请说明是否需要采取环保措施,并给出相应的描述。

实训报告

岗位 2　原子吸收分光光度计操作岗位	实训日期：		同组人：	
姓名：	班级：	学号：		成绩：
实训项目 2.2　水质 钙和镁的测定				
实训项目名称				
实训目的要求				
实训仪器及试剂				
实训原理				
实训操作步骤				

续表

实训操作步骤	
实训数据处理	
实训结果讨论	

实训评分标准

岗位2　原子吸收分光光度计操作岗位				实训日期：		同组人：	
姓名：		班级：		学号：		成绩：	
自评：○熟练 ○不熟练		互评：○熟练 ○不熟练		师评：○合格　○不合格		导师签字：	
日期：		日期：		日期：		温度：	湿度：

<table>
<tr><td colspan="10" align="center">实训项目2.2　水质 钙和镁的测定</td></tr>
<tr><td>序号</td><td>考核项目</td><td>考核内容</td><td>配分</td><td>评分要求</td><td>得分</td><td>自评</td><td>互评</td><td>师评</td></tr>
<tr>
<td>1</td>
<td>素质考核</td>
<td>○1. 有团队协作意识,有大局意识,分工明确、互帮互助
○2. 有安全意识,能自我保护
○3. 有环保意识,能节约用水用电
○4. 能认真严谨操作、合理规划时间、实验态度良好
○5. 能够遵守实验室制度,实验纪律良好</td>
<td>15</td>
<td>未完成 1 项扣 3 分,扣分不得超过 15 分</td>
<td></td>
<td>○熟练
○不熟练</td>
<td>○熟练
○不熟练</td>
<td>○合格
○不合格</td>
</tr>
<tr>
<td>2</td>
<td>专业技能考核</td>
<td>○1. 能正确洗涤玻璃仪器
○2. 能正确使用玻璃仪器
○3. 能正确配制溶液
○4. 能正确安装空心阴极灯
○5. 能正确使用空气压缩机
○6. 能正确设定参数
○7. 能正确操作原子吸收分光光度计
○8. 能填写仪器使用记录
○9. 能正确填写实训报告
○10. 工作台干净整洁</td>
<td>60</td>
<td>未完成 1 项扣 6 分,扣分不得超过 60 分</td>
<td></td>
<td>○能
○不能</td>
<td>○能
○不能</td>
<td>○合格
○不合格</td>
</tr>
</table>

序号	考核项目	考核内容	配分	评分要求	得分	自评	互评	师评
3	实训结果考核	○1. 数据记录合理,无涂改 ○2. 计算正确无抄袭 ○3. 工作曲线线性良好 　（$r \geq 0.999\ 995$） ○4. 有效数字及单位正确 ○5. 标准系列溶液的吸光度大部分的吸光度在 $0.2 \sim 0.8$（≥ 4 个点） ○6. 精密度（未知液吸光度值的极差=0.001） ○7. 准确度（$\|RE\| \leq 0.5\%$）	15	未完成 1 项扣 3 分,扣分不得超过 15 分		○熟练 ○不熟练	○熟练 ○不熟练	○合格 ○不合格
4	特色考核	○1. 提前进入"校中厂"参观学习 ○2. 一帮一指导其他学生 ○3. 能够自行设计实验 ○4. 能够独立完成实验 ○5. 能积极主动分享实验心得体会	10	未完成 1 项扣 2 分,扣分不得超过 10 分		○能 ○不能	○能 ○不能	○合格 ○不合格
5	重大失误考核	○1. 损坏玻璃仪器 ○2. 损坏分光光度计 ○3. 试液重新配制（开始吸光度测量后不允许重新配制溶液） ○4. 重新测定（由于仪器本身的原因造成数据丢失,重新测定不扣分）	−20	每出现一项失误扣 5 分,并赔偿相关损失,扣分不得超过 20 分		○有 ○没有	○有 ○没有	○合格 ○不合格

基础理论2.4　原子吸收光谱分析条件的选择

在进行原子吸收光谱分析时,影响测定的可变因素很多,为了获得重现性好、灵敏度高和准确的结果,优选并严格控制测定条件十分重要。

(1)分析线的选择

每种元素都有若干条分析线,通常选用共振吸收线为分析线,这样可以提高测定的灵敏度。As、Se、Hg 等共振吸收线位于 200 nm 以下的远紫外区,火焰组分对其有明显吸收,故用火焰原子吸收法测定这些元素时,不宜选用共振吸收线为分析线。为获得较高的灵敏度、稳定性和宽的线性范围及无干扰测定,须选择合适的吸收线。选择谱线的一般原则如下。

①灵敏度。一般选择最灵敏的共振吸收线,测定高含量元素时,可选用次灵敏线。例如,在测定高浓度 Na 时,不选择最灵敏线(589.0 nm),而选择次灵敏线(330.3 nm)。此外,有些元素有几条灵敏度相差不大的吸收线,例如 Co(240.7 nm,242.5 nm)、Fe(248.3 nm,248.8 nm)等,在这种情况下,便可从谱线的稳定和减少干扰等方面考虑选择最适宜的吸收线作为分析波长。

②谱线干扰。当分析线附近有其他非吸收线存在时,将使灵敏度降低,工作曲线弯曲,应当尽量避免干扰。例如,Ni 230.0 nm 附近有 Ni 231.98 nm、Ni 232.14 nm、Ni 231.6 nm 非吸收线干扰,因此,可选择灵敏度稍低的吸收线(341.48 nm)作为分析线。而测定 Rb 时,为了消除 K、Na 的电离干扰,可用 798.4 nm 代替 780.0 nm。

③仪器条件。大多数原子吸收分光光度计的波长范围是 190~900 nm,并且一般采用光电倍增管作为检测器,它在紫外区和可见区具有较高的灵敏度。因此,对于那些共振线在这些区域附近或以外的元素,常选用次灵敏线作为分析波长。例如测定 Pb 时,为了克服短波区域的背景吸收和噪声,一般不使用 217.0 nm 灵敏线而用 283.3 nm 谱线。表 2.5 是常用的元素分析线,供使用时选用。

(2)空心阴极灯工作条件的选择

1)预热时间

通常对于单光束原子吸收分光光度计,空心阴极灯一般需要预热 10~30 min 才能达到稳定输出。对于双光束仪器,由于参比光束和测量光束的强度同时变化,其比值恒定,能使基线很快稳定,空心阴极灯使用前,若在施加 1/3 工作电流的情况下预热 0.5~1 h,并定期活化,可增加使用寿命。

2)工作电流

空心阴极灯是性能优良的锐线光源。它的发光强度与工作电流有关。灯电流过小,放电不稳定;灯电流过大,会导致阴极材料溅射增大,灯寿命缩短甚至毁坏。从稳定性考虑,灯电流要大,谱线强度高,负高压低,读数稳定,特别对于常量与高含量元素分析,灯电流宜大些。

选用灯电流的一般原则是,在保证有足够强且稳定的光强输出条件下,尽量使用较低的工作电流。通常以空心阴极灯上标明的额定电流的 1/2 ~ 2/3 作为工作电流。在具体的分析场合,最适宜的工作电流由试验确定。

表 2.5　原子吸收光谱分析中常用的元素分析线

元素	分析线/nm	元素	分析线/nm	元素	分析线/nm	元素	分析线/nm
Ag	328.1,338.3	Eu	259.2,262.7	Mo	313.3,317.0	Si	251.6,250.7
Al	309.3,308.2	Fe	248.3,252.3	Na	589.0,330.3	Sm	429.7,520.1
As	193.6,197.2	Ga	287.4,294.4	Nb	332.4,358.0	Sn	224.6,286.3
Au	242.3,267.6	Gd	368.4,371.4	Nd	463.2,271.9	Sr	460.7,407.8
B	249.7,249.8	Ge	265.2,275.5	Ni	232.0,341.5	Ta	271.5,277.6
Ba	553.6,255.2	Hf	307.3,286.6	Os	290.9,305.9	Tb	432.7,431.9
Be	232.9	Hg	253.7	Pb	216.7,283.3	Te	214.3,225.9
Bi	223.1,222.8	Ho	410.2,405.2	Pd	247.6,244.8	Ti	364.3,337.2
Ca	422.7,239.9	In	303.9,325.6	Pr	495.1,513.3	Tl	276.8,377.6
Cd	228.8,326.1	Ir	209.3,208.9	Pt	266.0,306.5	Tm	209.2
Ce	520.0,369.7	K	766.5,769.9	Rb	789.0,794.8	V	318.4,385.6
Co	240.7,242.5	La	550.1,218.7	Rh	343.5,339.7	W	255.1,294.7
Cr	357.9,359.2	Li	670.8,323.3	Ru	349.9,372.8	Y	410.2,412.8
Cs	852.1,455.5	Lu	336.0,328.2	Sb	217.6,206.8	Yb	398.8,346.4
Cu	324.8,327.4	Mg	285.2,279.6	Sc	391.2,402.0	Zn	213.9,307.6
Er	400.8,415.1	Mn	279.5,403.7	Se	196.1,204.0	Zr	360.1,301.2

(3)狭缝宽度的选择

原子吸收分析中,谱线重叠的概率较小,因此,可以使用较宽的狭缝,以增加光强并降低检出限。光谱通带是狭缝宽度和单色器倒数线色散率的乘积,仪器的单色器不可更改,倒数线色散率是固定值,因此能调整的只有狭缝宽度,很多仪器直接标明缝宽度供选择。光谱通带选择的原则有两个:一是保证足够的光谱强度,二是排除附近的干扰线。在实验中,也要考虑被测元素谱线复杂程度,碱金属、碱土金属谱线简单,可选择较大的狭缝宽度;过渡元素如铁、钴、镍与稀土元素等谱线比较复杂,要选择较小的狭缝宽度。

合适的狭缝宽度同样应通过试验确定。具体方法是:逐渐改变单色器的狭缝宽度,使检测器输出信号最强,即吸光度最大为止。狭缝宽度一般在 0.5 ~ 2 nm 选择。表 2.6 列出了一些元素在测定时常选用的光谱通带。

(4)火焰原子化条件的选择

1)火焰类型的选择原则

在火焰原子化法中,火焰类型和特性是影响原子化效率的主要因素。合适的温度不仅使样品充分分解为原子蒸气状态,而且可以提高测定的灵敏度和稳定性,通常对低、中温元素(易电离、易挥发),如碱金属和部分碱土金属及易于与硫化合的元素(如 Cu、Ag、Pb、Ca、Zn、Sn、Se 等)可使用低温火焰,如空气-乙炔火焰;对高温元素(难挥发和易生成氧化物的元素),如 Al、Si、V、Ti、W、B 等,使用一氧化二氮-乙炔高温火焰;对分析线位于短波区(200 nm以下),使用空气-氢气火焰;对其余多数元素,多采用空气-乙炔火焰(背景干扰低)。

表 2.6　不同元素选用的光谱通带

元素	共振线/nm	通带/nm	元素	共振线/nm	通带/nm
Al	309.3	0.2	Mn	279.5	0.5
Ag	328.1	0.5	Mo	313.3	0.5
As	193.7	< 0.1	Na	589.0①	10
Au	242.8	2	Pb	217.0	0.7
Be	234.9	0.2	Pd	244.8	0.5
Bi	223.1	1	Pt	265.9	0.5
Ca	422.7	3	Rb	780.0	1
Cd	228.8	1	Rh	343.5	1
Co	240.7	0.1	Sb	217.6	0.2
Cr	357.9	0.1	Se	196.0	2
Cu	324.7	1	Si	251.6	0.2
Fe	248.3	0.2	Sn	286.3	1
Hg	253.7	0.2	Sr	460.7	2
In	302.9	1	Te	214.3	0.6
K	766.5	5	Ti	364.3	0.2
Li	670.9	5	Tl	377.6	1
Mg	285.2	2	Zn	213.9	5

注:①使用 10 nm 通带时,单色器通过的是 589.0 nm 和 589.6 nm 双线。若用 2 nm 通带,测定 589.0 nm 线,灵敏度可提高。

2)火焰性质的选择

燃助比不同,火焰温度和氧化还原性质也不同,调节燃气和助燃气的比例,可获得所需性质的火焰。对于确定类型的火焰,一般来说呈还原性火焰是有利的。对氧化物不十分稳定的元素如 Cu、Mg、Fe、Co、Ni 等用化学计量火焰或贫燃火焰。

3)燃烧器高度的选择

合适的燃烧器高度应使光束从原子浓度最大的区域通过。在火焰区内,自由原子的空间分布是不均匀且随火焰条件而改变的,因此,应调节燃烧器的高度,以使来自空心阴极灯的光束从自由原子浓度最大的火焰区域通过,以期获得高的灵敏度。

燃烧器高度可通过试验来选择。通常是在固定的燃助比的条件下,测量标准溶液在不同燃烧器高度时的吸光度,进而绘制吸光度-燃烧器高度曲线,根据曲线选择吸光度最大的燃烧器高度为最佳条件,以获得较高的灵敏度和稳定性。

4)燃烧器角度的选择

通常情况下燃烧器的角度为0°,即燃烧器缝口与光轴方向一致。在测定高浓度样品时,可选择一定的角度,当角度为90°时,灵敏度仅为0°的1/20。

5)进样量的选择

火焰原子吸收法仅能测定液体样品,进样采用毛细管吸入方法,溶液必须澄清无固体颗粒,否则会导致毛细管堵塞。火焰法采用的进样方式有气动雾化和超声雾化。气动雾化进样是火焰原子吸收光谱分析最广泛使用的进样方法。样品的进样量一般在 3~6 mL/min 较为适宜。进样量过小,进入火焰的溶液太少,吸收信号弱,不易测定。进样量过大,对火焰产生冷却效应,同时由于较大雾滴进入火焰,难以完全蒸发,原子化效率下降,灵敏度低。

(5)石墨炉原子化条件的选择

电热石墨炉原子吸收光谱分析最广泛使用的进样方法是电热蒸发进样。进液体样采用毛细管探针,将样品置于石墨管、石墨平台、碳棒或钽丝、钨丝电热原子化器上,电热蒸发样品。固体粉末样品可直接放在石墨管壁、石墨杯或石墨平台上蒸发,或者制成悬浮液进样,样品前处理大大简化,但进样的重复性不如溶液样品好。采用毛细管进样到石墨管一般一次进样总量控制在 15~30 μL,固体进样则需要据实确定。低温原子化法普遍采用蒸气发生进样法。进样量一般控制在 1 mL。

在石墨炉原子化法中,合理选择干燥、灰化、原子化及除残温度与时间是十分重要的。

①干燥应在稍低于溶剂沸点的温度下进行,适宜的干燥时间与温度以蒸尽溶剂而不发生迸溅为原则。

②灰化的目的是除去基体和局外组分,在保证被测元素没有损失的前提下应尽可能使用较高的灰化温度,以除去比被测元素化合物容易挥发的样品基体,减少背景吸收。

③原子化温度的选择原则是选用达到最大吸收信号的最低温度作为原子化温度。原子化时间的选择,应以保证完全原子化为准。原子化阶段停止通保护气,以延长自由原子在石墨炉内的平均停留时间。

④除残的目的是消除残留物产生的记忆效应。除残温度应高于原子化温度,一般为3 000 ℃,除残时间为 3~5 s,否则石墨管寿命大为缩短。

⑤原子化时常采用氩气和氮气作为保护气,氩气比氮气更好,使用较多的是氩气。氩气作为载气通入石墨管中,一方面将已气化的样品带走,另一方面可保护石墨管不致因高温灼烧被氧化。通常都采用石墨管内、外单独供气,管外供气连续且流量大,管内供气小并可在原子化中断。载气流量影响测定的灵敏度和石墨管寿命。

目前商品机多采用内外单独供气方式,外部供气不间断,流量为 1~5 L/min,持续保护石墨管等装置;内部气体流量在 60~70 mL/min,测定吸光度时内部气体停滞,其他时间流动,内气流的具体流量和测定元素有关,可通过实验确定。

⑥冷却水的选择。为使石墨管温度迅速降至室温,常用水温约 20 ℃,流量为 1~2 L/min

的冷却水(可在 20 ~ 30 s 冷却)。水温不宜过低,流速不宜过大,避免在石墨锥体或石英窗上产生冷凝水。

实训项目 2.3 土壤质量 铅和镉的测定

○ 资源链接 ○

土壤质量 铅和镉的测定
石墨炉原子吸收分光光度法

《土壤质量 铅和镉的测定 石墨炉原子吸收分光光度法》
(GB/T 17141—1997)

▶项目描述

甘肃省膜科学研究院接到白银市某工业园区送检该园区附近的土壤样品,检测土壤中铅、镉含量是否超标。拟采用石墨炉原子吸收分光光度法。

▶能力目标

- 学会土壤样品的制备及处理方法。
- 学会石墨炉原子吸收分光光度法的操作规程。
- 学会使用标准曲线法进行定量分析。
- 能熟练使用分析监测方法,会书写分析监测报告。

▶项目分析

土壤作为环境的组成部分,对人体健康的影响已经越来越被人们关注。随着社会进步以及环保意识的提高,对土壤的检测也引起了有关部门的重视。

土壤中的铅主要来源于冶炼废水、废渣、汽车尾气,主要以难溶物 $Pb(OH)_2$、$PbCO_3$、$Pb_3(PO_4)_2$ 存在,Pb^{2+} 可以置换黏土矿物上的 Ca^{2+},在土壤中很少移动。土壤的 pH 值增加,使铅的可溶性和移动性降低。

大气中的铅一部分湿沉降进入土壤,植物吸收后积累于根部很难迁移,一部分落在叶面上,进入叶内,花、果部位较少。现已被确定铅对植物的危害表现为叶绿素下降,阻碍植物的光合作用。谷类作物吸铅量较大,但多数集中在根部,茎秆次之,籽实中较少。因此铅污染的土壤所生产的禾谷类茎秆不宜作饲料。

非污染表土铅含量一般约 3 ~ 189 mg/kg,多数在 10 ~ 67 mg/kg。高浓度铅除使幼苗萎缩、生长缓慢外,还会使作物产量下降。土壤铅含量大于 50 mg/kg,作物根系已受到影响;污灌区蔬菜可能产生过量的铅积累。土壤铅大于 100 mg/kg,铅在谷物中的累积量可能超过食品卫生标准(特别是常年污灌区),作物产量可减产 10% 以上。一般食品中铅的允许含量在 0.5~2 mg/kg,其中玉米 0.16 mg/kg,大米 0.06 mg/kg,蔬菜 0.3 mg/kg。

镉在 0~15 m 土壤表层积累,主要是以 $Cd_3(PO_4)_2$ 和 $Cd(OH)_2$ 的形式存在。在 pH 值大于 7 的土壤中分为可给态、代换态和难溶态。吸收量:根>叶>枝>花、果、籽粒,蔬菜类叶菜中积累多,黄瓜、萝卜、番茄中少,镉进入人体,在骨骼中沉积,使骨骼变形,导致骨痛症。表土含镉 0.07~1.1 mg/kg,土壤背景值一般不超过 0.5 mg/kg,若土壤中镉含量大于 1 mg/kg 为土壤镉污染临界值。

镉含量较高或镉污染区,水稻生长常年受阻,此时植物组织中镉的临界浓度约为 10 mg/kg。大麦植物组织中镉的临界浓度为 15 mg/kg。谷类作物镉的毒害症状一般类似于缺铁的萎黄病、枯斑病、萎蔫、叶子产生红棕色斑块和茎生长受阻。食品中镉的允许含量一般在 0.05~0.2 mg/kg,其中,蔬菜允许含量为 0.05 mg/kg,粮食允许含量为 0.2 mg/kg。

石墨炉是非火焰原子化器,应用于原子吸收光谱法,是电热原子化器中广为应用的一种。

测定原理:采用盐酸-硝酸-氢氟酸-高氯酸全消解的方法,彻底破坏土壤的矿物晶格,使试样中的待测元素全部进入试液。然后,将试液注入石墨炉中。经过预先设定的干燥、灰化、原子化等升温程序使共存基体成分蒸发除去。同时,在原子化阶段的高温下铅、镉化合物离解为基态原子蒸气,并对空心阴极灯发射的特征谱线产生选择性吸收。在选择的最佳测定条件下,通过背景扣除,测定试液中铅、镉的吸光度。

▶项目实施

一、仪器和试剂

1. 仪器

石墨炉原子化器原子吸收分光光度计;铅、镉空心阴极灯;50 mL 聚四氟乙烯坩埚。

2. 试剂

①盐酸(HCl),优级纯:ρ = 1.19 g/mL。

②硝酸(HNO_3),优级纯:ρ = 1.42 g/mL。

③硝酸溶液(1+5):用试剂②配制。

④硝酸溶液(体积分数为 0.2%):用试剂②配制。

⑤氢氟酸(HF):ρ = 1.49 g/mL。

⑥高氯酸($HClO_4$),优级纯:ρ = 1.68 g/mL。

⑦磷酸氢二铵((NH_4)$_2$HPO$_4$,优级纯)水溶液,质量分数为 5%。

⑧铅标准储备液(0.500 mg/mL):准确称取 0.500 0 g(精确至 0.000 2g)光谱纯金属铅于 50 mL 烧杯中,加入 20 mL 硝酸溶液③,微热溶解。冷却后转移至 1 000 mL 容量瓶中,用水定容至刻度,摇匀。

⑨镉标准储备液(0.500 mg/mL):准确称取 0.500 0 g(精确至 0.000 2 g)光谱纯金属镉粒于 50 mL 烧杯中,加入 20 mL 硝酸溶液③,微热溶解。冷却后转移至 1 000 mL 容量瓶中,用水定容至刻度,摇匀。

⑩铅、镉混合标准使用液(铅 250 pg/L、镉 50 μg/L):临用前将铅、镉标准储备液⑧、⑨,用硝酸溶液④经逐级稀释配制。

二、基本操作

1. 样品制备

将采集的土壤样品(一般不少于 500 g)混匀后用四分法缩分至约 100 g,缩分后的土样经风干(自然风干或冷冻干燥)后除去土样中石子和动植物残体等异物,用木棒(或玛瑙棒)研压,通过 2 mm 尼龙筛(9 目或 10 目,除去 2 mm 以上的砂砾,混匀。用玛瑙研钵将通过 2 mm 尼龙筛的土样研磨至全部通过 100 目(孔径 0.149 mm)尼龙筛,混匀后备用。

2. 土壤前处理

准确称取 0.1 ~ 0.3 g(精确至 0.002 g)试样于 50 mL 聚四氟乙烯坩埚中,用水润湿后加入 5 mL 盐酸①,于通风橱内的电热板上低温加热,使样品初步分解,当蒸发至 2 ~ 3 mL 时,取下稍冷,然后加入 5 mL 硝酸②,4 mL 氢氟酸⑤,2 mL 高氯酸⑥,加盖后于电热板上中温加热 1 h 左右,然后开盖,继续加热除硅,为了达到良好的飞硅效果,应经常摇动坩埚。当加热至冒浓厚高氯酸白烟时,加盖,使黑色有机碳化物充分分解。待坩埚上的黑色有机物消失后,开盖驱赶白烟并蒸至内容物呈黏稠状。视消解情况,可再加入 2 mL 硝酸②,2 mL 氢氟酸⑤,1 mL 高氯酸⑥,重复上述消解过程。当白烟再次基本冒尽且内容物呈黏稠状时,取下稍冷,用水冲洗坩埚盖和内壁,并加入 1 mL 硝酸溶液③温热溶解残渣。然后将溶液转移至 25 mL 容量瓶中,加入 3 mL 磷酸氢二铵溶液⑦冷却后定容,摇匀备测。

3. 配制铅、镉系列标准溶液

准确移取铅、镉混合标准使用液⑩0.00,0.50,1.00,2.00,3.00,5.00 mL 于 25 mL 容量瓶,加入 3.0 mL 磷酸氢二铵溶液⑦,用硝酸溶液④定容。该标准溶液含铅 0,5.0,10.0,20.0,30.0,50.0 μg/L,含镉 0,1.0,2.0,4.0,6.0,10.0 μg/L。

4. 空白试验

用水代替试样,在同样条件下制备全程序空白溶液,并进行测定。每批样品制备至少 2 个空白溶液。

5. 水分测定

做土壤水分含量测定,以干样计算铅镉含量;称取 5 ~ 10 g 过 100 目筛的风干土样,于 105 ℃烘箱中烘干至恒重(4 ~ 5 h),称重、计算。

6. 测定各系列标准溶液的吸光度

根据实验条件,将原子吸收分光光度计按仪器操作步骤进行调节,待测量电路达到稳定,记录仪基线平直时,即可进样。石墨炉原子吸收法参考条件见表 2.7。

表 2.7　石墨炉原子吸收法参考条件

条件	铅	镉
测定波长/nm	283.3	228.8
干燥/($℃ \cdot s^{-1}$)	(80 ~ 100)/20	(80 ~ 100)/20
灰化/($℃ \cdot s^{-1}$)	700/20	500/20
原子化/($℃ \cdot s^{-1}$)	2 000/5	1 500/5

条件	铅	镉
清除/($℃·s^{-1}$)	2 700/3	2 600/3
进样量/μL	10	10

7. 测定土壤中铅、镉的吸光度

在相同条件下,分别测定土壤中铅、镉的吸光度。

三、数据记录及处理

①按仪器最佳工作条件由低到高浓度顺次测定标准溶液的吸光度。

②用减去空白的吸光度与相对应的元素含量(μg/L)分别绘制铅、镉的校准曲线。

③结果表示。

土壤样品中铅、镉的含量 $W[Pb(Cd),mg/kg]$ 按式(2.11)计算

$$W = \frac{cV}{m(1-f)} \tag{2.11}$$

式中,c 为试液的吸光度减去空白试验的吸光度,然后在校准曲线上查得铅、镉的含量, μg/L;V 为试液定容的体积,mL;m 为称取试样的质量,g;f 为试样中水分的含量,%。

四、注意事项

①整个实验过程应防止铅、镉的污染和损失。

②所有的化学试剂最好是优级纯,本底值要低。

③所有实验用玻璃器皿应用硝酸溶液浸泡过夜,用自来水、纯水多次冲洗干净后方可使用。

④不同种类土壤所含物质差异较大,在消解时,应注意观察各种酸的用量,可视消解情况酌情增减。含有机物过多的土壤,应增加硝酸量,使大部分有机物消化完全,再加高氯酸,否则加高氯酸会发生强烈反应,致使瓶中内容物溅出,甚至发生爆炸,消解时务必小心。土壤消解液应呈白色或淡黄色(含铁较高的土壤),没有明显沉淀物存在。

⑤加高氯酸时一定要等消煮液冷却。

⑥高氯酸对铅的干扰随着酸浓度的增加而加大。因此,加入试样中的高氯酸量要一致,消化时应尽可能将高氯酸白烟驱尽,试样消煮时温度不能太高,温度超过 250 ℃时,高氯酸会大量冒烟,使试样中铅镉损失。

⑦热板温度不宜太高(<260 ℃),否则会使聚四氟乙烯坩埚变形。

⑧实验前检查通风橱是否正常工作。

⑨采样时的土壤标签与土壤样始终放在一起,严禁混淆。

⑩制样所用工具每处理一份样品后应擦洗一次,严防交叉。

实训预习报告

岗位2　原子吸收分光光度计操作岗位	实训日期：	同组人：	
姓名：	班级：	学号：	成绩：

<table>
<tr><td colspan="4" align="center">实训项目2.3　土壤质量 铅和镉的测定</td></tr>
<tr><td rowspan="1">健康和安全</td><td colspan="3">通过预习说明哪些是健康和安全措施所必需的,并给出相应的描述。</td></tr>
<tr><td>环保</td><td colspan="3">请说明是否需要采取环保措施,并给出相应的描述。</td></tr>
</table>

实训报告

岗位 2　原子吸收分光光度计操作岗位	实训日期：		同组人：	
姓名：	班级：		学号：	成绩：
实训项目 2.3　土壤质量 铅和镉的测定				
实训项目 名称				
实训目的 要求				
实训仪器 及试剂				
实训 原 理				
实 训 操 作 步 骤				

续表

实训操作步骤	
实训数据处理	
实训结果讨论	

实训评分标准

岗位2　原子吸收分光光度计操作岗位				实训日期：			同组人：		
姓名：		班级：		学号：			成绩：		
自评：○熟练 ○不熟练		互评：○熟练 ○不熟练		师评：○合格　○不合格			导师签字：		
日期：		日期：		日期：		温度：		湿度：	

<table>
<tr><td colspan="10" align="center">实训项目2.3　土壤质量 铅和镉的测定</td></tr>
<tr><td>序号</td><td>考核项目</td><td>考核内容</td><td>配分</td><td>评分要求</td><td>得分</td><td>自评</td><td>互评</td><td>师评</td></tr>
<tr>
<td>1</td>
<td>素质考核</td>
<td>○1. 有团队协作意识,有大局意识,分工明确、互帮互助
○2. 有安全意识,能自我保护
○3. 有环保意识,能节约用水用电
○4. 能认真严谨操作、合理规划时间、实验态度良好
○5. 能够遵守实验室制度,实验纪律良好</td>
<td>15</td>
<td>未完成1项扣3分,扣分不得超过15分</td>
<td></td>
<td>○熟练
○不熟练</td>
<td>○熟练
○不熟练</td>
<td>○合格
○不合格</td>
</tr>
<tr>
<td>2</td>
<td>专业技能考核</td>
<td>○1. 能正确洗涤、使用玻璃仪器
○2. 能正确使用标准曲线法进行定量分析
○3. 能正确采集、预处理土壤样品
○4. 能正确安装空心阴极灯
○5. 能正确使用氘灯法扣除背景法
○6. 能正确设定参数
○7. 能正确使用石墨炉原子吸收分光光度法的操作规程
○8. 能填写仪器使用记录
○9. 能正确填写实训报告
○10. 工作台干净整洁</td>
<td>60</td>
<td>未完成1项扣6分,扣分不得超过60分</td>
<td></td>
<td>○能
○不能</td>
<td>○能
○不能</td>
<td>○合格
○不合格</td>
</tr>
</table>

续表

序号	考核项目	考核内容	配分	评分要求	得分	自评	互评	师评
3	实训结果考核	○1. 数据记录合理无涂改 ○2. 计算正确无抄袭 ○3. 工作曲线线性良好（$r \geqslant 0.999\ 995$） ○4. 有效数字及单位正确 ○5. 标准系列溶液的吸光度大部分在 0.2~0.8（$\geqslant 4$ 个点） ○6. 精密度(未知液吸光度值的极差$=0.001$) ○7. 准确度（$\mid RE \mid \leqslant 0.5\%$）	15	未完成 1 项扣 3 分，扣分不得超过 15 分		○熟练 ○不熟练	○熟练 ○不熟练	○合格 ○不合格
4	特色考核	○1. 提前进入"校中厂"参观学习 ○2. 一帮一指导其他学生 ○3. 能够自行设计实验 ○4. 能够独立完成实验 ○5. 能积极主动分享实验心得体会	10	未完成 1 项扣 2 分，扣分不得超过 10 分		○能 ○不能	○能 ○不能	○合格 ○不合格
5	重大失误考核	○1. 损坏玻璃仪器 ○2. 损坏分光光度计 ○3. 试液重新配制(开始吸光度测量后不允许重新配制溶液) ○4. 重新测定(由于仪器本身的原因造成数据丢失,重新测定不扣分)	−20	每出现一项扣 5 分，并赔偿相关损失，扣分不得超过 20 分		○有 ○没有	○有 ○没有	○合格 ○不合格

基础理论2.5 原子吸收光谱分析的试样采集和预处理

原子吸收光谱分析样品的制备包括样品采集、样品预处理和标准样品的配制等。

(1)样品采集

样品采集是样品制备的第一步,其首要原则是取样要有代表性,需要注意记录样品采集的时间、地点和采样位置的选择。一般来讲,所有样品都要采集双份,一份为分析所用,一份封存备查。第二个原则是样品在采集、包装、运输、破碎等过程中不能引入污染。玻璃容器对于金属元素的吸附不可忽略,因此分析过程如采用玻璃容器,需将其在 5% ~10% 硝酸溶液中浸泡 24 h,以防止容器本身吸附的金属离子干扰测定,也常采用泡酸之后的塑料制品来作容器。第三个原则是为了维持样品的化学组成在储存和分析过程中和原样保持一致,常在其中加入 HCl、HNO_3 等,并对储存的温度、湿度和光照条件有一定的要求。

(2)样品预处理

原子吸收光谱分析要求样品转化为被测元素的无机盐溶液样品。对固体样品,预处理方法与通常的化学分析相同,应先进行溶解、灰化或消化处理,再进行火焰原子化或石墨原子化。要求样品分解完全,在分解过程中不引入杂质,不造成被测组分的损失,所用试剂及反应产物对后续测定无干扰。

1)样品的溶解

对于无机试样,首先考虑能否溶于水。易溶于水的样品,利用去离子水溶解样品,并配成合适的浓度范围。不能溶于水的样品,通常用稀酸、浓酸或混合酸处理后配成合适浓度的溶液,常用的酸有 HCl、H_2SO_4、HNO_3、$HClO_4$ 等。用酸不能溶解或溶解不完全的样品采用熔融法,酸性试样用碱性溶剂,碱性试样用酸性溶剂。常用的酸性溶剂有 $NaHSO_4$、$KHSO_4$、K_2SO_4 等,碱性溶剂有 Na_2CO_3、K_2CO_3、NaOH 等。如处理土壤样品则需加入 HF 方可溶解其中的 SiO_2 成分(容器采用聚四氟乙烯坩埚)。对于特别难分解的试样,采用增压溶样法可收到良好效果,消化弹(图 2.29)就是常用的增压溶样的容器。

图 2.29 压力消化容器

2)样品的灰化

有机试样的分解主要采用灰化处理,其主要目的是去除有机物基体,将样品转变成可溶解性物质,但对于待测组分可能引起的损失应予注意。此法主要用于无机盐或金属离子的测定。根据具体操作条件的不同,消化法又分为干法灰化和湿法消化两种。

①干法灰化。干法灰化又称灼烧法,即采用高温灼烧的方式破坏样品中的有机物。具体做法是:准确称取一定量样品,放在石英坩埚或铂坩埚中,先在 80～150 ℃低温加热,赶去大量有机物,然后置于 500～600 ℃的电炉中进行灰化处理,直至残灰为无色或浅灰色为止。冷却后再将灰分用酸或其他溶剂进行溶解。如有必要则加热溶液以使残渣溶解完全,最后定容备用。

干法灰化的特点是技术简单,可处理大量样品,一般不受污染,广泛用于分析前破坏样品中的有机物。这种方法不适于易挥发元素,如 Hg、As、Sn、Sb 等的测定,因为这些元素在灰化过程中损失严重。对于 Bi、Cr、Fe、Ni、V 和 Zn 来说,在一定条件下可能以金属、氯化物或有机金属化合物的形式损失掉。

干法灰化有时可加入氧化剂帮助灰化(如在灼烧前加少量盐溶液润湿样品,或加几滴酸,或加少量纯 $Mg(NO_3)_2$、醋酸盐作灰化基体),加速灰化过程并减少被测元素的挥发损失。

目前,已有一种低温干法灰化技术诞生,它是在高频磁场中通入氧,氧被活化,将活化的氧通过有机物上方,使有机物在低于 100 ℃的温度下氧化。这种技术的优点是能保留样品的形态,并减少由于样品的挥发造成的损失,从容器或大气中引入的污染也较少。

②湿法消化。湿法消化是在样品升温过程中加入强氧化剂,使样品中的有机物完全分解、氧化呈气态逸出的方法。此时被测组分转化为无机物状态存在于消化液中,供测定用。最常用的氧化剂是 HNO_3、H_2SO_4 和 $HClO_4$。它们可单独使用也可混合使用,如 HNO_3+HCl、HNO_3+HClO_4、$HNO_3+H_2SO_4$ 等,其中最常用的混合酸是体积比为 3：1：1 的 $HNO_3+H_2SO_4+HClO_4$。湿法消化样品损失少,适用于含易挥发被测样品的有机样品。不过 Hg、Se、As 等易挥发元素不能完全避免。湿法消化由于加入试剂,污染可能性比干法消化大,并且需要小心操作。

目前,利用微波技术消解样品的方法已被广泛采用,称为微波消解法。微波消解法是将样品放在聚四氟乙烯消解罐中,在专用微波炉中加热。这种方法的优点是样品消解快、分解完全、损失少,适合大批量样品的处理工作,对微量、痕量元素的测定效果好。无论是地质样品还是有机样品,微波消解均可获得满意结果。

3)被测元素的分离与富集

由于样品的基体常有多种无机、有机成分,因此常伴随有严重的干扰出现,需要采取一定措施使被测元素尽可能从基体中分离出来。分离富集还可以大大提高痕量物质测定的灵敏度。对于微量和痕量组分的测定,分离共存干扰组分的同时使被测组分得到富集,是提高微量和痕量组分测定相对灵敏度的有效途径。目前,应用比较多的分离与富集方法是离子交换法和萃取法。

(3)标准样品的配制

标准样品的组成要尽可能接近未知试样的组成。溶液中总含盐量对雾珠的形成和蒸发速率都有影响。其影响大小与盐的性质、含量、火焰温度、雾珠大小等有关。因此当含盐量在 0.1% 以上时,在标准样品中也应加入等量的同类盐,以使在喷雾时与在火焰中发生的过程相似。实践证明,在采用石墨炉原子化的方式时,样品中的痕量元素与基体元素两者的不同含量比将对测定的灵敏度和检出限均产生重要影响,故应控制样品中的含盐量。痕量元素与基体元素的含量比最好达到 $0.1~\mu g/g$。

有时标准样品并不容易得到,所以通常更多是采用各元素合适的盐或高纯度金属(丝、棒、片)来配制其标准溶液。但不能使用海绵状金属或金属粉末来配制标准溶液。金属在溶解之前,一定要磨光并用稀酸清洗,以除去表面的氧化层。

标准系列溶液浓度的下限取决于待测元素的检出限,同时兼顾测定的精度。合适的标准系列溶液浓度范围应该是在能产生 $0.2\sim0.8$ 单位吸光度或 $15\%\sim65\%$ 透过率的浓度。

实训项目 2.4 水质 铜、锌、铅、镉的测定

───○ 资源链接 ○───

《水质 铜、锌、铅、镉的测定 原子吸收分光光度法》(GB 7475—1987)

▶ 项目描述

某有色金属冶炼公司送检经处理后需排放的废水,检测该废水中铜、锌、铅、镉是否达到排放标准。拟用火焰原子吸收法测定。

▶ 能力目标

- 学会地表水和废水中铜、锌、铅、镉监测的方法、条件选择,并能熟练分析监测。
- 学会使用标准曲线法进行定量分析。
- 熟悉原子吸收分光光度计的基本操作。
- 能对仪器进行校验和基本的日常维护。

▶ 项目分析

铜、锌、铅、镉等重金属元素会危害人体健康及生态环境。河流断面一旦遭受重金属污染,重金属就会通过食物链和饮用水进入人体,对人体健康带来直接威胁。人的肌体如果受到有害金属的侵入就会让一些酶丧失活性而出现不同程度的中毒症状,不同的金属种类、浓度产生的毒性不一样。

测定原理:在一定浓度范围内,被测元素的浓度(c)与吸光度(A)符合朗伯-比尔定律,即 $A=Kc$,此式中,K 为被测组分对某一波长光的吸收系数。

根据上述关系,配制已知浓度的标准系列溶液,在一定的仪器条件下,依次测定其吸光度,以加入的标准溶液的浓度为横坐标,相应的吸光度为纵坐标,绘制标准曲线。试样经适当处理后,在与测量标准曲线吸光度相同的实验条件下测量其吸光度,在标准曲线上即可查出试样溶液中被测元素的含量,再换算成原始试样中被测元素的含量。

▶项目实施

一、仪器和试剂

1. 仪器

原子吸收分光光度计(310 型或其他型号);光源选用铜、锌、铅、镉的空心阴极灯或无极放电灯;无油空气压缩机或空气钢瓶、乙炔钢瓶。

2. 试剂

①硝酸(HNO₃),优级纯:$\rho = 1.42$ g/mL。

②硝酸(HNO₃),分析纯:$\rho = 1.42$ g/mL。

③高氯酸(HClO₄),优级纯:$\rho = 1.67$ g/mL。

④燃料:乙炔,用钢瓶气或由乙炔发生器供给,纯度不低于 99.6%。

⑤氧化剂:空气,一般由气体压缩机供给,进入燃烧器以前应经过适当过滤,以除去其中的水、油和其他杂质。

⑥(1+1)硝酸溶液:用硝酸②配制。

⑦(1+499)硝酸溶液:用硝酸①配制。

⑧金属储备液(1.000 g/L):称取 1.000 g 光谱纯金属,准确到 0.001 g,用硝酸①溶解,必要时加热,直至溶解完全,然后用水稀释定容至 1 000 mL。

⑨中间标准溶液:用硝酸溶液⑦稀释金属储备液⑧配制,此溶液中铜、锌、铅、镉的浓度分别为 50.00,10.00,100.0 和 10.00 mg/L。

3. 采样和样品

①用聚乙烯塑料瓶采集样品。采样瓶先用洗涤剂洗净,再在硝酸溶液⑥中浸泡,使用前用水冲洗干净。分析金属总量的样品,采集后立即加硝酸①酸化至 pH 值约为 1~2,正常情况下,每 1 000 mL 样品加 2 mL 硝酸①。

②试样的制备。分析溶解的金属时,样品采集后立即通过 0.45 μm 滤膜过滤,得到的滤液再按上述步骤①中的要求酸化。

二、基本操作

1. 校准

①参照表2.8,在 100 mL 容量瓶中,用硝酸溶液⑦稀释中间标准溶液⑨,配制至少 2 个工作标准溶液,其浓度范围应包括样品中被测元素的浓度。

②测定金属总量时,如果样品需要消解,则工作标准溶液按步骤6③进行消解。

③选择波长和调节火焰,按步骤6④进行测定。

④用测得的吸光度与相对应的浓度绘制标准曲线。

表 2.8　工作标准溶液浓度

中间标准溶液（试剂⑨）加入体积/mL		0.05	1.00	3.00	5.00	10.0
工作标准溶液浓度 /（mg·L^{-1}）	铜	0.25	0.05	1.50	2.50	5.00
	锌	0.05	0.10	0.30	0.50	1.00
	铅	0.50	1.00	3.00	5.00	10.0
	镉	0.05	0.10	0.30	0.50	1.00

注：定容体积为 100 mL。

注意：a. 装有内部存储器的仪器，输入 1 ~ 3 个工作标准曲线。测定样品时可直接读出浓度。

b. 在测定过程中，要定期地复测空白和工作标准溶液，以检查基线的稳定性和仪器的灵敏度是否发生了变化。

2. 试样

测定金属总量时，如果样品需要消解，混匀后取 100.0 mL 实验室样品置于 200 mL 烧杯中，按步骤 6③继续分析。

3. 空白实验

在测定样品的同时，测定空白。取 100.0 mL 硝酸溶液⑦代替样品，置于 200 mL 烧杯中，按步骤 6③继续分析。

4. 验证实验

验证实验是为了检验是否存在基体干扰或背景吸收。一般通过测定加标回收率判断基体干扰的程度，通过测定特征谱线附近 1 nm 内的一条非特征吸收谱线处的吸收可判断背景吸收的大小。根据表 2.9 选择与特征谱线对应的非特征吸收谱线。

表 2.9　铜锌特征谱线和非特征吸收谱线

元素	特征谱线/nm	非特征吸收谱线/nm
铜	324.7	324（锆）
锌	213.8	214（氖）
铅	283.3	283.7（锆）
镉	228.8	229（氖）

5. 去干扰实验

根据验证实验的结果：

①如果存在基体干扰，用标准加入法测定并计算结果。

②如果存在背景吸收，用自动背景校正装置或邻近非特征吸收谱线法进行校正，后一种方法是从特征谱线处测得的吸收值中扣除邻近非特征吸收谱线处的吸收值，得到被测元素原子的真正吸收。

③可以使用螯合萃取法或样品稀释法降低或排除产生基体干扰或背景吸收的组分。

6. 测定

①测定溶解的金属时,用"采样和样品"中②制备的试样,按下述步骤④测定。

②测定金属总量时,如果样品不需要消解,用实验室样品,按下述步骤④进行测定;如果样品需要消解,混匀后取 100.0 mL 实验室样品置于 200 mL 烧杯中,按下述步骤③继续分析。

③消解样品的处理。加入 5 mL 硝酸①,在电热板上加热消解,确保样品不沸腾,蒸至 10 mL 左右,加入 5 mL 硝酸①和 2 mL 高氯酸③,继续消解,蒸至 1 mL 左右。如果消解不完全,再加入 5 mL 硝酸①和 2 mL 高氯酸③,再蒸至 1 mL 左右,取下冷却,加水溶解残渣,通过中速滤纸(预先用酸洗)滤入 100 mL 容量瓶中,用水稀释至标线。

注意:消解中使用高氯酸有爆炸危险,整个消解过程要在通风橱中进行。

④原子吸收分光光度分析。根据表 2.10 选择波长和调节火焰,吸入硝酸溶液⑦,将仪器调零。吸入空白工作标准溶液或样品,记录吸光度。

表 2.10　特征波长和火焰类型选择表

元素	特征谱线波长/nm	火焰类型
铜	324.7	乙炔-空气,氧化性
锌	213.8	乙炔-空气,氧化性
铅	283.3	乙炔-空气,氧化性
镉	228.8	乙炔-空气,氧化性

⑤根据扣除空白吸光度后的样品吸光度,在校准曲线上查出样品中的金属浓度。

三、数据记录及处理

样品中的金属浓度按式(2.12)计算

$$c = \frac{W}{V} \times 1\,000 \tag{2.12}$$

式中,c 为样品中的金属浓度,$\mu g/L$;W 为试样中的金属含量,μg;V 为试液的体积,mL。

注意:报告结果时,要指明测定的是溶解的金属还是金属总量。

四、注意事项

①溶解的金属是指未酸化的样品中能通过 0.25 μm 滤膜的金属部分;金属总量是指未经过滤的样品经强烈消解后测得的金属浓度,或样品中溶解和悬浮的两部分金属浓度的总量。

②测定浓度范围与仪器的特性有关,表 2.11 列出一般仪器的测定范围。

③地下水和地面水的共存离子和化合物在常见浓度下不干扰测定。但当钙的浓度高于 1 000 mg/L 时,抑制镉的吸收,浓度为 2 000 mg/L 时,信号抑制达 19%。铁的含量超过 100 mg/L 时,抑制锌的吸收。当样品中含盐量很高,特征谱线波长又低于 350 nm 时,可能出现非特征吸收。如高浓度的钙因产生背景吸收,使铅的测定结果偏高。

表 2.11　一般仪器的测定范围

元素	浓度范围 /(mg · L^{-1})
铜	0.05 ~ 5
锌	0.05 ~ 1
铅	0.2 ~ 10
镉	0.05 ~ 1

实训预习报告

岗位2　原子吸收分光光度计操作岗位		实训日期:	同组人:
姓名:	班级:	学号:	成绩:
实训项目2.4　水质 铜、锌、铅、镉的测定			

健康和安全	通过预习说明哪些是健康和安全措施所必需的,并给出相应的描述。
环保	请说明是否需要采取环保措施,并给出相应的描述。

实训报告

岗位 2　原子吸收分光光度计操作岗位		实训日期：		同组人：	
姓名：		班级：		学号：	成绩：
实训项目 2.4　水质 铜、锌、铅、镉的测定					
实训项目 名称					
实训目的 要求					
实训仪器 及试剂					
实训 原理					
实训 操作 步骤					

续表

实训操作步骤	
实训数据处理	
实训结果讨论	

实训评分标准

岗位 2　原子吸收分光光度计操作岗位					实训日期：		同组人：		
姓名：		班级：			学号：		成绩：		
自评：○熟练 ○不熟练		互评：○熟练 ○不熟练			师评：○合格　○不合格		导师签字：		
日期：		日期：			日期：		温度：		湿度：
实训项目 2.4　水质 铜、锌、铅、镉的测定									
序号	考核项目	考核内容	配分	评分要求	得分	自评		互评	师评
1	素质考核	○1.有团队协作意识,有大局意识,分工明确、互帮互助 ○2.有安全意识,能自我保护 ○3.有环保意识,能节约用水用电 ○4.能认真严谨操作、合理规划时间、实验态度良好 ○5.能够遵守实验室制度实验纪律良好	15	未完成 1项扣 3 分,扣分不得超过 15 分		○熟练 ○不熟练		○熟练 ○不熟练	○合格 ○不合格
2	专业技能考核	○1.能正确洗涤、使用玻璃仪器 ○2.能正确使用标准曲线法进行定量分析 ○3.能正确处理地表水样品 ○4.能正确安装空心阴极灯 ○5.能正确处理空白实验 ○6.能正确设定参数 ○7.能正确使用火焰原子吸收分光光度法的操作规程 ○8.能填写仪器使用记录 ○9.能正确填写实训报告 ○10.工作台干净整洁	60	未完成 1项扣 6 分,扣分不得超过 60 分		○能 ○不能		○能 ○不能	○合格 ○不合格

续表

序号	考核项目	考核内容	配分	评分要求	得分	自评	互评	师评
3	实训结果考核	○1. 数据记录合理无涂改 ○2. 计算正确无抄袭 ○3. 工作曲线线性良好（$r \geqslant 0.999\ 995$） ○4. 有效数字及单位正确 ○5. 标准系列溶液的吸光度大部分的吸光度在 $0.2 \sim 0.8$（$\geqslant 4$ 个点） ○6. 精密度（未知液吸光度值的极差＝0.001） ○7. 准确度（｜RE｜ $\leqslant 0.5\%$）	15	未完成 1 项扣 3 分,扣分不得超过 15 分		○熟练 ○不熟练	○熟练 ○不熟练	○合格 ○不合格
4	特色考核	○1. 提前进入"校中厂"参观学习 ○2. 一帮一指导其他学生 ○3. 能够自行设计实验 ○4. 能够独立完成实验 ○5. 能积极主动分享实验心得体会	10	未完成 1 项扣 2 分,扣分不得超过 10 分		○能 ○不能	○能 ○不能	○合格 ○不合格
5	重大失误考核	○1. 损坏玻璃仪器 ○2. 损坏分光光度计 ○3. 试液重新配制(开始吸光度测量后不允许重新配制溶液) ○4. 重新测定(由于仪器本身的原因造成数据丢失,重新测定不扣分)	-20	每出现一项扣 5 分,并赔偿相关损失,扣分不得超过 20 分		○有 ○没有	○有 ○没有	○合格 ○不合格

思考与练习

───○ 资源链接 ○───

岗位 2 习题

岗位 2 习题答案

思政阅读

───○ 资源链接 ○───

科学家故事——黄本立

岗位3

电化学分析岗位

岗位分析

▶岗位群分布

该岗位群分布于药检、制药、卫生防疫、食品、环保、水处理、石油化工、电力和教学科研等领域,主要从事科研、生产和教学中的质量控制、产品检验等工作。

▶工作内容

电化学分析员的工作内容主要为仪器的操作和维护,样品的前处理和检测,其主要领域应用举例见表3.1。

表3.1　电位化学分析应用举例

序号	主要领域	应用举例
1	药检、制药	高氯酸非水酸碱滴定测定氨基酸和胺类,硝酸银沉淀滴定巴比妥类,亚硝酸钠氧化还原滴定磺胺类,硝酸汞络合滴定乙酰半胱氨酸和青霉素等
2	卫生防疫、食品	酸碱滴定测定总酸、氨基态氮、酸值、皂化值和碱度,氧化还原滴定测定碘值、过氧化值、维生素C,沉淀滴定测定盐度,络合滴定测定牛奶中的钙和总硬度等
3	结果处理	对检测结果进行数据处理,给出标准化报告
4	环保、水处理	酸碱滴定测定酸度和碱度,氧化还原滴定测定化学耗氧量,沉淀滴定测定水中氯离子,络合滴定测定水的总硬度等
5	石油化工、电力	非水酸碱滴定测定TAN、TBN等,pH值,氟离子浓度测定等
6	教学、科研	酸碱滴定,氧化还原滴定,沉淀滴定,络合滴定,动力学研究,合成实验等

▶岗位要求

电化学分析员属技术性岗位,须符合岗位的技术要求,同时作为企业员工,还必须符合其社会性要求,具体要求见表3.2。

表3.2　电位化学分析员的岗位要求

序号	分类	具体工作内容
1	基本要求	能针对不同类型的样品选择合适的前处理方法和分析方法,熟练掌握pH计、电位滴定仪的操作从而进行数值测定,能够读懂仪器报告并给出标准化报告
2	维护要求	确保仪器的工作环境符合仪器使用要求(如温度、湿度要求,卫生环境管理等);能够准确配制电解液、缓冲液、滴定液,更换仪器常见耗材,处理常见的运行错误(如仪器状态无法稳定等);能够准确描述仪器故障状态(如仪器无法联机、仪器无检测信号等)并与维修工程师有效沟通

续表

序号	分类	具体工作内容
3	职业道德要求	正直无私,把实事求是摆在职业责任的优先位置,提供真实、客观的检测数据;不断提高专业水平,为公众、雇主和顾客提供专业的服务
4	其他要求	加强学习新技术,精益求精;具有良好的语言和书面表达能力,良好的团队协作能力,能针对工作中出现的问题迅速采取恰当的处理措施,提供高效的服务

仪器设备

○ 资源链接 ○

《实验室 pH 计》(GB/T 11165—2005)

▶仪器环境要求

电化学分析室的基本设备要求有水、电、工作台等基本设施,同时由于电化学分析仪器是精密仪器,因此对温度、湿度、抗电磁干扰等条件也有一定的要求,具体见表3.3。

表 3.3　电位化学分析室环境要求

项目	具体要求
环境温度	0 ~ 40 ℃
相对湿度	≤85%
废气排放	建议实训室配有微波消解仪等前处理设备,并将微波消解仪放在通风橱内
供水设施	多个水龙头,有水盆、地漏
废液排放	配备专门的废液桶或废液处理管道
供电设施	设置单相插座若干、独立的配电盘;照明灯具不宜用金属制品,以防腐蚀
工作平台	合成树脂台面,防腐蚀,防震
防火防爆	配置灭火器
避雷防护	属于第三类防雷建筑物
电磁屏蔽	无特殊要求无须电磁屏蔽
放射性辐射	无特殊情况不产生放射性辐射
通风设备	一般不需要

▶电化学分析实训室管理规范

①实验员应做好实训室的清洁卫生工作,严禁无关人员进入实训室。

②实验用的工具、仪器、量具、卡具应按类进行设置、摆放,且应分区和标识,不应随意放置或丢失,同时不许挪作他用,以防损坏。

③实训室的精密仪器要建档保管,做到防震、防尘、防腐蚀,并定期检验。

④所有的化学药品都必须用规定的器具盛放,并注明品名、浓度、规格、型号,且应摆放在固定的地方,特别是易燃、易爆、有毒、强腐蚀等危险品要专柜管理,严防丢失、误用或挪作他用,以确保安全。

⑤实验员配制化学药品或化验物品时,必须按照相应的操作程序进行规范操作,防止意外事故的发生。

⑥实验员应对化验数据和结论负责,并如实、准确填写报告单。

⑦对实验器皿要合理存放,常用常洗,保持干净、干燥。

⑧工作期间必须按要求做好自身安全防护,防止出现安全事故。

▶常见的电化学分析仪器

电化学分析仪器是电化学仪器中的一大类别,根据电位法原理设计的常见的一种分析仪器,常见的仪器有 pH 计、卡氏水分测定仪、自动电位滴定仪。

(1)常见的 pH 计

pH 计是一种常用的仪器设备,主要用来精密测量液体介质的酸碱度值,配上相应的离子选择电极也可以测量离子电极电位值(mV),pH 计被广泛应用于环保、污水处理、科研、制药、发酵、化工、养殖、自来水等领域。pH 计品牌众多,常见的 pH 计如图 3.1 所示。

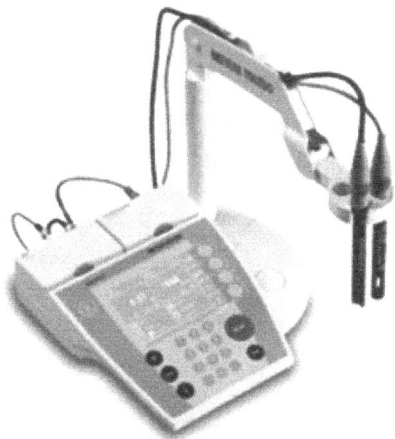

(a)梅特勒-托利多 Seven 系列 pH 计　　　　(b)雷磁 PHSJ-3F 型 pH 计

(瑞士梅特勒-托利多集团)　　　　　(上海精密科学仪器有限公司)

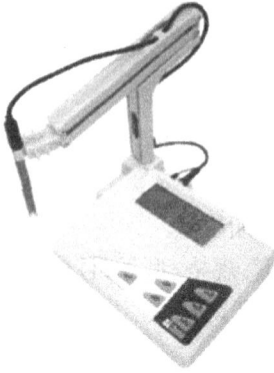
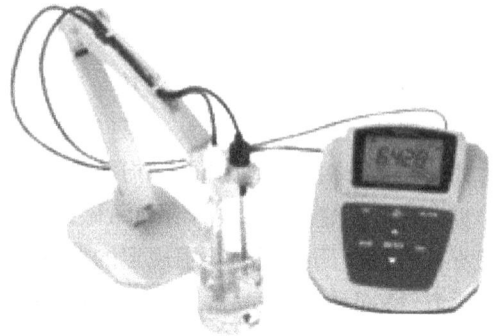

（c）WIGGENS pH610 台式 pH 计

（德国维根技术有限公司）

（d）MP512 精密型 pH 计

（上海三信仪表厂）

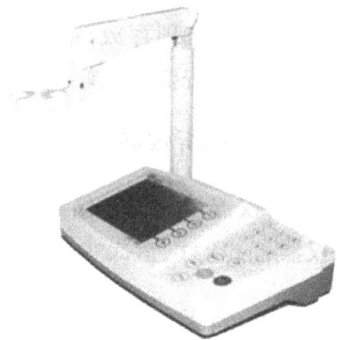

（e）Starter 3100 专业实验室 pH 计

（美国奥豪斯公司）

（f）世纪方舟 pHS-430 高精度智能 pH 计

（四川世纪方舟科技有限公司）

图 3.1　常见的 pH 计

（2）常见的自动电位滴定仪

电位滴定的基本仪器装置包括滴定管、滴定池、指示电极、参比电极、搅拌器，测电动势的仪器。自动电位滴定仪的品牌众多，常见的自动电位滴定仪如图 3.2 所示。

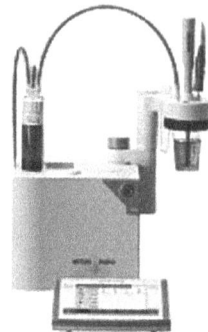

（a）905 爱·智能系列全自动电位滴定仪

（瑞士万通公司）

（b）T50 全自动电位滴定仪

（瑞士梅特勒-托利多集团）

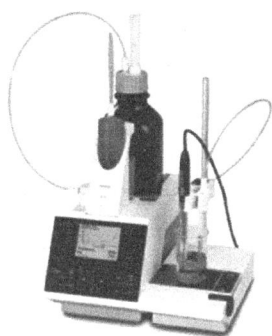

（c）TitroLine 6000 自动电位滴定仪
（德国优莱博公司）

（d）MaxTitra30M 自动电位滴定仪
（上海天美科学仪器有限公司）

图 3.2　常见的自动电位滴定仪

基础理论3.1　电位分析法基本原理

○ 资 源 链 接 ○

电位分析法基本原理

（1）电化学分析法概述

电化学分析是仪器分析的一个重要分支。基于电化学原理和物质的电化学性质而建立的分析方法统称为电化学分析法。用电化学分析法测量试样时，通常将试样溶液和两支电极构成电化学电池，利用试液的电化学性质，即其化学组成和浓度随电学参数变化的性质，通过测量电池两电极间的电位差（或电动势）、电流、阻抗（或电导）和电量等电学参数，或是这些参数的变化，确定试样的化学组成或浓度。也就是说，电化学分析法是根据溶液中物质的电化学性质及其变化规律，建立在以电位、电导、电流和电量等电学量与被测物质某些量之间的计量关系的基础之上，对组分进行定性和定量的仪器分析方法。电化学分析法可以分为以下三类。

第一类是通过试液的浓度在某一特定的实验条件下与化学电池中的某些物理量（如电极电位、电阻、电量、电流电压关系曲线等）之间的关系来进行分析的，相应形成了电位分析、电导分析、库仑分析以及伏安法等。这是电化学分析中的一大重要分支，所包括的具体方法最多，应用最广泛，发展也最为迅速。

第二类是以电物理量的突变作为容量分析的终点指示，因此称为"电容量分析"。如电位滴定、电流滴定、电导滴定等。

第三类是将试液中的某一待测组分经过电极反应转为固相在电极上析出，通过对电极称重来确定该组分的含量。这种方法实际上属于重量分析法的范畴,只是未使用化学沉淀剂,而是使用了"电"作为沉淀剂,因而称为"电重量分析",即电解分析。

电化学分析法准确度高,重现性和稳定性好;一般测量所得的值是物质的活度而非浓度;灵敏度高,选择性好,被测物质的最低量可以达到 10^{-12} mol/L 数量级;所需试样的量较少,适用于进行微量操作;仪器设备简单、经济,易于实现自动化、微型化,直接得到电信号,易传递,尤其适合于化工生产中的自动控制和在线分析。此方法应用广泛,在化学研究、有机电化学分析、药物分析、活体分析、生产过程控制等许多方面均具有极为重要的意义。

(2)电极电位

两种导体接触时,其界面的两种物质可以是固体-固体、固体-液体及液体-液体。因两相中的化学组成不同,故将在界面处发生物质迁移。若进行迁移的物质带有电荷,则在两相之间产生一个电位差。当将一种金属浸到含有该金属离子的盐溶液中时,即形成一个半电池,与此同时在金属与溶液界面上就形成一定的电位差。其中的金属称为电极,相应形成的电位差就叫作电极电位,记为"φ"。

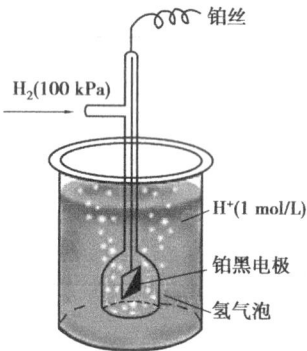

H₂(100 kPa)

铂丝

H⁺(1 mol/L)

铂黑电极

氢气泡

图3.3　标准氢电极

电极电位是一个相对值,绝对的电极电位是无法得到的。为了计算方便以及数据的可比性,需要一个参比电极,最基本的参比电极是标准氢电极(Standard Hydrogen Electrode,SHE),如图 3.3 所示。人为规定,在任何温度下,标准氢电极的电极电位为零。

因此,IUPAC 规定,任何电极与标准氢电极构成原电池所测得的电动势作为该电极的电极电位。在 298.15 K 时,以水为溶剂,当氧化态和还原态活度等于 1 时的电极电位称为标准电极电位。

(3)能斯特方程

电极电位的大小,不仅取决于电极的本质,而且与溶液中离子的浓度、温度等因素有关,对于一个电极来说,其电极反应可以写成

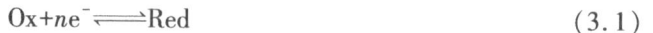

$$Ox + ne^- \rightleftharpoons Red \tag{3.1}$$

电极电位的计算公式(能斯特方程)为

$$\varphi = \varphi^{\ominus} + \frac{RT}{nF}\ln\frac{a_{Ox}}{a_{Red}} \tag{3.2}$$

式中,φ 为平衡时电极电位,V;$\varphi^{\ominus}$ 为标准电极电位,V;R 为摩尔气体常数,8.313 J/(mol·K);T 为热力学温度,K;F 为法拉第常数,96 500 C/mol;a_{Ox},a_{Red} 分别为电极反应中氧化态和还原态的活度;n 为电极反应中的得失电子数。

298.15 K 时,将上述数据代入式(3.2)得如下公式

$$\varphi = \varphi^{\ominus}_{Ox/Red} + \frac{0.059\ 2}{n}\ln\frac{a_{Ox}}{a_{Red}} \tag{3.3}$$

基础理论3.2   电位分析中电极的结构与原理

电位分析的测量信号是电极的电位。对于一个电极来说,其绝对电位是无法测定的,只能测定相对电位,因此电位分析必须用到两个电极,即指示电极和参比电极。

(1)指示电极

所谓指示电极就是电极的电极电位与溶液中某种离子的活度(浓度)的关系符合能斯特方程式。由它所表示的电极电位值可以推算出溶液中某种离子的活度(浓度),通常把这种电极看作是待测离子的指示电极。

1)金属基电极

这类电极以金属为基体,在电极上有电子交换反应,即氧化还原反应。它可以分成以下四种类型。

①第一类电极——活性金属电极。它是由金属与该金属离子溶液组成。如银和硝酸银溶液组成的电极。金属的标准电位为正,在溶液中金属离子以一种形式存在,才能形成这类电极。如银电极,表示为 $Ag|Ag^+$

$$Ag^+ + e^- = Ag$$

298.15K 时 $\qquad \varphi = \varphi^{\ominus} + 0.059\ 2 \lg c_{Ag^+}$ （3.4）

②第二类电极——金属/难溶盐电极。它是由金属、该金属的难溶盐和该难溶盐的阴离子溶液组成。在测量电极的相对电位时,它克服了氢电极使用氢气的不便,比较容易制备,常用它来代替标准氢电极作参比电极用,又称为二级标准电极。如甘汞电极(Hg/Hg_2Cl_2 , Cl^-)。

③第三类电极——由金属与两种相同阴离子的难溶盐,再与含有第三种难溶盐的阳离子组成的电极体系。如草酸根离子能与银离子和钙离子生成草酸银和草酸钙难溶盐,在以草酸银和草酸钙饱和过的、含有钙离子的溶液中,用银电极指示钙离子的活度。

④零类电极——惰性金属电极。它是由一种惰性金属与含有可溶性的氧化态和还原态物质的溶液组成。惰性金属不参与电极反应,仅仅提供电子交换的场所。

2)离子选择性电极

IUPAC 推荐的定义为:离子选择性电极(Ion Selective Electrode,ISE)是一类电化学传感器,它的电极电位与溶液中相应离子的活度的对数值呈线性关系。这些装置不同于包含氧化还原反应的体系。由此可见,离子选择性电极是一种指示电极,它所指示的电极电位与相应离子活度关系符合能斯特方程。这类电极所指示的电极电位,不是由于电子的交换形成的,不同于包含氧化还原反应的体系,它与金属基电极在基本原理上有本质的不同。

离子选择性电极也称离子敏感电极,它是一种特殊的电化学传感器,根据敏感膜的性质和被测溶液所含离子的不同,离子选择性电极有不同的种类。

敏感膜是一个能分开两种电解质溶液,并对某类物质有选择性响应的薄膜,能够形成膜电位。膜电位是膜内扩散电位和膜与电解质溶液形成的内外界面的电位的代数和。根据离子选择性电极敏感膜的组成和结构,IUPAC 对它按图 3.4 进行分类。

$$
\text{离子选择性电极} \begin{cases} \text{原电极} \begin{cases} \text{晶体膜电极} \begin{cases} \text{均相膜电极,如氟、氯离子选择电极} \\ \text{非均相膜电极,如硅橡胶膜电极} \end{cases} \\ \text{非晶体膜电极} \begin{cases} \text{刚性基质电极,如 pH、pNa 玻璃电极} \\ \text{流动载体电极,如 } Ca^{2+}\text{、}K^{+} \text{ 选择电极} \end{cases} \end{cases} \\ \text{敏化电极} \begin{cases} \text{气敏电极,如 } CO_2 \text{ 气敏电极} \\ \text{酶电极,如氨基酸酶电极} \end{cases} \end{cases}
$$

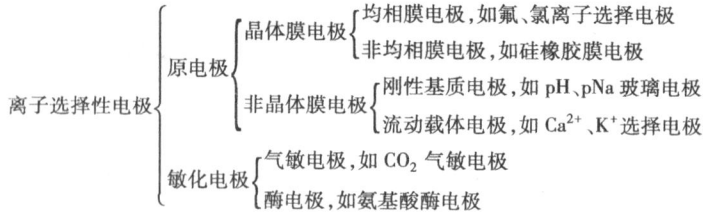

图 3.4　离子选择性电极的分类

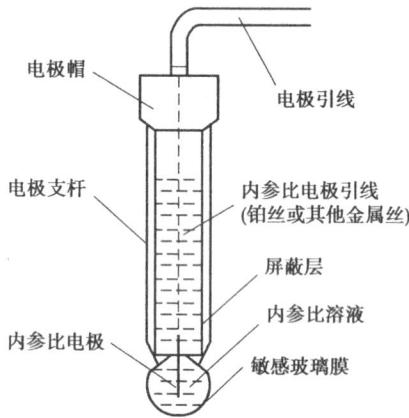

pH 玻璃电极是最早出现的膜电极,为氢离子选择性电极。

①pH 玻璃电极的构造。

pH 玻璃电极由银-氯化银电极(内参比电极)、0.1 mol/L 盐酸溶液(内参比溶液)、玻璃管底用特殊成分的玻璃吹制而成的对 H^+ 有选择性响应的球状薄膜敏感玻璃膜组成。其结构如图 3.5 所示。

对于 pH 玻璃电极最重要的是玻璃膜,它是由一种特殊成分的玻璃构成的,其中 Na_2O 含 22%,CaO 含 6%,SiO_2 含 32%。膜厚度约 0.5 mm,呈泡形。玻璃泡中装有 pH 值一定的溶液(内参比溶液,0.1 mol/L HCl),其中插入一根银-氯化银电极作为内参比电极。

图 3.5　pH 玻璃电极

由于玻璃电极的内阻一般都很高(为 50 ~ 500 MΩ),因此导线及电极引出线要求高度绝缘,并采用金属绝缘线,在支持杆引出线端用胶木帽及黏合剂封闭固定,即成为一支 pH 玻璃电极。

②pH 玻璃电极的响应机理。

当玻璃电极浸泡在水中时,其中氢离子可进入玻璃膜与钠离子交换而占据钠离子的点位,交换反应为

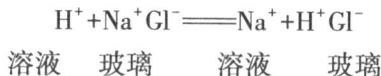

$$H^+ + Na^+ Gl^- \Longrightarrow Na^+ + H^+ Gl^-$$
$$\text{溶液}\quad\text{玻璃}\qquad\text{溶液}\quad\text{玻璃}$$

此交换反应的平衡常数很大,这主要是因为氧硅结构与氢离子的键合强度远大于与钠离子的强度。由于氢离子取代了钠离子的点位,玻璃膜表面形成了一个类似硅酸结构的水化胶层(—Si—O⁻ H⁺)。在水化胶层的最表面,钠离子点位全部被氢离子占有,从水化胶层表面到水化胶层内部,氢离子占有的点位逐渐减少,而钠离子占据的点位逐渐增多,到玻璃膜中部即是干玻璃层,全部点位被钠离子占有。因此,浸泡后的玻璃膜由膜内、外表面两个水化硅胶层及其之间的干玻璃层三部分组成,其结构如图 3.6 所示。

pH 玻璃电极的膜电位及电极电位形成水化胶层后的电极浸入待测试液中时,在玻璃膜内外界面与溶液之间均产生界面电位,而在内、外水化胶层中均产生扩散电位,膜电位是这四部分电位的总和。

$$\varphi_{M玻} = \varphi_{D外} + \varphi_{d外} + \varphi_{d内} + \varphi_{D内} \tag{3.5}$$

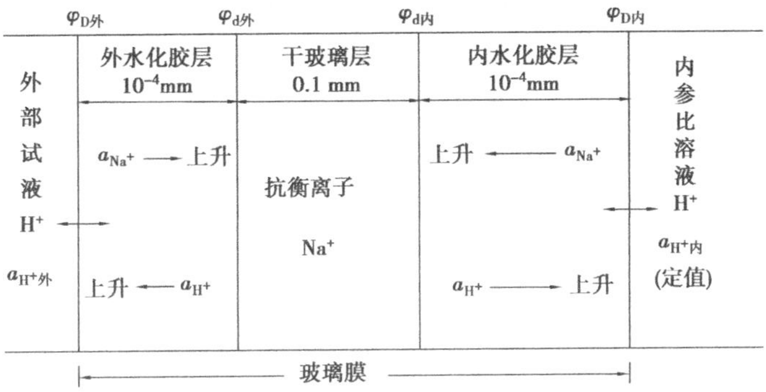

图 3.6 玻璃膜膜电位的产生

Baucke 认为水化胶层中 —Si—O⁻ H⁺ 的离解平衡及水化胶层中 H⁺ 与溶液中 H⁺ 的交换是决定界面电位的主要因素,即

$$—Si—O^- H^+ + H_2O \rightleftharpoons —SiO^- + H_3^+O$$

水化胶层   溶液   水化胶层   溶液

而且,当玻璃膜内外表面的性状相同,可以认为 $\varphi_{d外}$ 和 $\varphi_{d内}$ 大小相同,符号相反,相互抵消。再结合 pH 的理论定义为 pH = $-\lg a(\mathrm{H}^+)$,pH 玻璃电极的电极电位为

$$\varphi_{M玻} = K + 0.059 \, 2 \lg a(\mathrm{H}^+) = K - 0.059 \, 2\mathrm{pH} \tag{3.6}$$

式中,K 是由玻璃膜电极本身性质决定的常数,由此看出,氢电极的膜电位与试液中的 pH 呈线性关系。这是玻璃电极成为氢离子指示电极的标志。

③玻璃电极的特性。

a. pH 玻璃电极的不对称电位。如果玻璃膜两侧溶液的 pH 值相同,则膜电位应等于零。但实际上仍有一微小的电位差存在,这个电位差称为不对称电位($\varphi_{不}$),它是由于玻璃膜内外结构和性质上的差异造成的。玻璃电极在水溶液中经较长时间浸泡后,可使不对称电位降至最小值并保持稳定,并可通过使用标准缓冲溶液校正电极的方法予以抵消。

b. 碱差。用 pH 玻璃电极测定 pH 值大于 10 的溶液或钠离子浓度较高的溶液时,测得的 pH 值偏低,这种现象称为碱差(或钠差)。碱差是由于在水化胶层和溶液界面之间的离子交换过程中,不但有氢离子参加,而且有钠离子的贡献,结果由电极电位反映出来的是氢离子活度增加,pH 偏低。

c. 酸差。酸差是指用 pH 玻璃电极测定 pH 值小于 1 的强酸性溶液时,pH 的测定值比实际值高。产生酸差的原因是由于在强酸性溶液中,水分子活度减小,而氢离子是靠 H_3O^+ 传递的,这样使得电极表面的氢离子减少,pH 偏高。

玻璃电极的优点是不受溶液中氧化剂、还原剂、颜色及沉淀的影响,不易中毒;缺点是电极内阻很高,电阻随温度变化。

3)离子选择性电极的性能参数

评价离子选择性电极的性能,主要考虑电极的选择性、线性范围、检测下限、响应时间等。

①能斯特响应、线性范围、检测下限、准确度。

以离子选择性电极的电位 φ 对响应离子活度的负对数 $-\lg a_x$（或 pX）作图，所得曲线为标准校正曲线（图3.7）。如果该电极对待测物活度的响应符合能斯特方程，则称为能斯特响应，其中的直线部分即为离子选择性电极的校正曲线（工作曲线），它是离子选择性电极法定量分析的基础。

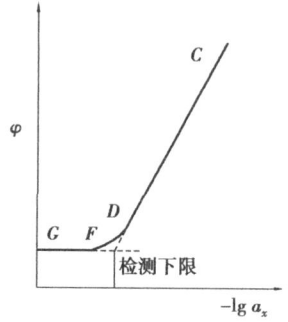

图3.7　电极校准曲线

电极的线性范围是指校正曲线的直线部分所对应的浓度范围，大多数电极的响应范围为 $10^{-5} \sim 10^{-1}$ mol/L，个别电极达 10^{-7} mol/L，因此测定的灵敏度往往满足不了痕量分析的要求。

图3.7中校正曲线的延长线与非能斯特响应区（弯曲部分）切线的交点所对应的活度即为检测下限。在检测下限附近，电极电位不稳定，测定结果的重现性及准确性都较差。

通过测量电位直接计算离子的活度或浓度，其准确度不高，且受到离子价态的限制。理论计算表明，对于一价离子，1 mV 的测量误差会导致产生 $\pm 4\%$ 的浓度相对误差。离子价态增加，误差也成倍增加。

②选择性系数。

电位选择性系数指引起离子选择性电极的电位有相同的变化时，所需待测离子的活（浓）度与所需干扰离子的活（浓）度之间的比值。它是反映离子选择性电极选择性好坏的一个性能指标，通常简称为选择性系数，并用符号 $K_{i,j}$ 表示。离子选择性电极并没有绝对的专一性，有些离子仍可能有干扰，即离子选择性电极除对某特定待测离子表现为有响应外，共存（干扰）离子也会响应。前者称为响应离子（即待测离子），记为 i；后者记为干扰离子，记为 j。

例如，对于一支 pH 玻璃电极而言，当溶液中 H^+ 活度 a_{H^+} 为 10^{-11} mol/L 时，对电极电位的影响与当 Na^+ 的活度 a_{Na^+} 为 1 mol/L 时对电极电位的影响相同，那么这支离子选择性电极的选择性系数 $K_{H^+,Na^+} = 10^{-11}/1 = 10^{-11}$。

这表明该电极对 H^+ 较对 Na^+ 的响应要灵敏 10^{11} 倍。由此可见，一支离子选择性电极的 $K_{i,j}$ 越小，则表示该离子选择性电极的选择性越好。

③电极的响应斜率。

校准曲线直线部分（CD）的斜率 S 称为离子选择性电极的实际响应斜率，是指离子活度变化 10 倍时所引起的电位变化值，又称为级差，在一定温度下为一常数。25 ℃时的斜率 $S = 0.059\ 2/n$ V，称为离子选择性电极的理论响应斜率。一价离子，$n = 1$ 时 $S = 0.059\ 2$ V；二价离子，$n = 2$ 时 $S = 0.029\ 6$ V。在实际测量中，电极斜率与理论值有一定偏差，只有实际值达到理论值的 95% 以上的电极，才可进行准确测定。

④响应时间。

离子选择性电极的响应时间是指离子电极和参比电极一起从接触溶液开始到电极电位变化稳定（上下波动在 1 mV 以内）所经过的时间。实际中，是指经过多长时间才能读数和记录结果。显然，电极的响应时间越短越好。一般电极的响应时间应在 1 min 以内。

影响响应时间的因素很多，归纳起来主要有以下几点。

其一，响应离子溶液的活度和测量顺序。活度越小，响应时间越长。由低浓度到高浓度的测定响应时间短。若测定浓溶液后再测定稀溶液，则应用纯水洗涤电极数次后再测定，以恢复电极的正常响应时间。

其二,响应离子的性质(如电荷的多少、扩散速率等)。离子扩散速率越快,响应时间越短。测量时搅拌可加速离子的扩散,从而缩短响应时间。

其三,测定条件(如溶液温度共存离子种类等)。温度越高,响应时间越短。

其四,敏感膜的厚度、组成和性质、表面的光洁度及参比电极电位的稳定性等。

⑤电极的稳定性。

电极的稳定性是指一定时间(如 8 h 或 24 h)内,电极在同一溶液中电位响应值的漂移(mV)。漂移的大小与膜稳定性、电极结构绝缘性能有关。电极表面的沾污或物理性质的变化会影响电极的稳定性。电极的良好洗涤、浸泡处理等能改善其影响。电极密封不好、胶黏剂的选择不当或内部导线接触不良等也导致电位不稳定。稳定性较差的电极需在测定前后对响应值进行校正。

⑥内阻。

离子选择电极的内阻,包括内充液和内参比电极的内阻。各种类型的电极数值不同,总的来说,晶体膜电极内阻较低,玻璃膜电极内阻较高。

4)使用玻璃电极的注意事项

①玻璃电极要在蒸馏水中浸泡 24 h 后方可使用(若在 0.1 mol/L HCl 溶液中浸泡,时间可短点)。使用前应检查玻璃电极球泡,球泡应透明、无裂痕,球泡内应充满溶液(不能有气泡存在)。内参比电极要沉浸在球泡内溶液中。电极插头和导线应保持洁净、干燥,防止受潮而导致漏电。

②玻璃电极球泡膜薄而脆,使用时要注意保护,严防硬物摩擦、碰撞,安装时要使它稍高于参比电极的盐桥下端,以防撞损。

③玻璃电极的清洗。玻璃电极球泡受污染可能使电极响应时间加长。可用 CCl_4 或皂液擦去污物,然后浸入蒸馏水 24 h 后继续使用。污染严重时,可用 5% HF 溶液浸 10~20 min,立即用水冲洗干净,然后浸入 0.1 mol/L HCl 溶液 24 h 后继续使用。

④当电极浸入每一份待测溶液前,应用蒸馏水洗净,并用吸水纸小心擦拭,以免污染和稀释待测溶液。

⑤电极浸入溶液后应轻轻摇动或搅拌溶液,促使电极反应尽快达到平衡状态。

⑥电极用毕后,应立即用蒸馏水洗净,以免溶液干结在电极薄膜表面。测定胶体溶液或生化试液时更要注意。

⑦测量浓度较大的溶液时,尽量缩短测量时间,用后仔细清洗,防止待测液黏附电极上而污染电极。

⑧玻璃电极不宜放置在温度可能发生剧变之处,更不允许烘烤玻璃电极,以防玻璃球泡破裂和内部溶液蒸发。

⑨玻璃电极的储存。短期储存在 pH 值为 4 的缓冲溶液中,长期储存在 pH 值为 7 的缓冲溶液中。

⑩玻璃电极老化的处理。玻璃电极的老化与胶层结构渐进变化有关。旧电极响应迟缓,膜电阻高,斜率低。用 HF 溶液浸蚀掉外层胶层,能改善电极性能。若能用此法定期清除内外层胶层,则电极的寿命几乎是无限的。

（2）参比电极

参比电极是提供相对电位标准的电极。在一定条件下,参比电极的电位值是恒定不变的,不受试液组成变化的影响。对参比电极的要求是:电极电位的可逆性好、重现性好和稳定性好,易于制作和便于使用。

目前最常用的参比电极主要有甘汞电极和银-氯化银电极。

1）甘汞电极

甘汞电极如图3.8所示,由玻璃体构成,在它的上端有绝缘体,在玻璃体的内部有一个电极浸泡在饱和KCl溶液中,电极的上端与导线连接着,在玻璃体的右侧有一个突出的支管,在支管的端部有一个橡皮塞,在电极的底部有个小的磁芯,磁芯的外部用橡皮帽进行了绝缘。

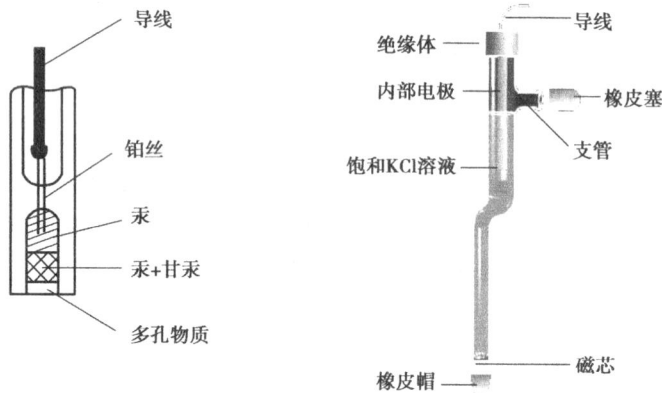

图3.8　甘汞电极的结构示意图

①甘汞电极的构造。

甘汞电极由金属汞、甘汞(氯化亚汞)和含KCl的溶液等组成,常用 $Hg \mid Hg_2Cl_2 \mid Cl^-$ 表示。它有两个玻璃套管,内套管中封接一根铂丝,铂丝插入汞液面下 $0.5 \sim 1.0$ cm,下置一层甘汞和汞的糊状物;外套管中装有KCl溶液(即内参比溶液);电极下端与待测溶液接触部分是熔结陶瓷芯或玻璃砂芯等多孔物质。

②电极反应和电极电位。

电极反应:
$$Hg_2Cl_2 + 2e^- \Longrightarrow 2Hg + 2Cl^-$$

半电池:
$$Hg, Hg_2Cl_2(固体) \mid KCl(液体)$$

电极电位(25 ℃):
$$\varphi_{Hg_2Cl_2/Hg} = \varphi^{\ominus}_{Hg_2Cl_2/Hg} - 0.059\ 2\ \lg a_{Cl^-} \tag{3.7}$$

由式(3.7)可知,当温度一定时,甘汞电极的电极电位只与内充液中氯离子的浓度有关。KCl溶液不同时,甘汞电极的电极电位见表3.4。因为饱和KCl溶液的浓度易于控制,所以在电位分析法中最常用的参比电极是饱和甘汞电极。

表3.4　25 ℃时甘汞电极的电极电位[对标准氢电极(NHE)]

电极类型	KCl溶液浓度	电极电位/V
0.1 mol/L甘汞电极	0.1 mol/L	+0.336 5
标准甘汞电极(NCE)	1.0 mol/L	+0.282 8
饱和甘汞电极(SCE)	饱和溶液	+0.243 8

③甘汞电极的使用方法。

甘汞电极在使用前应先取下橡胶帽。

保证饱和 KCl 溶液的液位应与电极支管下端相平,电极底端含有少量晶体。

电极内饱和 KCl 溶液中没有气泡,电极下端的多孔性物质畅通。

甘汞电极在使用时要求电极插入液面的位置适中。

甘汞电极的电极电位与温度有关,它在较高温度时性能较差,只能在低于 80 ℃ 的温度使用。

④甘汞电极的注意事项。

甘汞电极内应充满 KCl 溶液,淹没甘汞糊体,且液内无气泡。如为饱和甘汞电极,电极内应充满饱和 KCl 溶液,并有少许 KCl 晶体存在。当电极内溶液明显减少时,应通过侧管补充。

打开甘汞电极的侧管橡皮塞及盐桥管橡皮套后,电极内溶液应能正压渗出。其渗出速度应为每 5～10 min 泄漏出一滴溶液。如泄漏过慢,内阻增大,会使测量不稳定;泄漏过快,会影响待测溶液的 pH 值;如电极无溶液渗出,则可能是电极盐桥的毛细管被 KCl 晶体堵塞,可将盐桥管插入蒸馏水中浸泡片刻予以溶解。

测量时甘汞电极的 KCl 液面应比待测溶液液面高些,防止由于待测溶液渗入电极内玷污盐桥电解液,影响电极电位。

甘汞电极的上部绝缘管应保持干净,应避免电解质溶液玷污它而造成漏电。

甘汞电极电位与温度有关,且电位的变化滞后于温度的变化,因此,保存和使用甘汞电极处所的温度不能变化太大,否则会引起电极电位的无规律变化。

使用前要检查玻璃弯管处是否有气泡。若有气泡要及时排出,否则会引起电路短路或仪器读数不稳定。

使用前要检查电极下端陶瓷芯毛细管是否畅通。检查的方法是:先将电极外部擦干,再用滤纸紧贴陶瓷芯下端片刻,若滤纸上出现湿印,则表示毛细管未堵塞,可以使用。若滤纸上太潮湿,表明电极漏液,必须更换电极。

用完甘汞电极时,应将其侧管的橡皮塞塞紧,将盐桥下端的橡皮套套上,放在盒内保存。

2)银-氯化银电极

①银-氯化银电极的构造。

银-氯化银由覆盖着氯化银层的金属银浸在氯化钾或盐酸溶液中组成,常用 $Ag|AgCl|Cl^-$ 表示,其结构示意图如图 3.9 所示。一般采用银丝或镀银铂丝在盐酸溶液中阳极氧化法制备。银-氯化银电极的电极电位与溶液中氯离子浓度和所处温度有关。

②电极反应和电极电位。

电极反应:　　　　　　　　　$AgCl+e^- \Longrightarrow Ag+Cl^-$

半电池:　　　　　　　　　Ag,AgCl(固体)|KCl(液体)

电极电位(25 ℃):　　　　　$\varphi_{AgCl/Ag} = \varphi_{AgCl/Ag}^{\ominus} - 0.059\ 2\ \lg a_{Cl^-}$　　　　　　　(3.8)

由式(3.8)可知银-氯化银电极的电极电位只与内充液中氯离子的浓度有关。在不同的 KCl 溶液中,银-氯化银电极的电极电位表见表 3.5。

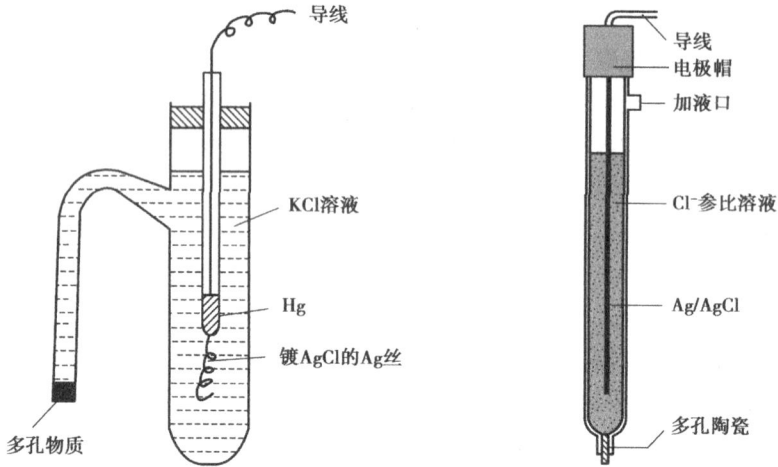

图 3.9　银-氯化银电极的结构示意图

表 3.5　25 ℃时银-氯化银电极的电极电位[对标准氢电极(NHE)]

电极类型	KCl 溶液浓度	电极电位/V
0.1 mol/L Ag-AgCl 电极	0.1 mol/L	+0.288 0
标准 Ag-AgCl 电极	1.0 mol/L	+0.222 3
饱和 Ag-AgCl 电极	饱和溶液	+0.200 0

③银-氯化银电极的注意事项。

银-氯化银电极的体积小,常用作离子选择性电极的内参比电极。

因 AgCl 在 KCl 溶液中有一定的溶解度,故银-氯化银电极所用的 KCl 溶液必须事先用 AgCl 饱和,否则会使电极上的 AgCl 溶解。

银-氯化银电极作外参比电极时,使用前必须除去电极内的气泡,内参比溶液的液面要有足够高度,否则应添加 KCl。

银-氯化银电极不像甘汞电极那样有较大的温度滞后效应,在高达 275 ℃左右的温度下仍能使用,而且有足够的稳定性,因此可在高温下替代甘汞电极。银-氯化银电极常在 pH 玻璃电极和其他各种离子选择性电极中用作内参比电极。

3)参比电极的保养

①参比电极的储存。银-氯化银电极最好的储存液是饱和 KCl 溶液,高浓度 KCl 溶液可以防止 AgCl 在液接界处沉淀,并维持液接界处于工作状态。此方法也适用于复合电极的储存。

②参比电极的再生。参比电极发生的问题绝大多数是由液接界堵塞引起的,可用下列方法解决。

浸泡液接界:用 10% 饱和和 KCl 溶液和 90% 蒸馏水的混合液,加热至 60~70 ℃将电极浸入约 5 cm,浸泡 20 min 至 1 h,此法可溶去电极端部的结晶。

氨浸泡:当液接界被 AgCl 堵塞时可用浓氨水浸除。具体方法是将电极内充液放空后浸入氨水中 10 ~ 20 min,但不要让氨水进入电极内部。取出电极用蒸馏水洗净,重新加入内充液后继续使用。

真空方法:将软管套住电极液接界,使用水流吸气泵,抽吸部分内充液穿过液接界,除去机械堵塞物。

煮沸液接界:银-氯化银电极的液接界浸入沸水中 10 ~ 20 s。注意,下一次煮沸前,应将电极冷却到室温。

当以上方法均无效时,可采用砂纸研磨的机械方法去除堵塞。此法可能会使研磨的砂粒塞入液接界,造成永久性堵塞。

基础理论3.3　直接电位法

○ 资源链接 ○

电位分析法

电位分析法是通过测量电动势以求得待测物质含量的分析方法。目前电位分析法主要分为直接电位法、电位滴定法。

(1)直接电位法概述

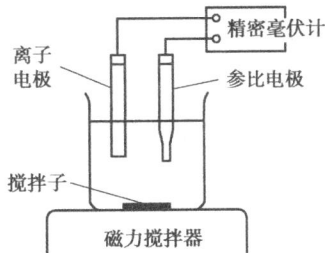

图 3.10　直接电位测定装置示意图

直接电位法是通过直接测量工作电池的电动势,根据能斯特方程,求得待测离子浓度的分析方法。该方法的特点是简便、快速、灵敏度高、应用广泛,常用于测定溶液的 pH 值及一些离子的浓度,在工业生产的连续自动分析和环境监测等方面具有独特的应用。

直接电位法分析时所采用的仪器装置较简单,一般仅需电位分析仪器、搅拌装置和试液容器等,如图 3.10 所示。

直接电位法通常以饱和甘汞电极为参比电极,以离子选择性电极为指示电极。将这两个电极插入待测溶液中组成一个工作电池,用精密酸度计、毫伏计或离子计测量两电极间的电动势(或直读离子活度)。测定过程需连续搅拌溶液,以缩短电极响应时间。

(2)直接电位法应用

1)直接电位法测定 pH 值

①测定原理。

测量溶液 pH 值时,参比电极为电池的正极,玻璃电极为负极。溶液 H^+ 活度(或浓度)和

pH 值与工作电池的电动势 E 呈线性关系,据此可以测定溶液的 pH 值。测量溶液 pH 值的体系结构如图 3.11 所示。

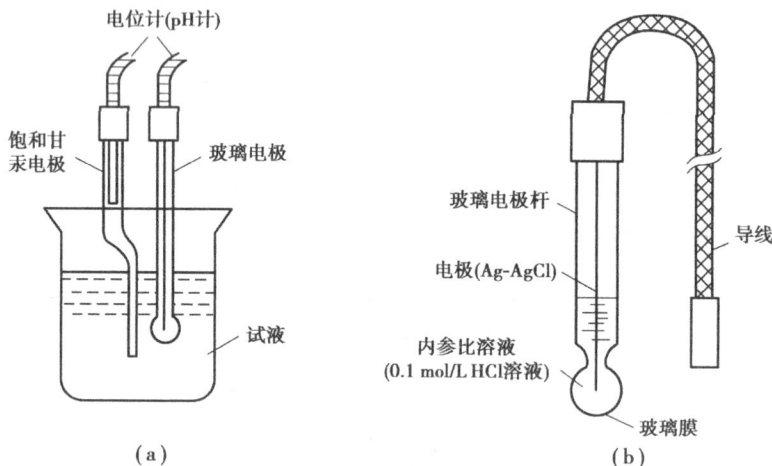

图 3.11　溶液 pH 值测量体系示意图

②溶液 pH 值的测定。

参比电极:饱和甘汞电极;指示电极:玻璃电极。两电极同时插入待测液形成如下电池

$(-)$AgCl | HCl | 玻璃膜 | 试液溶液 KCl(饱和) | Hg_2Cl_2(固),$Hg(+)$

电池电动势

$$E_{电池} = \varphi_+ - \varphi_-$$
$$= \varphi_{SCE} - \varphi_{玻}$$
$$= \varphi_{SCE} - (常数 - 0.059\ 2pH_{试液})$$
$$= K + 0.059\ 2pH_{试液} \tag{3.9}$$

由式(3.9)可知,只要测出工作电池 E,并求出 K 值,就可以计算试液的 pH 值。但 K 包括了饱和甘汞电极的电位、内参比电极电位及参比电极与溶液间的接界电位等,十分复杂,难以测定。因此,实际工作中难以计算得出 pH 值,待测溶液的 pH 值是通过与标准缓冲溶液相比较而确定的。

设 pH 标准缓冲溶液为 s,待测溶液为 x,有

$$E_x = K_x + 0.059\ 2pH_x \tag{3.10}$$
$$E_s = K_s + 0.059\ 2pH_s \tag{3.11}$$

合并两式可得

$$pH_x = pH_s + \frac{E_x - E_s}{0.059\ 2} \tag{3.12}$$

在同一条件下,采用同一支 pH 玻璃电极和甘汞电极分别测出 E_x 和 E_s,由式(3.12)可求出待测溶液的 pH 值。

【例 3.1】　当下述电池中的溶液是 pH 值为 4.00 的缓冲溶液时,在 298 K 时用电位计测得下列电池的电动势为 0.209 V

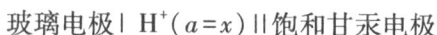

玻璃电极 | $H^+(a=x)$ ‖饱和甘汞电极

当缓冲溶液由 3 种未知溶液代替时,电位计读数如下:(a)0.312 V;(b)0.088 V;(c)−0.017 V,试计算每种未知溶液的 pH 值。

解　根据式(3.12)计算得：

$$(a)\ pH=4.00+\frac{(0.312-0.209)}{0.059\ 2}=5.75$$

同理：(b)pH＝1.95；(c)pH＝0.17。

③pH 计的校正。

酸度计在使用前必须首先利用 pH 已知的标准缓冲溶液对仪器进行校正，即确定式(3.12)中的 pH_s 和 E_s。常用的是两点校正法。

两点校正法是对酸度计进行校正时最常用的方法，其具体过程如下。

先将 pH 玻璃电极和饱和甘汞电极(或 pH 复合电极)插入一种 pH 值接近 7 的标准缓冲溶液，调节酸度计上的"定位"旋钮，使仪器显示测量温度下的 pH_s 即可消除 K'；再用另一种接近待测溶液 pH 的标准缓冲溶液调节"斜率"调节器；经校正后的仪器可以直接测量待测试液的 pH_x。为了减小测量误差，测量过程中应尽可能保证溶液温度恒定，并选择 pH 与待测溶液相近的标准溶液，标准溶液 pH_s 与待测溶液 pH_x 相差应小于 3 个 pH 单位。

关于仪器校正时间的相关规定如下。

校准工作结束后，对使用频繁(一般在 45 h 内)的 pH 计不需要再次定标。如遇到下列情况之一，仪器则需要重新标定：溶液温度与定标温度有较大的差异时；电极在空气中暴露过久，如 0.5 h 以上时；定位或斜率调节器被误动；测量过酸(pH 值小于 2)或过碱(pH 值大于12)的溶液后；换过电极后；当所测溶液的 pH 不在两点定标时所选溶液的中间，且距 pH 值为7 又较远时。

pH 计的测定方法就是校准曲线法的改进，定位的过程就是用标准缓冲溶液校准校准曲线的截距，温度校准是调整校准曲线的斜率。通过上述操作，pH 计符合校准曲线的要求，可以对未知溶液进行测定。测定的准确度决定于标准缓冲溶液 pH 值的准确度以及标准溶液和待测溶液组成接近的程度。

④pH 标准缓冲溶液。

标准缓冲溶液是 pH 值测定的基准，故标准缓冲溶液的配制及 pH 值测定至关重要。pH标准缓冲溶液的制备可以参照《pH 值测定用缓冲溶液制备方法》(GB/T 27501—2011)。表3.6 给出了常见的标准缓冲溶液 pH 值。

表 3.6　常见的标准缓冲溶液 pH 值(25 ℃)

名称	pH 值	配制
四氢草酸氢钾标准缓冲溶液	1.68	称取经(54±3)℃烘 4～5 h 并在干燥器中冷却后的四草酸氢钾 12.61 g，用水溶解后转入 1 000 mL 容量瓶中，在恒温槽(25±0.2)℃下稀释至刻度
饱和酒石酸氢钾标准缓冲溶液	3.56	将过量的酒石酸氢钾(大于 7.0 g/L)和水加入磨口玻璃瓶或聚乙烯瓶中，温度控制在(25±3)℃，剧烈摇动 20～30 min，溶液澄清后，用倾泻法取清液备用
邻苯二甲酸氢钾标准缓冲溶液	4.00	称取经 110～120 ℃烘 2 h 并在干燥器中冷却后的邻苯二甲酸氢钾 10.12 g，用水溶解后，转入 1 000 mL 容量瓶中，在恒温槽(25±0.2)℃下稀释至刻度

续表

名称	pH 值	配制
磷酸氢二钠和磷酸二氢钾混合标准缓冲溶液	6.86	分别称取经 110～120 ℃下烘 2～3 h 并在干燥容器中冷却后的磷酸氢二钠 3.533 g、磷酸二氢钾 3.387 g,用水溶解后转入 1 000 mL 容量瓶中,在恒温槽(25±0.2)℃下稀释至刻度(如果用于 0.02 级以上的仪器,制备溶液所用的水,应预先煮沸 15～30 min,以除去溶解的二氧化碳,在冷却过程中亦应避免与空气接触,防止二氧化碳的污染)
四硼酸酸钠标准缓冲溶液	9.18	称取 3.80 g 四硼酸钠(注意不能烘),用水溶解后,转入 1 000 mL 容量瓶中,在恒温槽(25±0.2)℃下稀释至刻度(如果用于 0.02 级以上的仪器,制备溶液所用的水,应预先煮沸 15～30 min,以除去溶解的二氧化碳,在冷却过程中亦应避免与空气接触,防止二氧化碳的污染)
饱和氢氧化钙标准缓冲溶液	12.46	将过量的氢氧化钙(大于 2 g/L)加入磨口玻璃瓶或聚乙烯瓶中,温度控制在(25±3)℃,剧烈摇动 20～30 min,溶液澄清后,用倾泻法取清液备用

对于 pH 计,pH 缓冲溶液主要有以下作用:pH 测量前标定校准 pH 计;用以检定 pH 计的准确性,检查仪器显示值和标准溶液的 pH 值是否一致;在一般精度测量时检查 pH 计是否需要重新标定;检测 pH 电极的性能。

2)直接电位法测定离子活(浓)度

①测定原理。

与直接电位法测定溶液的 pH 相似,直接电位法测量溶液中其他离子活度时,利用对待测离子有响应的离子选择电极(指示电极)与参比电极浸入待测溶液组成原电池,离子选择性电极通常为电池的正极,参比电极为负极,通过测定电池电动势从而求出溶液中待测离子的活度。

将离子选择性电极(指示电极)和参比电极插入试液可以组成测定各种离子活度的电池,电池电动势为

$$\varphi = K \pm \frac{2.303RT}{nF} \lg a_i \qquad (3.13)$$

离子选择性电极作正极时,对阳离子响应的电极,取正号;对阴离子响应的电极,取负号。

与测定 pH 同样原理,K 的数值也决定于离子选择性电极的薄膜、内参比溶液及内外参比电极的电位等,在一定条件下是定值但难以确定,也需要用一个已知离子活度的标准溶液为基准,比较包含待测溶液和包含标准溶液的两个工作电池的电动势来确定待测溶液的离子活度。目前,除用于校正 Cl^-、Na^+、Ca^{2+}、F^- 电极用的参比溶液 NaCl、KF 和 $CaCl_2$ 外,尚没有其他离子活度标准溶液。

②离子选择性电极测定离子浓度的条件。

使用标准溶液校正电极和用此电极测定试液这两个步骤必须保证溶液的离子活度系数不变。由于离子活度系数是离子强度的函数,因此也要保证溶液离子强度不变。为了达到这一目的,常用的方法是在试液和标准溶液中加入相同量的惰性电解质,称为离子强度调节剂。有时将离子强度调节剂、pH 缓冲溶液和消除干扰的掩蔽剂等事先混合在一起,这种混合液称

为总离子强度调节剂,其英文缩写为"TISAB"。TISAB 的主要作用如下。

第一,维持试液和标准溶液同样的离子强度。

第二,保持试液在离子选择性电极适合的 pH 范围内,避免 H^+ 和 OH^- 的干扰。

第三,消除对待测离子的干扰,值得注意的是,所加的 TISAB 中不能含有能被所用的离子选择性电极响应的离子。例如,用氟离子选择性电极测定水中的氟离子含量时,所加入的 TISAB 的组成为 NaCl (1mol/L)、HAc (0.25 mol/L)、NaAc (0.75 mol/L) 及柠檬酸钠(0.001 mol/L),其中 NaCl 溶液用于调节离子强度,HAc-NaAc 缓冲体系使溶液的 pH 值保持在氟离子选择性电极适合的 pH 值范围(5~6)之内,柠檬酸钠作掩蔽剂消除 Fe^{3+}、Al^{3+} 的干扰。

3)定量分析方法

直接电位法的分析方法有浓度直读法、直接比较法、标准曲线法和标准加入法等。实际工作中,通常需测定物质浓度,在待测液浓度较低、加入 TISAB 以及选取适宜测定方法的情况下,活度系数 r 趋近于 1,$c_i \approx a_i$。

①浓度直读法。

与使用酸度计测量溶液的 pH 值相似,用离子选择性电极测定溶液中待测离子的活度时,也可以由经过标准溶液校正后的测量仪器上直接读出待测溶液的 pX 或 X 的浓度值。这就是浓度直读法。此方法简便快速,所用的仪器称为离子计。

②直接比较法。

以标准溶液为对比,通过测定标准溶液 c_s 和待测溶液 c_x 的电动势来确定待测溶液浓度的方法称为直接比较法。以参比电极为正极,离子选择性电极为负极,两者加入同量的适当的 TISAB 以保证所有比较试液间有相似的化学组成。然后用同一支离子选择性电极在相同条件下,测定两种溶液电动势 E_s 和 E_x。

直接比较法适用于要求不高,浓度与标准溶液浓度相近的少数试样的测定。

③标准曲线法。

离子选择性电极响应的是离子活度而不是离子浓度,但当溶液中离子活度系数控制不变时,能斯特方程式中的活度即可用浓度代替。

实际测定时,取一系列标准溶液(5~7 个不同浓度)在一定条件下测定出各自的电动势,然后作 ε-($-\lg a$) 或 ε-($-\lg c$)标准曲线,若符合能斯特方程式,则曲线呈线性关系在相同条件下测得待测溶液的电动势,从标准曲线上即可查出待测溶液的浓度,这一方法称为标准曲线法。

在待测溶液中加入与标准溶液同样量的 TISAB 溶液并在同一条件下测定其电池电动势 E_x,再从所绘制的标准曲线上查出 E_x 所对应的 $-\lg c_x$,最后算出 c_x。这样做出的曲线显然是有误差的,因为所配制的标准溶液并非活度标准溶液。因此,当溶液的浓度大于 10^{-3} mol/L 时,应把浓度换算为活度;当溶液的浓度小于 10^{-3} mol/L 时,活度系数接近于 1,可不必换算。

④标准加入法。

复杂样品分析时宜采用标准加入法,具体做法如下。

在一定实验条件下,先测定体积为 V_x,浓度为 c_x 的待测试溶液的电动势 E_x。然后在待测溶液中加入浓度为 c_s、体积为 V_s 的含有待测离子的标准溶液(要求 V_s 约为待测液体积的 1%,而 c_s 则为 c_x 的 100 倍左右),在同一实验条件下,测得电动势 E_{x+s},则 25 ℃时

$$E_x = K + \frac{0.059\ 2}{n}\lg(\gamma_i c_x) \tag{3.14}$$

$$E_{x+s} = K + \frac{0.059\ 2}{n}\lg[\gamma_i'(c_x + \Delta c)] \tag{3.15}$$

式中,γ_i 为加入标准溶液前溶液的离子活度系数;γ_i' 为加入标准溶液后溶液的离子活度系数;Δc 为加入标准溶液后试液浓度的增量。

$$\Delta c = \frac{c_s V_s}{V_x + V_s}$$

由于 $V_s \ll V_x$,因此

$$\Delta c = \frac{c_s V_s}{V_x}$$

因为 $\gamma_i = \gamma_i'$,所以

$$E = E_{x+s} - E_x = \frac{0.059\ 2}{n}\lg\frac{c_x + \Delta c}{c_x}$$

令离子选择性电极的斜率

$$S = \frac{0.059\ 2}{n}$$

则

$$c_x = \Delta c(10^{\Delta E/S} - 1)^{-1} \tag{3.16}$$

因此,只要测出 ΔE、S,计算出 Δc,就可以求出 c_x。注意:E 的单位用伏[特](V)。

标准加入法的优点在于,只需要一种标准溶液,可减少离子强度变化引起的误差(假设 V 恒定);溶液配制简便,适于组成复杂的个别试样的测定。必须指出的是,标准加入法需要在相同实验条件下,测量电极的实际斜率。简便的测量方法是:在测量 E_x 后,将所测试液用空白溶液稀释一倍,再测定 E_x',则

$$S = \frac{|E_x' - E_x|}{\lg 2} \tag{3.17}$$

【例 3.2】　用氟离子选择性电极测定果汁中氯化物的含量时,在 100 mL 果汁中测得电动势为 -54.2 mV,加入 1.00 mL 0.500 mol/L 经酸化的 NaCl 溶液后,测得的电动势为 -26.8 mV。计算果汁中氯化物的浓度(假定加入 NaCl 前后离子强度不变)。

解　由式 $\Delta c = \dfrac{c_s V_s}{V_x}$,得

$$\Delta c = \frac{0.500 \times 1.00}{100}$$

利用公式 $c_x = \Delta c(10^{\Delta E/S} - 1)^{-1}$,代入相应数值得

$$c_x = 2.63 \times 10^{-3}\ \text{mol/L}$$

采用标准加入法可避免由于活度系数变化而造成的测定误差。

⑤格兰作图法。

1952 年格兰(Gran)提出了作图法(图 3.16),并根据电动势和离子浓度(严格来说是活度)间的对数关系,设计了格兰坐标纸。1969 年,该方法被应用到离子选择电极电位分析中,

相当于多次标准加入法。格兰作图法的原理是:设被测试液的体积为 V_x,向其中加入体积为 V_s、浓度为 c_s 的标准溶液,测得的电位值 E 与待测试液的浓度 c_x 和 c_s 应有下列关系

$$E = K' + S \lg \frac{c_x V_x + c_s V_s}{V_x + V_s} \tag{3.18}$$

式中,S 为斜率,$S = \dfrac{2.303RT}{nF}$。

变换整理后得,$(V_x + V_s)10^{E/S}$ 与 V_s 呈线性关系。每次加入 V_s(累加值),测出一个 E 值,并计算出 $(V_x + V_s)10^{E/S}$ 的值,绘制 $(V_x + V_s)10^{E/S}$-V_s 曲线,如图 3.12 所示,延长直线交于 V_s 轴的 V_s'(呈负值),此时在纵坐标零处。(对于阳离子,则前面函数式中指数项的指数为负值,即 $10^{-E/S}$,其余不变。)

$$(V_x + V_s)10^{E/S} = 0$$

则

$$K(c_x V_x + c_s V_s) = 0$$

即

$$c_x = -\frac{c_s V_s}{V_x} \tag{3.19}$$

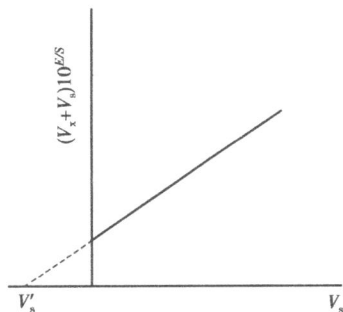

图 3.12　格兰作图法

式(3.19)为格兰作图法的计算式,由此可计算出 c_x。

格兰作图法的优点在于,操作比较简便,精确度较高;可测量复杂成分的试液,可用于浓度低于离子选择性电极法检出限的试液测定。

实训项目 3.1 水样pH值的测定

○ 资源链接 ○

水样 pH 值的测定

《水质 pH 值的测定 电极法》(HJ 1147—2020)

▶项目描述

某高校实验室组织学生对所在城市在售主要品牌瓶装饮用水的 pH 值进行调研,并形成调研报告。

▶能力目标

- 根据需要选择合适的电极,能对电极进行预处理、安装。
- 会利用两点校正法对仪器进行校正,并测定试样的 pH 值。
- 能够根据测定结果,得出实验结论,并形成调研报告。

▶项目分析

现代医学证明:人体是一个相对稳定的呈弱碱性的内环境。正常人血液 pH 值应在 7.33 ~ 7.45。水也一样,原始天然的好水大都呈弱碱性,含有钾、钙、镁和偏硅酸等各种对人体有益的天然矿物质,能与人体所需相吻合。专家认为,健康人体应该保持弱碱性状态,所以 pH 值在 7.3 左右为最适合饮用水。大部分品牌饮用水都会在瓶贴上明确注明 pH 值。《生活饮用水卫生标准》(GB 5749—2022)明确规定,生活饮用水的 pH 值范围应为 6.5 ~ 8.5。本实验通过比较不同品牌产地生产的瓶装饮用水的 pH 值,寻找适合人饮用的弱碱性水。

电位法测定溶液的 pH 值,是以玻璃电极为指示电极(-),饱和甘汞电极为参比电极(+)组成电池。25 ℃时,溶液的 pH 值变化 1 个单位时,电池的电动势改变 59.16 mV,据此在仪器上直接以 pH 值的读数表示。

▶项目实施

一、仪器和试剂

1. 仪器

酸度计;pH 玻璃电极;甘汞电极;pH 试纸。

2. 试剂

KCl 溶液(1 mol/L);0.05 mol/L 邻苯二甲酸氢钾标准缓冲溶液(pH = 4.00);0.025 mol/L 混合磷酸盐缓冲溶液(pH = 6.86);0.01mol/L 四硼酸钠缓冲溶液(pH = 9.18)。

二、基本操作

1. 仪器校准

先将水样与标准溶液调到同一温度,测定温度并将仪器温度补偿旋钮调至该温度上。用标准溶液(与水样 pH 值相差不超过 2 个 pH 单位)校正仪器,从标准溶液中取出电极彻底冲洗并用滤纸吸干,再将电极浸入第二个标准溶液(其 pH 值大约与第一个标准溶液相差 3 个 pH 单位)中,如果仪器响应的示值与第二个标准溶液的 pH 值之差大于 0.1pH 单位,就要检查仪器电极或标准溶液是否存在问题。当三者均正常时方可用于测定样品。

2. 试样的测定

①用蒸馏水冲洗电极 3 ~ 5 次,再用待测水样或溶液冲洗 3 ~ 5 次,然后将电极放入水样或溶液中。

②测定水样的 pH 值 3 次。

③测定完毕,清洗干净电极和塑料杯。

三、数据记录及处理

用酸度计测定 pH 值时,可直接读取 pH 值,无须计算。

平行测定次数	1	2	3
水样 pH 值			
平均 pH 值			

四、注意事项

①玻璃电极在使用前先放入蒸馏水中浸泡 24 h 以上。

②测定 pH 值时,玻璃电极的球泡应全部浸入溶液中,并使其稍高于甘汞电极的陶瓷芯端,以免搅拌时碰坏。

③玻璃电极的内电极与球泡之间、甘汞电极的内电极和陶瓷芯之间不得有气泡,以防断路。

④玻璃电极表面受到污染时需进行处理,如果附着无机盐结垢可用温稀盐酸溶解。

⑤玻璃电极测定碱性水样或溶液时,应尽快测定。测量胶体溶液、蛋白质和染料溶液,用毕立即用棉花或软纸蘸乙醚小心地擦拭、酒精清洗,最后用蒸馏水洗净。

⑥使用饱和甘汞电极前,应先将电极管侧面小橡皮塞及弯管下端的橡皮套轻轻取下,不用时再装上。

⑦甘汞电极中的饱和 KCl 溶液的液面必须高出汞体,在室温下应有少许 KCl 晶体存在以保证 KCl 溶液的饱和,但须注意 KCl 晶体不可过多,以防止堵塞与被测溶液的通路。

⑧为减少空气和水样中二氧化碳的溶入或挥发,水样测定之前不应提前打开样品瓶。

⑨饱和甘汞电极不能长时间浸泡在被测水样中,不能在 60 ℃ 以上的环境中使用。

实训预习报告

岗位3 电化学分析岗位		实训日期：	同组人：	
姓名：		班级：	学号：	成绩：
实训项目 3.1 水样 pH 值的测定				

	通过预习说明哪些是健康和安全措施所必需的,并给出相应的描述。
健康和安全	
环保	请说明是否需要采取环保措施,并给出相应的描述。

实训报告

岗位 3　电化学分析岗位	实训日期：		同组人：	
姓名：	班级：	学号：	成绩：	
实训项目 3.1　水样 pH 值的测定				
实训项目 名称				
实训目的 要求				
实训仪器 及试剂				
实训原理				
实训操作步骤				

续表

实训操作步骤	
实训数据处理	
实训结果讨论	

实训评分标准

岗位 3　电化学分析岗位			实训日期：	同组人：
姓名：	班级：		学号：	成绩：
自评：○熟练 ○不熟练	互评：○熟练 ○不熟练		师评：○合格 ○不合格	导师签字：
日期：	日期：		日期：	温度：　　湿度：

实训项目 3.1　水样 pH 值的测定

序号	考核项目	考核内容	配分	评分要求	得分	自评	互评	师评
1	素质考核	○1. 有团队协作意识,有大局意识,分工明确、互帮互助 ○2. 有安全意识,能自我保护 ○3. 有环保意识,能节约用水用电 ○4. 能认真严谨操作、合理规划时间、实验态度良好 ○5. 能够遵守实验室制度实验纪律良好	15	未完成 1 项扣 3 分,扣分不得超过15 分		○熟练 ○不熟练	○熟练 ○不熟练	○合格 ○不合格
2	专业技能考核	○1. 能正确洗涤玻璃仪器 ○2. 能正确配制标准缓冲溶液 ○3. 能正确使用玻璃电极 ○4. 能正确校正酸度计 ○5. 能正确进行操作 ○6. 能正确保养玻璃电极 ○7. 能填写仪器使用记录 ○8. 能正确填写实训报告 ○9. 工作台干净整洁	60	未完成 1 项扣 6 分,扣分不得超过60 分		○能 ○不能	○能 ○不能	○合格 ○不合格

续表

序号	考核项目	考核内容	配分	评分要求	得分	自评	互评	师评
3	实训结果考核	○1. 数据记录合理无涂改 ○2. 计算正确无抄袭 ○3. 玻璃电极的正确清洗 ○4. 有效数字及单位正确 ○5. 酸度计的校正顺序正确 ○6. 实验结束后玻璃电极的保护正确 ○7. 测定过程玻璃电极的放置正确	15	未完成 1 项扣 3 分,扣分不得超过15 分		○熟练 ○不熟练	○熟练 ○不熟练	○合格 ○不合格
4	特色考核	○1. 提前进入"校中厂"参观学习 ○2. 一帮一指导其他学生 ○3. 能够自行设计实验 ○4. 能够独立完成实验 ○5. 能积极主动分享实验心得体会	10	未完成 1 项扣 2 分,扣分不得超过10 分		○能 ○不能	○能 ○不能	○合格 ○不合格
5	重大失误考核	○1. 损坏玻璃仪器 ○2. 损坏酸度计 ○3. 损坏玻璃电极 ○4. 重新测定(由于仪器本身的原因造成数据丢失,重新测定不扣分)	-20	每出现一项倒扣 5 分,并赔偿相关损失,扣分不超过20 分		○有 ○没有	○有 ○没有	○合格 ○不合格

基础理论3.4　电位滴定法

○ 资源链接 ○

电位滴定法

电位滴定法是通过测定滴定过程中电动势的变化,以电位突跃确定滴定终点的分析方法。该方法准确度高,易于实现自动控制,能进行连续和自动滴定,广泛用于酸碱滴定、配位滴定、沉淀滴定和氧化还原滴定终点的确定。

(1)电位滴定法基本原理

电位滴定法测定的依据是待测离子的活度与其电极电位之间的关系遵守能斯特方程,根据电极电位的变化计算待测离子活度的分析方法。电位滴定法与直接电位法相比,电位滴定法不需要准确测量电极电位值,因此,温度、液体接界电位的影响并不重要,其准确度优于直接电位法。

在进行电位滴定时,被测溶液中插入待测离子的指示电极,与参比电极组成原电池,溶液用电磁搅拌器进行搅拌。随着滴定剂的加入,由于发生化学反应,待测离子的浓度不断发生变化,指示电极的电极电位(或电池电动势)也随之发生变化。在化学计量点附近,待测离子的浓度发生突变,指示电极的电极电位也相应发生突变。因此,通过测量滴定过程中电池电动势的变化,可以确定滴定终点。最后根据滴定剂浓度和终点时滴定剂的消耗体积计算试液中待测组分含量。

电位滴定法与普通滴定法相比,具有以下特点。

①利用电池电动势突跃指示终点,而非指示剂颜色变化,更客观。

②电位滴定法的结果更准确,准确度高,测定误差可低于±0.2% 。

③能用于难以用指示剂判断终点的浑浊或有色试液的滴定分析。

④用于非水溶液的滴定。某些有机物的滴定需在非水溶液中进行,一般缺乏合适的指示剂,可采用电位滴定法。

⑤能用于连续的自动滴定,并适用于微量分析。

(2)电位滴定装置

1)手动电位滴定装置

手动电位滴定装置示意图如图3.13所示。电位滴定法的装置由指示电极、参比电极、搅拌器、测量仪器和滴定装置五个部分组成。滴定装置是普通滴定管,可控制和读取滴定剂消耗的体积。根据被测物质含量的高低,可选用常量滴定管、半微量滴定管或微量滴定管。

2）自动电位滴定装置

自动电位滴定装置示意图如图 3.14 所示。在滴定管末端连接可通过电磁阀的细乳胶管,此管下端接上毛细管。滴定前根据具体的滴定对象为仪器设置电位(或 pH)的终点控制值(理论计算值或滴定实验值)。滴定开始时,电位测量信号使电磁阀断续开关,滴定自动进行。电位测量值到达仪器设定值时,电磁阀自动关闭,滴定停止。

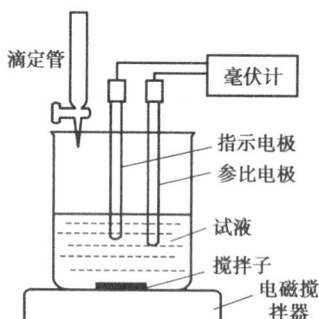

图 3.13　手动电位滴定装置示意图　　　图 3.14　自动电位滴定装置示意图

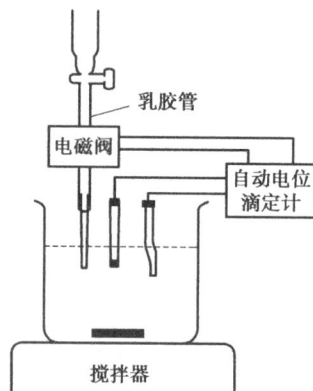

（3）电位滴定操作流程

在进行电位滴定时,被测溶液中插入一个参比电极和一个指示电极组成工作电池。在滴定过程中,每滴加一次滴定剂,平衡后测量电动势,直到超过化学计量点。滴定过程的关键是确定滴定反应的化学计量点时所消耗的滴定剂的体积。随着滴定剂的加入,由于发生化学反应,被测离子浓度不断变化,在滴定终点附近发生电位的突跃。首先需要快速滴定,寻找化学计量点所在的大致范围。正式滴定时,滴定突跃范围前后每次加入的滴定剂体积可以较大,突跃范围内每次滴加体积控制在 0.1 mL。记录每次滴定时的滴定剂用量 V 和相应的电动势数值 E,作图得到滴定曲线,并将滴定的突跃曲线上的拐点作为滴定终点,该点与化学计量点非常接近。

（4）电位滴定终点的确定

若在一般的容量分析(如酸碱、氧化还原、沉淀和配合滴定)中,于溶液中插入一支适当的指示电极(对被测离子或滴定剂有响应),那么随着滴定剂(标准溶液)的不断加入,电极电位将相应地不断地发生变化。这种变化规律可以用电极电位 E 对标准溶液的加入体积 V 作图来描述,所得图形称为电位滴定曲线。通过作出电位滴定曲线,然后由曲线来确定电位滴定终点。由于作图方法的不同,电位滴定终点的确定通常有三种,$E\text{-}V$ 曲线法、$\Delta E/\Delta V\text{-}V$ 曲线法、$\Delta^2 E/\Delta V^2\text{-}V$ 曲线法。

1）$E\text{-}V$ 曲线法

如图 3.15 所示,以滴定过程中测得的电池电动势 E 为纵坐标,滴定消耗滴定剂的体积 V 为横坐标,绘制 $E\text{-}V$ 曲线。$E\text{-}V$ 曲线上的拐点(即曲线斜率最大处)所对应的体积即为终点体

积 V_{ep}。

确定拐点的方法是:作两条与滴定曲线相切45°倾斜的平行线 A 和 B,再过 A、B 两线的中点作平行线 C,C 线与滴定曲线的交点即为拐点(电势滴定终点),对应的体积即为滴定终点所消耗的滴定剂体积。E-V 曲线法简单,但准确性稍差。

2)$\Delta E/\Delta V$-V 曲线法

$\Delta E/\Delta V$-V 近似为电势对滴定剂体积的一阶微商,由电势改变量与滴定剂体积增量之比计算。用 $\Delta E/\Delta V$ 对应体积 V 作图,如图 3.16 所示,在得到的 $\Delta E/\Delta V$-V 曲线上存在着极值点,该点对应着 E-V 曲线中的拐点,即滴定终点,其所对应的体积为终点时所消耗的标准溶液的体积。与 E-V 曲线法相比,该方法所得的终点更准确。

3)$\Delta^2 E/\Delta V^2$-V 曲线法

$\Delta^2 E/\Delta V^2$-V 曲线法也称二阶微商法,$\Delta^2 E/\Delta V^2$ 表示 E-V 曲线的二阶微商,由数学相关知识可知,一阶微商的极值点对应于二阶微商等于零处,即 $\Delta^2 E/\Delta V^2 = 0$ 处对应的点为相应的滴定终点,其所对应的体积为终点时所消耗的标准溶液的体积。该法可以通过绘制 $\Delta^2 E/\Delta V^2$-V 曲线求出二阶微商等于零处,如图 3.17 所示,也可由式(3.19)计算所得

$$\frac{\Delta^2 E}{\Delta V^2} = \frac{(\Delta E/\Delta V)_2 - (\Delta E/\Delta V)_1}{\Delta V} \tag{3.19}$$

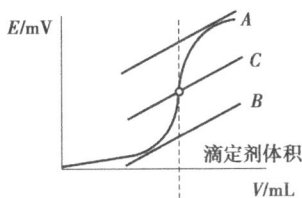

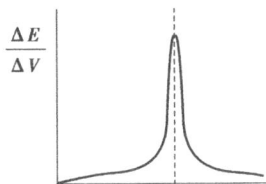

图 3.15　E-V 曲线　　　　图 3.16　$\Delta E/\Delta V$-V 曲线　　　　图 3.17　$\Delta^2 E/\Delta V^2$-V 曲线

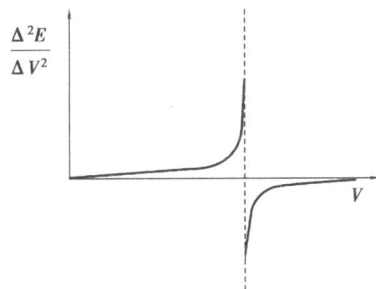

表 3.7 所列的是以银电极为指示电极,饱和甘汞电极为参比电极,用 0.100 0 mol/L AgNO$_3$ 溶液滴定 NaCl 溶液的实验数据。

(5)电位滴定法的应用

电位滴定法可用于酸碱滴定、沉淀滴定、配位滴定及氧化还原滴定。不同类型滴定中的滴定反应不同,因此需根据具体滴定反应的特点选择合适的指示电极和参比电极。表 3.8 列出各类滴定常用的指示电极和参比电极,以供参考。

表 3.7　实验数据

作 E-V 曲线所用数据		作 $\Delta E/\Delta V$-V 曲线所用数据				作 $\Delta^2 E/\Delta V^2$-V 曲线所用数据	
加 $AgNO_3$ 的体积/mL	电极电位 /mV	ΔE/mV	ΔV/mL	$\Delta E/\Delta V$	加 $AgNO_3$ 的体积/mL	$\Delta^2 E/\Delta V^2$	加 $AgNO_3$ 的体积/mL
10.10	114	16	4.90	3.3	12.55	0.4	14.53
15.00	130	15	3.00	5.0	16.50		
18.00	145	23	2.00	11.5	19.00	3	17.75
20.00	168	34	1.00	34	20.50	15	19.75
21.00	202	8	0.10	80	21.05	84	20.78
21.10	210	14	0.10	140	21.15	600	21.08
21.20	224	26	0.10	260	21.25	1 200	21.20
21.30	250	53	0.10	530	21.3	27	21.30
21.40	303	25	0.10	250	21.45	−2 800	21.40
21.50	328	36	0.50	72	21.75	−590	21.60
22.00	364	25	1.00	25	22.50	−63	22.13
23.00	389	12	1.00	12	23.50	−13	23.00
24.00	401						

表 3.8　各类滴定常用的电极

序号	滴定类型	指示电极	参比电极
1	酸碱滴定	pH 玻璃电极、锑电极	甘汞电极
2	沉淀滴定	银电极、硫化银膜电极等离子选择性电极	双盐桥甘汞电极、玻璃电极
3	氧化还原滴定	铂电极	甘汞电极、玻璃电极
4	配位滴定	金属基电极、汞电极、离子选择性电极	甘汞电极

1)酸碱滴定

在酸碱滴定中,通常选用 pH 玻璃电极作指示电极,饱和甘汞电极作参比电极。目前应用最多的是由 pH 玻璃电极和 Ag-AgCl 合为一体的 pH 复合电极。

传统的指示剂法无法准确测定的 $c \cdot K_a < 10^{-8}$ 或 $c \cdot K_b < 10^{-8}$ 的弱酸或弱碱,用电位滴定法可以测定。或不易溶于水而溶于有机溶剂的酸和碱,不能在水溶液中滴定,可在非水溶剂中进行电位滴定。例如,在冰醋酸介质中可用 $HClO_4$ 溶液滴定吡啶,在乙醇介质中可用 HCl溶液滴定三乙醇胺,在异丙醇和乙二醇混合介质中可以滴定苯胺和生物碱,在丙酮介质中可以滴定高氯酸、盐酸、水杨酸的混合物等。

2）沉淀滴定

沉淀滴定中,应根据不同的沉淀反应选用不同的指示电极,常用的有银电极、铂电极和离子选择性电极等。参比电极应选用双盐桥饱和甘汞电极或玻璃电极。例如,以银电极为指示电极,可用 $AgNO_3$ 滴定 Cl^-、Br^-、I^-、SCN^-、S^{2-}、CN^- 等以及一些有机阴离子。用铂电极作指示电极,可用 $K_4Fe(CN)_6$ 滴定 Pb^{2+}、Cd^{2+}、Zn^{2+}、Ba^{2+} 等金属离子,还可间接滴定 SO_4^{2-}。

3）氧化还原滴定

氧化还原滴定需用不参与氧化还原反应的电极,通常用惰性电极如铂电极作指示电极,饱和甘汞电极或钨电极作参比电极。可用 $KMnO_4$ 溶液滴定 I^-、NO_2^-、Fe^{2+}、V^{4+}、Sn^{2+}、$C_2O_4^{2-}$ 等,用 $K_2Cr_2O_7$ 溶液滴定 Fe^{2+}、Sn^{2+}、I^-、Sb^{2+} 等。

为了保证指示电极的灵敏度,铂电极应保持光亮,如沾污或氧化,可用 10% 硝酸浸洗以除去杂质。

用指示剂法判断滴定终点的氧化还原滴定中,要求滴定剂电对和被测物质电对的条件电极电位之差 $\Delta\varphi^{\ominus} \geq 0.4$ V,而电位滴定中只需 $\Delta\varphi^{\ominus} \geq 0.2$ V,即能准确测定待测物质的含量。

4）配位滴定

使用汞电极作指示电极,可用 EDTA 滴定 Cu^{2+}、Zn^{2+}、Ca^{2+}、Mg^{2+}、Al^{3+} 等多种离子。配位滴定还可用离子选择性电极作指示电极。例如,用 Ca^{2+} 电极作指示电极,可用 EDTA 滴定 Ca^{2+};以 F^- 电极作指示电极,可用 La^{3+} 滴定氟化物。可见,电位滴定法扩大了离子选择性电极的应用范围。

实训项目 3.2　乙酸的电位滴定分析

○ 资源链接 ○

乙酸的测定——电位滴定法　　　　《化学试剂 电位滴定法通则》(GB/T 9725—2007)

▶项目描述

某食品质量检测部门检测一批新上市的食醋,欲检测其中的乙酸含量及其解离常数。拟用电位滴定法进行分析。

▶能力目标

- 学会电位滴定的基本操作技术。
- 熟练使用 pH 计。
- 学会 pH-V 和(ΔpH/ΔV)-V 曲线与二阶微商法确定滴定终点的方法。

▶项目分析

乙酸(CH_3COOH)为一弱酸,其 pK_a=4.75,当以标准碱溶液滴定乙酸试液时,在化学计量点附近可以观察到 pH 值的突跃。

以玻璃电极与饱和甘汞电极插入试液即组成如下的工作电池:

$$Ag,AgCl|HCl(0.1\ mol/L)|玻璃膜|HAc\ 试液‖KCl(饱和)|Hg_2Cl_2,Hg$$

该工作电池的电动势在酸度计上反映出来,并表示为滴定过程中的 pH 值,记录加入标准碱液的体积 V 和相应滴定溶液的 pH 值。

电位滴定法是以指示电极电位或 pH 值的突跃确定滴定终点的方法。将复合电极浸入乙酸试液中,用 NaOH 标准溶液进行滴定。以滴定中消耗的 NaOH 标准溶液的体积 V(mL)及相应的溶液 pH 值绘制 pH-V 滴定曲线。曲线上有一个滴定突跃,此突跃点即为化学计量点,可用作图法和计算法求得,还可用 ΔpH/ΔV-V,Δ^2pH/ΔV^2-V 作图法得到化学计量点的 pH$_{ep}$ 和滴定体积 V_{ep},也可用二阶微商内插法计算得到。确定了化学计量点,可求算乙酸试样的浓度,而且也可求算乙酸的解离常数。

$$HAc+NaOH =\!\!=\!\!= NaAc+H_2O$$

当 $V=1/2V_{ep}$,生成的 $c_{NaAc}=c_{HAc剩余}$,一半中和点时,因 K_a=[H^+][Ac^-]/[HAc],[H^+]=K_a,即 pK_a=pH。因此,pH-V 图中 $1/2V_{ep}$ 所处的 pH 值即为 pK_a,从而可求出乙酸的解离常数 K_a。

▶项目实施

一、仪器和试剂

1. 仪器

ZD-2 型自动电位滴定计;玻璃电极;甘汞电极;容量瓶;吸量管;微量滴定管。

2. 试剂

1.000 mol/L 草酸标准溶液;0.1 mol/L NaOH 标准溶液(浓度待标定);乙酸试液(浓度约为 1 mol/L);0.05 mol/L 邻苯二甲酸氢钾溶液,pH=4.00(25 ℃);0.025 mol/L Na_2HPO_4+0.025 mol/L KH_2PO_4 混合溶液,pH=6.86(25 ℃)。

二、基本操作

①按照 ZD-2 型自动电位滴定计操作步骤调试仪器,将选择开关置于 pH 挡。摘去饱和甘汞电极的橡皮帽,并检查内电极是否浸入饱和 KCl 溶液中,如未浸入,应补充饱和 KCl 溶液。在电极架上安装好玻璃电极和饱和甘汞电极,并使饱和甘汞电极稍低于玻璃电极,以防烧杯底碰坏玻璃电极薄膜。

②将 pH = 4.00 的标准缓冲溶液置于 100 mL 小烧杯中,放入搅拌子,并使两支电极浸入标准缓冲溶液中,开动搅拌器,进行酸度计定位,再以 pH = 6.86 的标准缓冲溶液校核,所得读数与测量温度下的缓冲溶液的标准值 pH 之差应在 ±0.05 单位之内。

③准确吸取草酸标准溶液 10.00 mL,置于 100 mL 容量瓶中,用水稀释至刻度,混合均匀。

④准确吸取稀释后的草酸标准溶液 5.00 mL,置于 100 mL 烧杯中,加水至 30 mL,放入搅拌子,浸入复合电极。

⑤将待标定的 NaOH 溶液装入微量滴定管中,使液面在 0.00 mL 处。

⑥开动电磁搅拌器(注意:磁子不能碰到电极),调节至适当的搅拌速度,用待标定的 NaOH 溶液进行滴定,1 mL 读数一次,进行粗测,即测量加入 NaOH 溶液 0,1,2,⋯,8,9,10 mL 时各点的 pH 值,初步判断 pH 值突跃时所需的 NaOH 体积范围 ΔV_{ep}。

⑦重复③和⑤的操作,然后进行细测,即在化学计量点附近取较小的等体积增量,以增加测量点的密度,并在读取滴定管读数时,读准至小数点后第二位,如在粗测时,体积为 8 ~ 9 mL,则在细测时以 0.10 mL 为体积增量,测量加入 NaOH 溶液 8.00,8.10,8.20,⋯,8.90 和 9.00 mL 时各点的 pH 值。

⑧吸取乙酸试液 10.00 mL,置于 100 mL 容量瓶中,稀释至刻度,摇匀,吸取稀释后的乙酸溶液 10.00 mL,置于 100 mL 烧杯中,加水至约 30 mL。

⑨仿照标定 NaOH 时的粗测和细测步骤,对乙酸进行测定。

在细测时于 $1/2\Delta V_{ep}$ 体积处,也应适当增加测量点的密度,如 ΔV_{ep} 为 3 ~ 5 mL,可测量加入 2.00,2.10,⋯,2.30 和 2.50 mL NaOH 溶液时各点的 pH 值。

三、数据记录及处理

1. NaOH 标准溶液的测定

粗测数据记录表

V/mL	1	2	3	3	5	6	3	8	9	10
pH										

$\Delta V_{ep} = $ _____ mL

细测数据记录表

V/mL									
pH									
$\Delta pH/\Delta V$									
$\Delta^2 pH/\Delta V^2$									

根据实验数据,计算 $\Delta pH/\Delta V$ 和化学计量点附近的 $\Delta^2 pH/\Delta V^2$,填入表格。

①在方格纸上作 pH-V($\Delta pH/\Delta V$)-V 曲线,找出终点体积 V_{ep}。

②用内插法求出 $\Delta^2 pH/\Delta V^2 = 0$ 处 NaOH 溶液的体积。

③根据所得的 V_{ep},计算 NaOH 标准溶液的浓度。

2. 乙酸浓度的测定

粗测数据记录表

V/mL	1	2	3	3	5	6	3	8	9	10
pH										

$\Delta V_{ep} =$ _____ mL

细测数据记录表

V/mL									
pH									
$\Delta pH/\Delta V$									
$\Delta^2 pH/\Delta V^2$									

仿照上述 NaOH 溶液浓度的标定的数据处理方法,画出曲线,求出终点的体积 V_{ep},计算原始试液中乙酸的含量。

四、注意事项

①复合玻璃电极使用前后一定要清洗。

②滴定速度不宜太快,尤其接近化学计量点处。

③滴定开始时,滴定管中 NaOH 应调节在零刻度上,滴定剂每次应准确放至刻度线上。注意观察化学计量点的到达,在计量点前后应等量小体积加入 NaOH 标准溶液。

④电极浸入溶液的深度应合适,搅拌子不能碰及电极。

⑤滴定时,滴定管上挂着的一滴溶液用玻璃棒取入烧杯。

⑥由于烧杯较小,在组装仪器时要小心,电极要靠烧杯内壁,小球泡不能碰着烧杯底部和搅拌子;滴定管嘴尖靠壁放入烧杯中,不能碰到溶液。

实训预习报告

岗位 3　电化学分析岗位	实训日期：		同组人：	
姓名：	班级：		学号：	成绩：
实训项目 3.2　乙酸的电位滴定分析				

健康和安全	通过预习说明哪些是健康和安全措施所必需的,并给出相应的描述。
环保	请说明是否需要采取环保措施,并给出相应的描述。

实训报告

岗位3 电化学分析岗位		实训日期:		同组人:	
姓名:		班级:	学号:		成绩:
实训项目3.2 乙酸的电位滴定分析					
实训项目 名称					
实训目的 要求					
实训仪器 及试剂					
实 训 原 理					
实 训 操 作 步 骤					

实训操作步骤	
实训数据处理	
实训结果讨论	

实训评分标准

岗位3　电化学分析岗位			实训日期：		同组人：	
姓名：		班级：	学号：		成绩：	
自评：○熟练 ○不熟练		互评：○熟练 ○不熟练	师评：○合格 ○不合格		导师签字：	
日期：		日期：	日期：		温度：　湿度：	

实训项目3.2　乙酸的电位滴定分析

序号	考核项目	考核内容	配分	评分要求	得分	自评	互评	师评
1	素质考核	○1.有团队协作意识,有大局意识,分工明确、互帮互助 ○2.有安全意识,能自我保护 ○3.有环保意识,能节约用水用电 ○4.能认真严谨操作、合理规划时间、实验态度良好 ○5.能够遵守实验室制度实验纪律良好	15	未完成1项扣3分,扣分不得超过15分		○熟练 ○不熟练	○熟练 ○不熟练	○合格 ○不合格
2	专业技能考核	○1.能正确洗涤、使用玻璃仪器 ○2.能正确配制溶液 ○3.能正确处理玻璃电极 ○4.能正确设定仪器参数 ○5.能正确使用电位滴定仪 ○6.能正确确定滴定终点 ○7.仪器的正确组装 ○8.实验结束后玻璃电极的保养 ○9.能填写仪器使用记录 ○10.能正确填写实训报告 ○11.工作台干净整洁	60	未完成1项扣6分,扣分不得超过60分		○能 ○不能	○能 ○不能	○合格 ○不合格

续表

序号	考核项目	考核内容	配分	评分要求	得分	自评	互评	师评
3	实训结果考核	○1. 数据记录合理无涂改 ○2. 计算正确无抄袭 ○3. 有效数字及单位正确 ○4. 滴定曲线的绘制正确 ○5. 精密度（测定值的极差＝0.001） ○6. 准确度（｜RE｜≤0.5%）	15	未完成 1 项扣 3 分,扣分不得超过15 分		○熟练 ○不熟练	○熟练 ○不熟练	○合格 ○不合格
4	特色考核	○1. 提前进入"校中厂"参观学习 ○2. 一帮一指导其他学生 ○3. 能够自行设计实验 ○4. 能够独立完成实验 ○5. 能积极主动分享实验心得体会	10	未完成 1 项扣 2 分,扣分不得超过10 分		○能 ○不能	○能 ○不能	○合格 ○不合格
5	重大失误考核	○1. 损坏玻璃仪器 ○2. 损坏电位滴定仪 ○3. 损坏玻璃电极 ○4. 重新测定(由于仪器本身的原因造成数据丢失,重新测定不扣分)	−20	每出现一项倒扣 5 分,并赔偿相关损失,扣分不得超过 20 分		○有 ○没有	○有 ○没有	○合格 ○不合格

思考与练习

○ 资源链接 ○

岗位 3 习题

岗位 3 习题答案

思政阅读

○ 资源链接 ○

科学家故事——查全性

岗位4

气相色谱仪操作岗位

岗位分析

▶岗位群分布

该岗位群分布于制药、医疗卫生、公安、消防、化学、化工、环保、地质、食品、生物、材料、计量科学、石油、冶金、农业、林业等领域,主要从事科研、生产和教学中的质量控制、产品检验等工作。

▶工作内容

气相色谱仪操作员的工作内容主要为仪器的操作和维护,样品的前处理和检测,具体内容见表4.1。

表4.1　气相色谱仪操作员的工作内容

序号	分类	具体工作内容
1	定性分析	样品成分分析,物化参数的分析,聚合物的分析
2	定量分析	石油和石油化工分析(气体成分分析、汽油组分分析等),环境分析(苯、甲苯、二甲苯、总挥发性有机物、农药残留等),食品分析(农药残留、香精香料、食品添加剂、食品包装材料中的挥发性有机物等),药物和临床分析(中药材中挥发性油类指标性成分、农药残留等)
3	结果处理	对检测结果进行判定和计算,给出标准化报告
4	仪器维护	能够更换仪器常见的耗材,处理简单的运行错误;能够准确描述仪器故障状态并与维修工程师有效沟通;能对仪器进行日常维护与保养

▶岗位要求

气相色谱仪操作员属技术性岗位,须符合岗位的技术要求,同时作为企业员工,还必须符合其社会性要求,具体要求见表4.2。

表4.2　气相色谱仪操作员的岗位要求

序号	分类	具体工作内容
1	基本要求	能针对不同类型的样品选择合适的前处理方法和分析方法,熟练掌握气相色谱仪的硬件和软件操作从而进行定性和定量分析,能够读懂仪器报告并给出标准化报告
2	维护要求	能有效维护仪器的良好工作环境(如温度、湿度要求,卫生环境管理等),能够更换仪器常见耗材(如隔垫、进样针、气相色谱柱、气体净化过滤器等),能够处理简单的运行错误(如方法调用错误、仪器状态无法稳定、气瓶气体存量不够等),能够准确描述仪器故障状态(如关键部件无法升温,检测器出现正弦波或者检测器无信号,仪器点火失败等)并与维修工程师有效沟通

续表

序号	分类	具体工作内容
3	职业道德要求	正直无私,把实事求是摆在职业责任的优先位置,提供真实、客观的检测数据;不断提高专业水平,为公众、雇主和顾客提供专业的服务
4	其他要求	加强学习新技术,精益求精;具有良好的语言和书面表达能力,良好的团队协作能力;能针对工作中出现的问题迅速采取恰当的处理措施,提供高效的服务

仪器设备

○ 资源链接 ○

《气相色谱仪检定规程》(JJG 700—2016)

▶仪器环境要求

　　气相色谱实训室的基本设备要求有水、电、工作台等基本设施,同时由于气相色谱仪器是精密仪器,因此对温度、湿度、抗电磁干扰等条件也有一定的要求,具体见表4.3。

表4.3　气相色谱实训室环境要求

项目	具体要求
环境温度	3 ~ 35 ℃
相对湿度	≤85%
废气排放	建议阀进样方式的气相色谱仪增配废气收集装置
供电设施	220 V电压的三相交流电源,电源必须接地良好,一般在潮湿地面(或食盐溶液灌注)钉入长0.3 ~ 1.0 m的铁棒(丝),然后将电源接地点与之相连,总之要求接地电阻小于1 Ω即可(注:建议电源和外壳都接地,这样效果更好)
供气设施	气相色谱仪操作有使用到氢气、氮气或氦气,应配置专用的气瓶柜,并加装气体泄漏报警装置。气体纯度要求在99.99%以上
工作平台	一般台面高度为0.6 ~ 0.8 m,宽度为1 m,而且平台不能紧贴墙,应离墙0.3 ~ 1.0 m,便于接线及检修
专用药品柜	因气相色谱仪操作有使用甲苯、二甲苯、异丙醇、乙酸乙酯、丁酮、酒精等化学试剂,以及微升注射器、实验瓶等专用器械,故应配置专用的药品柜(注:以上各物品应标识清晰,储存于通风干燥处,标样时,切记标识,不得混淆)
防火防爆	配置灭火器,周围不得有易燃、强腐蚀性气体

续表

项目	具体要求
避雷防护	属于第三类防雷建筑物
电磁屏蔽	周围不得有强磁场
通风设备	配置通风口,要求通风良好

▶气相色谱实训室管理规范

气相色谱仪属精密仪器,需要小心使用及定期维护,故实训室需制定详细的管理制度,保证机器的正常运作,具体规定如下。

①仪器的管理和使用必须落实岗位责任制,制定操作规程、使用和保养制度,责任到人。对于带电子捕获检测器的气相色谱仪,由于其涉及镍-63放射源,应有防辐射和防盗措施,确保人体和设备安全。

②仪器使用者要认真学习仪器的原理、基本操作和注意事项,了解仪器的性能构造后方可独立操作。

③开机前检查电源、气瓶剩余气体情况以及色谱柱连接情况,检查无误后方可启动仪器电源。仪器联机过程中禁止关闭电源。

④测定时,运行正确的方法,待仪器状态稳定后方可手动或自动进样。运行中出现异常应立即告知管理人员。严禁擅自拆卸、调整仪器主要部件。

⑤关机前要执行关机程序。同时,关闭氢气,为了延长检测器寿命,禁止关闭载气气路。待各温度降至50 ℃以下,方可关闭气相色谱仪电源,再关闭载气气路。

⑥仪器使用后应认真填写运行日志,剩余的耗材、样品、溶剂及废液必须及时清理,一来可以保证实训室的清洁和安全,二来可以避免他人误拿、误扔。

⑦实训室内严禁吸烟、使用明火等可能对实验研究及仪器性能造成影响的一切活动。

⑧严禁在仪器设备上摆放任何物品,一切与实验无关的物品不得带入仪器室内。

⑨仪器发生故障时要及时上报,对较大事故,责任人需及时组织人员查清事故原因,提出处理意见,并组织修复处理。

⑩实训室负责人应根据仪器要求,定期保养维护,如检查并更换气体供给、泄漏检查、气体过滤器的更换和进样口的维护等,确保仪器的正常运行。

▶仪器——气相色谱仪

(1)常见的气相色谱仪

气相色谱(Gas Chromatogram,GC)经过半个多世纪的发展已经成为各个领域最为常用的分析化学方法之一,在许多领域的分析实验室中发挥着极为重要的作用。气相色谱仪的品牌众多,常见的气相色谱仪型号、品牌如图4.1所示。

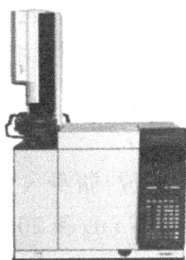

（a）安捷伦 7890 气相色谱仪
（美国安捷伦公司）

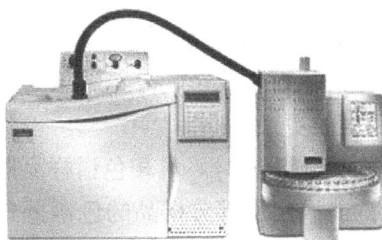

（b）PE Clarus 400 气相色谱仪
（美国珀金埃尔默公司）

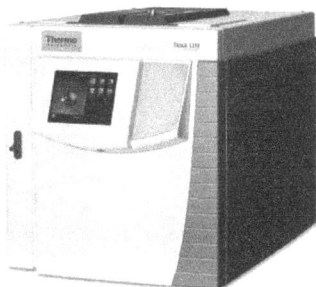

（c）TRACE 1300 系列气相色谱仪
（美国赛默飞世尔科技公司）

（d）天美 GC 7980 气相色谱仪
（天美科学仪器有限公司）

（e）北分瑞利 SP-3420A 型气相色谱仪
（北分瑞利分析仪器有限公司）

（f）上分 GC 128 气相色谱仪
（上海仪电科学仪器股份有限公司）

图 4.1　常见的气相色谱仪

（2）气相色谱仪的常见耗材

①气体净化过滤器［图 4.2（a）］。不纯的载气会导致系统延迟、仪器性能变差以及不可靠的分析结果。因此，选择合适的气体净化过滤器，除去对仪器有威胁的水分、氧气很重要。

②进样口隔垫［图 4.2（b）］。进样口隔垫是气相色谱最常用的消耗品之一，其主要作用是将系统流路和外界隔开，并且提供一个注射样品的通道。隔垫一般由耐高温、低流失的硅橡胶制成，能够承受 200 次以上的自动进样。隔垫要根据进样的频率和使用条件定期更换，否则容易造成漏气、分离度差和鬼峰等。

③进样口衬管[图4.2(c)]。衬管是气相色谱的关键配件之一,它位于进样口的气化室内,样品在此气化。如果衬管和玻璃本身不干净,其附着的杂质会与待测物相互作用,如吸附、催化、降解等,从而直接影响分析结果的稳定性和准确性。因此,衬管跟隔垫一样,使用一段时间变脏后需要更换。

④样品瓶[图4.2(d)]。气相色谱样品瓶由瓶盖、隔垫和瓶身组成,瓶身大多采用硅硼玻璃制成,其惰性能满足大部分样品的色谱分析。常用的样品瓶是1.5 mL和20 mL两种。样品瓶最好只用一次。

⑤气相色谱柱。气相色谱柱是气相色谱分析中一个核心部分,复杂的样品在此实现分离。气相色谱柱一般分为填充柱[图4.2(e)]和毛细管柱[图4.2(f)],后者应用更为广泛。在进行气相色谱分析时,色谱柱的选择至关重要,有关内容将在基础理论中详细讨论。

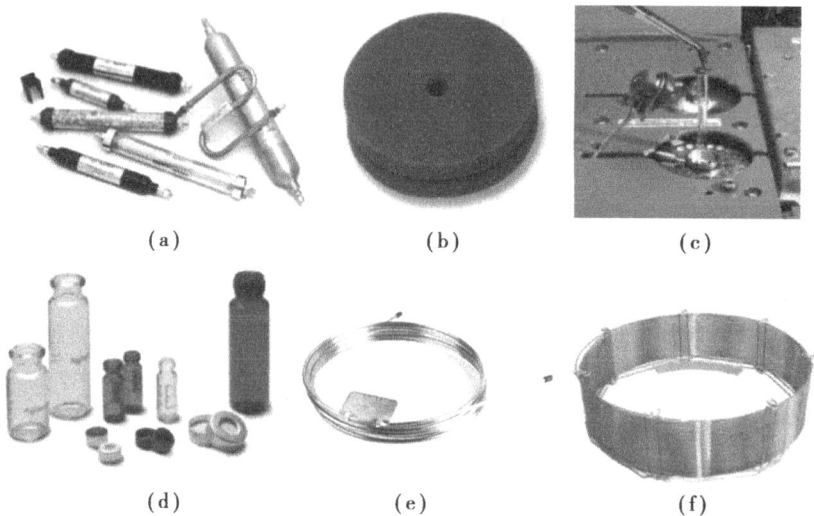

图4.2　气相色谱仪常见耗材

基础理论4.1　　色谱法基本知识

色谱法起源于20世纪初,1906年俄国植物学家米哈伊尔·茨维特用碳酸钙填充竖立的玻璃管,以石油醚洗脱植物色素的提取液,经过一段时间洗脱之后,植物色素在碳酸钙柱中实现分离,由一条色带分散为数条平行的色带(图4.3)。由于这一实验将混合的植物色素分离为不同的色带,因此茨维特将这种方法命名为 chromatography,成为色谱法的名称。

1950年之后飞速发展,并发展出一个独立的三级学科——色谱学。1952年英国科学家阿切尔·马丁、理查德·辛格因发明分配色谱分离法而共同获得诺贝尔化学奖。1958年,戈利首先提出了分离效能极高的毛细管柱气相色谱法,从此气相色谱法超过最先发明的液相色谱法而迅速发展起来。随着电子技术和计算机技术的发展,气相色谱仪器也在不断发展完善,到现在已实现了全自动化和计算机控制,并可通过网络实现远程诊断和控制(图4.4)。

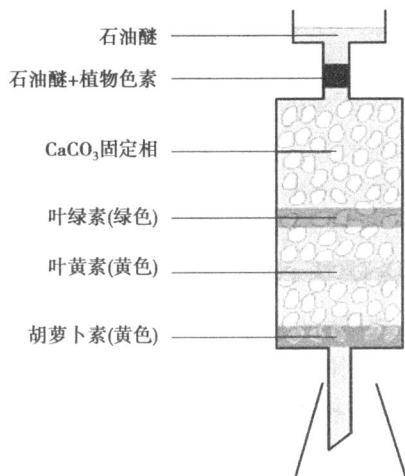

图 4.3　最初的柱色谱示意图

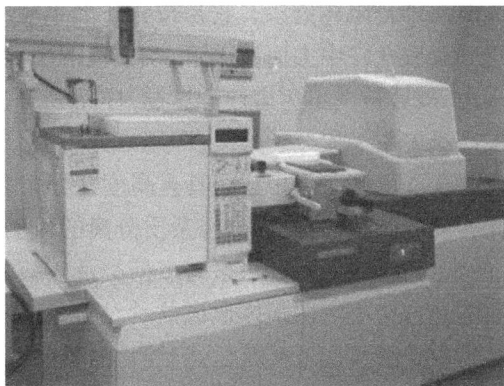

图 4.4　先进的高分辨气相色谱质谱联用仪

（1）色谱法的定义

色谱法是一种分离分析技术，是多组分混合物极有效的物理化学分析方法，是以试样中各组分与固定相和流动相之间的相互作用力（如吸附、分配、离子交换、排阻、亲和等）的差异为依据而建立起来的各种分离分析方法。

这里需要强调的是，固定不动的一相称为固定相，可以是固体或液体；携带样品流过固定相的流体称为流动相，可以是气体、液体或超临界流体。

色谱法具有以下优点：分离效率高、分析速度快、样品用量少、灵敏度高、分离和测定同时完成、应用范围广、易于自动化。

（2）色谱法的分类

各种类型的色谱法很多，可以从不同的角度对其进行分类，主要有以下四种分类方式。

①按流动相和固定相的状态分类。气体为流动相的色谱称为气相色谱（GC），根据固定相是固体吸附剂还是固定液又可分为气固色谱（GSC）和气液色谱（GLC）。液体为流动相的色谱称为液相色谱（LC），也同样可分为液固色谱（LSC）和液液色谱（LLC）。超临界流体为流动相的色谱称为超临界流体色谱（SFC）。

②按固定相的几何形式分类，可分为柱色谱法、纸色谱、薄层色谱等。纸色谱和薄层色谱又统称为平板色谱。

③按分离过程的物理化学原理分类，可分为以下几类。

a. 吸附色谱法。利用吸附剂表面对不同组分物理吸附性能的差别而使之分离的色谱法称为吸附色谱法，如气固色谱法、液固色谱法。

b. 分配色谱法。利用固定液对不同组分分配性能的差别而使之分离的色谱法称为分配色谱法，如气液色谱法、液液色谱法。

c. 离子交换色谱法。将离子交换原理和液相色谱技术相结合来测定溶液中阳离子和阴离子的一种分离分析方法，利用被分离组分与固定相之间发生离子交换能力的差异来实现分离。离子交换色谱主要是用来分离离子或可离解的化合物。它不仅广泛地应用于无机离子的分离,而且广泛地应用于有机和生物物质,如氨基酸、核酸、蛋白质等的分离。

d.尺寸排阻色谱法。它是按分子大小顺序进行分离的一种色谱方法,体积大的分子不能渗透到凝胶孔穴中去而被排阻,较早地淋洗出来;中等体积的分子部分渗透;小分子可完全渗透入内,最后被洗出色谱柱。这样,样品分子基本按其分子大小先后排阻,从柱中流出。该方法被广泛应用于大分子分级,即用来分析大分子物质相对分子质量的分布。

e.亲和色谱法。相互间具有高度特异亲和性的两种物质之一作为固定相,利用与固定相不同程度的亲和性,使成分与杂质分离的色谱法。例如,利用酶与基质(或抑制剂)、抗原与抗体、激素与受体、外源凝集素与多糖类及核酸的碱基对等之间的专一的相互作用,使相互作用物质的一方与不溶性担体形成共价结合化合物,用来作为层析用固定相,将另一方从复杂的混合物中选择可逆地截获,达到纯化的目的。

④按照展开程序的不同,可将色谱法分为洗脱法、顶替法和迎头法。

a.洗脱法。洗脱法也称冲洗法。工作时,首先将样品加到色谱柱头上,然后用吸附或溶解能力比试样组分弱得多的气体或液体作冲洗剂。由于各组分在固定相上的吸附或溶解能力不同,被冲洗剂带出的先后次序也不同,从而使组分彼此分离。这种方法能使样品的各组分获得良好的分离,色谱峰清晰。此外,除去冲洗剂后,可获得纯度较高的物质。目前,这种方法是色谱法中最常用的一种方法。

b.顶替法。顶替法是将样品加到色谱柱头后,在惰性流动相中加入对固定相的吸附或溶解能力比所有试样组分强的物质为顶替剂(或直接用顶替剂作流动相),通过色谱柱,将各组分按吸附或溶解能力的强弱顺序,依次顶替出固定相。显然,吸附或溶解能力最弱的组分最先流出,最强的最后流出。此法适于制备纯物质或浓缩分离某一组分。其缺点是经一次使用后,柱子就被样品或顶替剂饱和,必须更换柱子或除去被柱子吸附的物质后,才能再使用。

c.迎头法。迎头法是将试样混合物连续通过色谱柱,吸附或溶解能力最弱的组分首先以纯物质的状态流出,其次以第一组分和吸附或溶解能力较弱的第二组分混合物,以此类推。该法在分离多组分混合物时,除第一组分外,其余均非纯态,因此仅适用于从含有微量杂质的混合物中切割出一个高纯组分(组分A),而不适用于对混合物进行分离。

(3)色谱流出曲线及有关术语

1)色谱流出曲线和色谱峰

色谱流出曲线是以检测器对组分的响应信号为纵坐标,流出时间(或流出体积)为横坐标作图所得的曲线(图4.5)。色谱流出曲线由基线和色谱峰组成。基线是指仅有流动相通过而没有待测物,检测器响应信号随流出时间的变化。色谱峰是在基线上突起的部分,它是由引入流动相中被测物引起的。

通常用下面三种参数来描述色谱峰:峰高(或峰面积)——峰的大小;保留值——峰的位置;区域宽度——峰的形状。

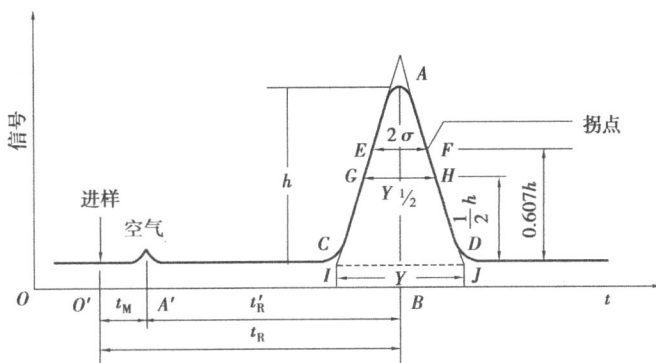

图 4.5　色谱流出曲线

2）基线

在实验操作条件下,色谱柱中没有样品组分流出时的流出曲线称为基线,稳定的基线应该是一条水平直线。当基线随时间定向缓慢变化时,称为基线漂移,通常出现基线漂移的原因有流动相不纯、仪器余热时间不足、检测器被污染等。

3）峰高

色谱法顶点到基线之间的垂直距离,以 h 表示,即图 4.5 中 BA 段所示。

4）保留值

①死时间 t_M。实际上就是流动相通过色谱柱所需要的时间,或是组分在流动相中所消耗的时间。t_M 由色谱柱中流动相体积 V_M 与流动相流速决定,与被测组分和固定相无关。有些文献以 t_0 表示死时间。

②保留时间 t_R。从进样开始到柱后,组分出现响应信号极大值时所需时间。组分的保留时间就是组分通过色谱柱所需的时间,即组分在色谱柱内运行的时间。

③调整保留时间 t_R'。扣除死时间后的保留时间,即组分在固定相中停留的时间。

$$t_R' = t_R - t_0 \tag{4.1}$$

④死体积 V_M。色谱柱在填充后,柱管内固定相颗粒间所剩留的空间称为死体积。有些文献以 V_0 表示死体积。

$$V_0 = t_0 F_c \tag{4.2}$$

⑤保留体积 V_R。从进样开始到被测组分在柱后出现浓度极大点时所通过的流动相的体积称为保留体积。

$$V_R = t_R F_c \tag{4.3}$$

⑥调整保留体积 V_R'。扣除死体积后的保留体积称为调整保留体积。

$$V_R' = V_R - V_0 = t_R' F_c \tag{4.4}$$

⑦相对保留值 $r_{2,1}$。组分 2 的调整保留值与组分 1 的调整保留值之比称为相对保留值。

$$r_{2,1} = \frac{t_{R_2}'}{t_{R_1}'} = \frac{V_{R_2}'}{V_{R_1}'} \tag{4.5}$$

由于相对保留值只与柱温及固定相性质有关,而与柱径、柱长、填充情况、流动相流速无关,因此它是色谱法定性的依据。

5)区域宽度

①标准偏差 σ。0.607 倍峰高处的色谱峰宽的一半,即图 4.5 中 EF 距离的一半。

②半峰宽 $Y_{1/2}$。峰高一半处对应的峰宽,有些文献以 $W_{1/2}$ 表示,即图 4.5 中 GH 间的距离。它与标准偏差的关系为

$$Y_{1/2} = 2.354\sigma \tag{4.6}$$

③峰底宽 Y。色谱法两侧拐点上的切线与基线上截距的距离,有些文献以 W 表示,即图 4.5 中 IJ 的距离。它与标准偏差的关系为

$$Y = 4\sigma \tag{4.7}$$

【例 4.1】 图 4.6 为某实验室分析人员对河水样品中的农残进行上机分析得到的液相色谱图。色谱条件:流动相乙酸钠、乙腈,梯度洗脱;温度 40 ℃;流速 0.35 mL/min;紫外检测器 245 nm。请尝试解读该色谱图。

解 图 4.6(a)是标准样品谱图,按照保留时间先后顺序,共有 28 个物质。图 4.6(b)是样品的谱图,从色谱峰的个数来看,可以判断样品中最少有 7 种物质;根据上图标准样品的保留时间定性,可以确定检测出了组分 15 绿麦隆和 19 异丙隆。

通过上面的理论学习以及实际应用,我们明白了从色谱流出曲线(色谱图)能够得到许多重要的信息:

根据色谱峰的个数,可以判断样品中所含组分的最少个数。

根据色谱峰的保留值,可以进行定性分析。

根据色谱峰的峰面积或峰高,可以进行定量分析。

色谱峰的保留值及其区域宽度,是评价色谱柱分离效能的依据。

色谱峰两峰间的距离,是评价固定相或流动相选择是否合适的依据。

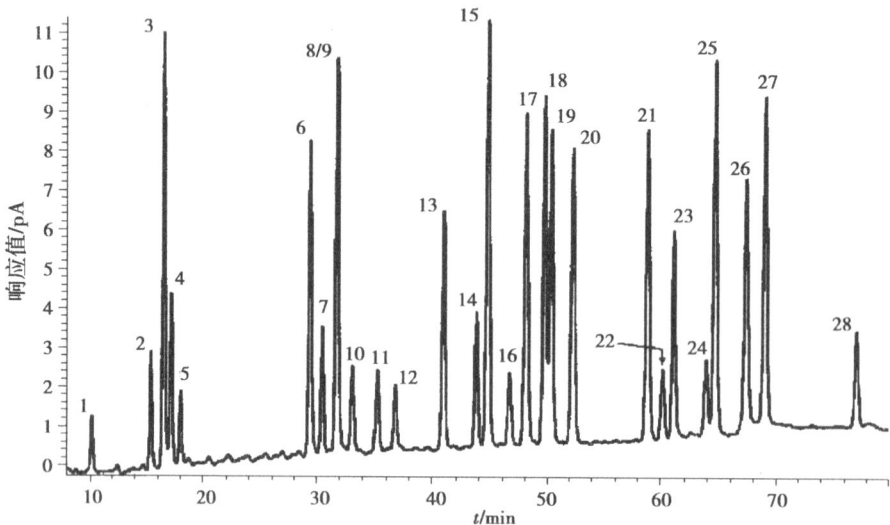

(a)标准样品的液相色谱图

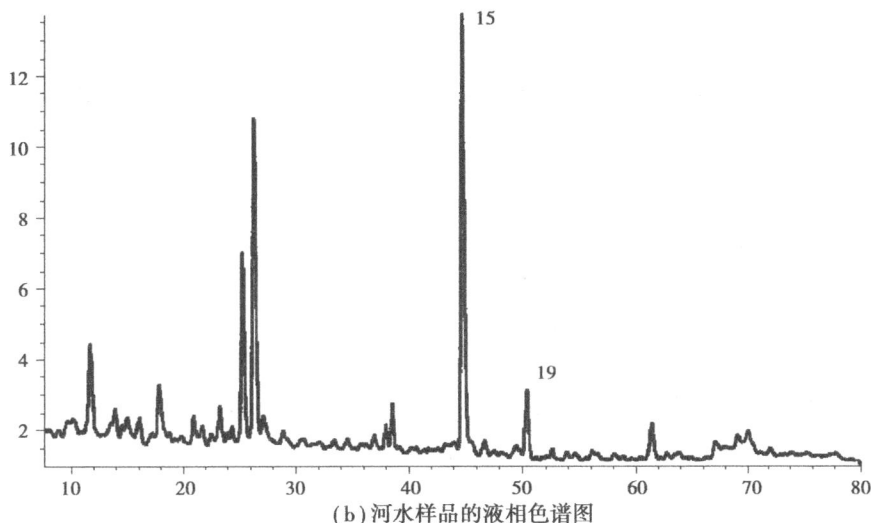

(b)河水样品的液相色谱图

图 4.6　某实验室农残分析的液相色谱图

1—去异丙基莠去津;2—灭它通;3—非草隆;4—氯草敏;5—去乙基莠去津;

6—甲氧隆;7—卡草胺;8—除草定;9—六嗪;10—西玛津;11—草克净;

12—去乙基特丁津;13—特安灵;14—唑隆;15—绿麦隆;16—莠去津;

17—单利农伦;18—敌草隆;19—异丙隆;20—秀谷隆;21—吡草胺;22—播土隆;

23—丙唑嗪;24—恶唑隆;25—特丁津;26—利农伦;27—氯溴隆;28—枯草隆

基础理论4.2　色谱法基本原理

○ 资　源　链　接 ○

色谱法基本原理

　　色谱分析的目的是实现组分分离,两峰间的距离必须足够远,而两峰间的距离是由组分在两相之间的分配系数决定的,即热力学性质;另一方面,即使两峰距离足够远了,但是如果每个峰都很宽,并且彼此相互重叠,这样还是不能分开。峰的宽窄与组分在色谱柱中的传质和扩散行为有关,即动力学性质。

(1)色谱法基本原理

1)分配系数 K

　　分配系数是指在一定温度和压力下,组分在固定相和流动相之间分配达平衡时的浓度之比值,即

$$K = \frac{c_s}{c_m} \tag{4.8}$$

式中,c_s 为被测组分在固定相中的浓度;c_m 为被测组分在流动相中的浓度;K 为热力学常数,仅与固定相和温度有关,与两相体积、柱管特性和仪器无关。

2)分配比 k

分配比又称容量因子,指在一定温度和压力下,组分在两相间分配达平衡时,分配在固定相和流动相中的物质的量比,即

$$k = \frac{m_s}{m_m} = \frac{n_s}{n_m} = \frac{c_s V_s}{c_m V_m} = K \frac{V_s}{V_m} = \frac{K}{\beta} \tag{4.9}$$

式中,n_s 为组分在固定相中的物质的量;n_m 为组分在流动相中的物质的量;m_s 为被测组分在固定相中的质量;m_m 为被测组分在流动相中的质量;V_s 为色谱柱中固定相的体积;V_m 为色谱柱中流动相的体积;β 为相比率。

k 随 K 和 β 的变化而变化,K 值越大,说明组分在固定相中的量越多,相当于柱容量越大。它是表征色谱柱对被测组分保留能力的主要参数,不仅随柱温、柱压变化而变化,而且还与流动相与固定相的体积有关。

k 可直接从色谱图测得,对组分和流动相通过长度为 L 的色谱柱,其所需时间 t_R 和 t_0 分别为

$$t_R = \frac{L}{u_s} \quad t_0 = \frac{L}{u} \tag{4.10}$$

式中,u_s 为组分在柱内线速度;u 为流动相在柱内线速度。

经过公式推导,有

$$k = \frac{t_R - t_0}{t_0} = \frac{t'_R}{t_0} = \frac{V'_R}{V_0} \tag{4.11}$$

分配系数 K 与分配比 k 的关系

$$K = k \frac{V_m}{V_s} = k\beta \tag{4.12}$$

式中,V_m 为色谱柱中固定相的体积;V_s 为色谱柱中流动相的体积;β 为相比率,是反映各种色谱柱柱型特点的一个参数。例如,对填充柱,其 β 值一般为 6~34;对毛细管柱,其 β 值为 60~600。

3)选择因子 α

$$\alpha = \frac{t'_{R(B)}}{t'_{R(A)}} = \frac{k(B)}{k(A)} = \frac{K(B)}{K(A)} \tag{4.13}$$

如果两组分的 K 或者 k 值相等,则 $\alpha = 1$,两个组分的色谱峰重合分不开,K 或 k 值相差越大,则分离得越好。

(2)色谱分析的基本理论

1)塔板理论

如果把色谱柱比作一个精馏塔,沿用精馏塔中塔板的概念来描述组分在两相间的分配行

为,同时引入理论塔板数作为衡量柱效率的指标,即色谱柱是由一系列连续的、相等的水平塔板组成。塔板理论示意图如图4.7所示。每一块塔板的高度用 H 表示,称为塔板高度,简称板高。

①理论假定。

a. 在柱内一小段长度 H 内,组分可以在两相间迅速达到平衡。这一小段柱长称为理论塔板高度 H。

b. 以气相色谱为例,载气进入色谱柱不是连续进行的,而是脉动式,每次进气为一个塔板体积 ΔV_m。

c. 所有组分开始时存在于第 0 号塔板上,而且试样沿轴(纵)向扩散可忽略。

d. 分配系数在所有塔板上是常数,与组分在某一塔板上的量无关。

可以简单地认为:在每一块塔板上,溶质在两相间很快达到分配平衡,然后随着流动相按一个一个塔板的方式向前移动。对于一根长为 L 的色谱柱,溶质平衡的次数应为

$$n = \frac{L}{H} \tag{4.14}$$

式中,n 为理论塔板数。与精馏塔一样,色谱柱的柱效随理论塔板数 n 的增加而增加,随板高 H 的增大而减小。

②结果。

第一,当溶质在柱中的平衡次数,即理论塔板数 n 大于 40 时,可得到基本对称的峰形曲线。在色谱柱中,n 值一般很大,如气相色谱柱的 n 为 103 ~ 106,这时的流出曲线可趋近于正态分布曲线,如图4.8所示。

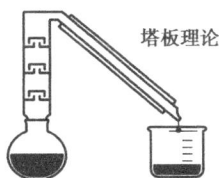

图 4.7　塔板理论示意图($n=3$)

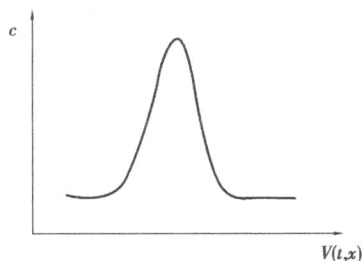

图 4.8　组分从色谱柱中的流出曲线图

将正态分布方程用于色谱流出曲线方程的数学表达式,也称塔板理论方程

$$c = \frac{\sqrt{n}\,m}{\sqrt{2\pi}\,V_R} e^{-\frac{n(V-V_R)^2}{2V_R^2}} \tag{4.15}$$

式中,c 为不同流出体积时的组分浓度;m 为进样量;V_R 为保留体积;n 为塔板数;V 为流出体积。

第二,样品进入色谱柱后,只要各组分在两相间的分配系数有微小差异,经过反复多次的分配平衡后,仍可获得良好的分离。

第三,n 与半峰宽及峰底宽的关系式为

$$n = 5.54 \times \left(\frac{t_R}{W_{1/2}}\right)^2 = 16 \times \left(\frac{t_R}{W}\right)^2 \tag{4.16}$$

式中,t_R 与 $W_{1/2}$、W_b 应采用同一单位(时间或距离)。

从式(4.16)可以看出,在 t_R 一定时,如果色谱峰很窄,则说明 n 越大,H 越小,柱效能越高。

在实际工作中,由式(4.8)和式(4.9)计算出来的 n 和 H 值有时并不能充分地反映色谱柱的分离效能,因为采用 t_R 计算时,没有扣除死时间 t_0,所以常用有效塔板数 $n_{有效}$ 表示柱效

$$n_{有效} = 5.54 \times \left(\frac{t'_R}{W_{1/2}} \right)^2 = 16 \left(\frac{t'_R}{W} \right)^2 \tag{4.17}$$

有效板高

$$H_{有效} = \frac{L}{n_{有效}} \tag{4.18}$$

塔板理论用热力学观点描述了组分在色谱柱中的分配平衡和分离过程,得到流出曲线的数学模型,提出了柱效的评价参数。但由于它的某些基本假设并不完全符合实际发生的分离过程,如没有考虑各种动力学因素的影响,限制了它的应用。

2)速率理论

在吸收了塔板理论中板高的概念,并充分考虑了组分的扩散和传质,发展了速率理论。范德姆特方程的数学简化式为

$$H = A + \frac{B}{u} + Cu \tag{4.19}$$

式中,u 为流动相的线速度;A、B、C 为常数,分别代表涡流扩散项系数、分子扩散项系数、传质阻力项系数。

①涡流扩散项 A。

$$A = 2\lambda d_P \tag{4.20}$$

式中,λ 为填充不规则因子;d_P 为填充物颗粒的平均直径。

在色谱柱中,当组分随流动相向柱出口迁移时,流动相由于受到固定相颗粒障碍,不断改变流动方向,形成类似涡流的流动,如图4.9所示。

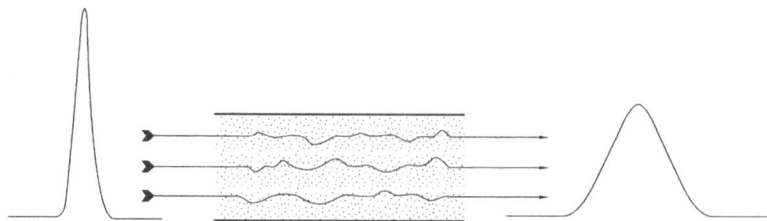

图 4.9 色谱柱中的涡流扩散示意图

涡流扩散项的影响因素:填充物颗粒的大小、分布以及填充均匀的程度;它与载气性质、线速度和组分无关。减小涡流扩散提高柱效的有效途径:使用适当小的颗粒,且颗粒均匀的填充物,并尽量填充均匀。对于空心毛细管柱,$A=0$。

②分子扩散项 B/u。

$$B = 2\gamma D_g \tag{4.21}$$

式中,γ 为弯曲因子;D_g 为组分在气相中的扩散系数,cm^2/s。

γ 与填充物有关:对于填充柱,$\gamma=0.3\sim0.7$;对于毛细管柱,$\gamma=1.0$。D_g 与组分的性质、载气的性质、柱温和柱压等因素有关。对于液相色谱,分子扩散项可以忽略。色谱柱中的分子扩散示意图如图 4.10 所示。

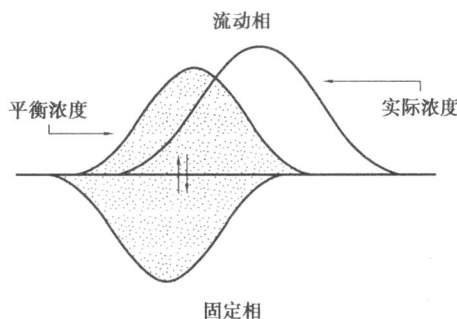

③传质阻力项 Cu。

物质因浓度不均匀而发生的迁移过程称为传质。影响此迁移过程速度的阻力称为传质阻力。气相传质过程和液相传质过程示意图如图 4.11 所示。对于气液色谱,传质阻力系数 $C=$ 气相传质阻力系数 C_g+液相传质阻力系数 C_l。

一般来说,采用粒度小的填充物和相对分子量小的气体作载气,可使 C_g 减小,提高柱效。

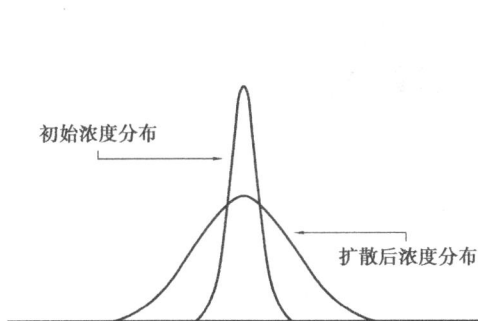

图 4.10　色谱柱中的分子扩散示意图　　图 4.11　气相传质过程和液相传质过程示意图

3)分离度 R

为判断相邻两组分在色谱柱中的分离情况,可用分离度 R 作为色谱柱的分离效能指标。其定义为相邻两组分色谱峰保留值之差与两组分色谱峰峰底宽总和的一半的比值,用 R 表示,即

$$R=\frac{t_{R_2}-t_{R_1}}{\frac{1}{2}(Y_1+Y_2)}=\frac{2(t_{R_2}-t_{R_1})}{Y_1+Y_2} \tag{4.22}$$

分离度受柱效、选择因子和容量因子三个参数的控制。R 越大,表明相邻两组分分离越好。一般来说,当 $R<1$ 时,两峰有部分重叠;当 $R=1$ 时,分离度可达 98%;当 $R=1.5$ 时,分离度可达 99.7%,通常 $R=1.5$ 作为相邻两组分完全分离的标志。图 4.12 表示了不同分离度时色谱法的分离程度。

4)基本色谱分离方程式

$$R=\frac{\sqrt{n}}{4}\left(\frac{\alpha-1}{\alpha}\right)\left(\frac{k}{1+k}\right) \tag{4.23}$$

在实际应用中,往往用 n_{eff} 代替 n,于是有以下公式

$$R=\frac{\sqrt{n_{eff}}}{4}\left(\frac{\alpha-1}{\alpha}\right) \tag{4.24}$$

①分离度与柱效的关系。

$$\left(\frac{R_1}{R_2}\right)^2=\frac{n_1}{n_2}=\frac{L_1}{L_2}=\frac{t_{R_1}}{t_{R_2}} \tag{4.25}$$

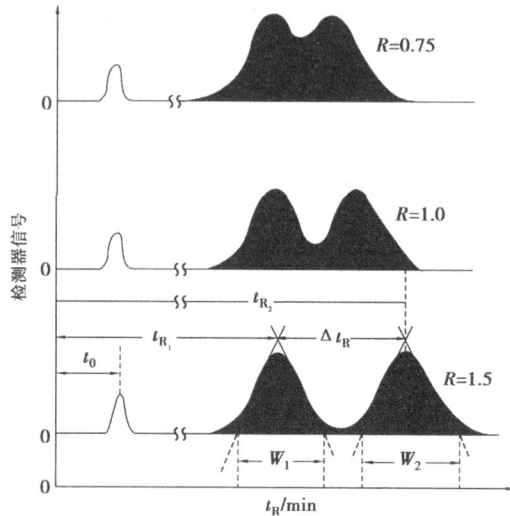

图 4.12 不同分离度下色谱峰示意图

②分离度与选择因子的关系。

研究表明,选择因子的微小变化,都能引起分离度的显著变化。一般通过改变固定相和流动相性质和组成或降低柱温,可有效增大选择因子。

③分离度与分析时间的关系。

$$t_R = \frac{16R^2 H}{u}\left(\frac{\alpha}{\alpha-1}\right)^2 \frac{(1+k)^3}{k^2} \qquad (4.26)$$

基本色谱分离方程式是非常有用的公式,它将柱效、选择因子、分离度三者的关系联系起来,知道其中两个就可以计算出第三个,下面我们来看看它的应用。

【例 4.2】 在 30 cm 毛细管气相色谱柱上分离 A、B 两个化合物,A 与 B 的保留时间分别为 16.40 min 和 17.63 min,峰底宽分别为 1.11 min 和 1.21 min,不保留物 1.30 min 流出色谱柱。计算:(1)A、B 两峰的分离度;(2)平均理论塔板数和理论塔板高度;(3)分离度达到 1.5 所需要的柱长;(4)在柱上达到完全分离时,B 的出峰时间。

解 (1)$R = \dfrac{2(t_{R_B} - t_{R_A})}{Y_1 + Y_2} = \dfrac{2\times(17.63-16.40)}{1.11+1.21} = 1.06$

(2)根据 $n = 16\left(\dfrac{t_R}{Y}\right)^2$,$H = L/n$ 这两个公式,计算如下:

$$n_A = 16\times\left(\frac{16.40}{1.11}\right)^2 = 3\ 492$$

$$n_B = 16\times\left(\frac{17.63}{1.21}\right)^2 = 3\ 396$$

$$\bar{n} = \frac{n_A + n_B}{2} = 3\ 444$$

$$H_A = \frac{L}{n_A} = \frac{300}{3\ 492} = 0.085\ 9\,(\text{mm})$$

$$H_B = \frac{L}{n_B} = \frac{300}{3\ 396} = 0.088\ 3\,(\text{mm})$$

(3) $L_2 = L_1\left(\dfrac{R_2}{R_1}\right)^2 = 0.30 \times \left(\dfrac{1.5}{1.06}\right)^2 = 0.60(\text{m}) = 60(\text{cm})$

(4) $t_{R_2} = \dfrac{L_2}{L_1} \times t_{R_1} = \dfrac{0.60}{0.30} \times 17.63 = 35.26(\text{min})$

基础理论4.3　气相色谱仪的结构与原理

气相色谱法是以气体为流动相的一种色谱法,气相色谱就是根据组分与固定相、流动相的作用力不同而实现分离。根据固定相状态不同,分为气固色谱和气液色谱。前者是用多孔性固体为固定相,多用于分离分析永久性的气体;后者是用高沸点的有机物涂渍在惰性载体上,选择性好,应用广泛。

(1)气相色谱仪的工作过程

气相色谱仪的一般流程如图4.13所示,载气由高压气瓶供给,经减压阀降压后,由气体调节阀调节到所需流速,经净化干燥管净化后得到稳定流量的载气;载气流经气化室,将气化的样品带入色谱柱中进行分离;分离后的各组分先后流入检测器;检测器将按物质的浓度或质量的变化转变为一定的电信号,经放大后在记录仪上记录下来,得到色谱流出曲线图。

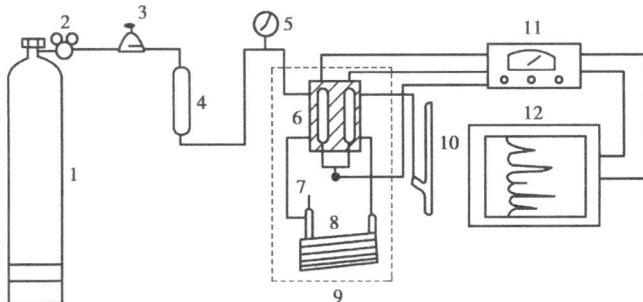

图4.13　气相色谱仪流程示意图

1—高压气瓶(载气源);2—减压阀;3—气流调节阀;4—净化干燥管;4—压力表;6—热导池;
7—进样口;8—色谱柱;9—恒温箱;10—皂膜流量计;11—测量电桥;12—记录仪

(2)气相色谱仪的主要构造

气相色谱仪主要由气路系统、进样系统、分离系统、温度控制系统以及检测记录系统五大系统组成。

1)气路系统

气路系统是一个载气连续运行的密闭管路系统,主要包括气体钢瓶、减压阀、净化干燥管、流量计等。常用的载气有氮气和氢气,也有用氦气和氩气。对气路系统的基本要求是:气密性好,载气纯净,流速稳定,流量测量准确。不同内径的毛细管气相色谱柱最佳载气流量不同,在气相色谱方法建立和优化时要特别注意,详见表4.4。

表4.4　常见毛细管气相色谱柱的最佳载气流量

载气	毛细管内径/μm					
	250		320		530	
	mL/min	cm/s	mL/min	cm/s	mL/min	cm/s
He	1.3	45	1.7	35	2.8	21
H_2	1.6	55	2.1	43	3.4	26
N_2	0.4	14	0.5	11	0.9	7

载气的纯度要求是99.999%,需要经过装有活性炭或分子筛的净化器[图4.2(a)],以除去载气中的水、氧气等不利杂质。如果净化器上带有指示功能,使用时要根据指示剂变色情况及时更换净化器,如果没有指示功能,一般建议使用三瓶气体就要更换新的净化器。载气类型由检测器决定,详见表4.5。

表4.5　常见检测器的气体供应

检测器	FID	ECD	FPD	NPD	TSD
载气	He、N_2、H_2	N_2、CH_4、Ar	N_2、He、H_2	He、N_2	He、N_2、H_2、Ar
燃烧气	H_2、Air	—	H_2、Air	H_2、Air	—

2)进样系统

进样系统就是把样品定量加到色谱柱头上,以便使样品气化并被流动相带入色谱柱中进行分离。进样系统包括进样器、进样口和气化室。

①进样器。

液体样品通常用微量注射器进样,常用规格为 1 μL、5 μL、10 μL、40 μL、100 μL 等,如图4.14 所示。

气体样品通常用六通阀进样,六通阀通过气体定量管(通常为 0.5 mL、1 mL、3 mL、5 mL)由流动相把样品带入色谱柱。

六通进样阀的原理如图4.15所示。六通阀进样器的工作原理可分为两步,分别是进样和分析。使用六通阀进样器进行进样操作,这时候1—2—5—6 连通,泵将流动相溶液从 3 号压入,使之在色谱仪系统中形成稳定的流路;用进样针取适量样品溶液,样品经微量进样针从 1 号孔注射进定量环,定量环充满后,多余样品从 6 号孔放空排出,进样即完成。样品进入定量环后,六通阀进入分析步骤的操作。将手柄转动,使阀与样品流路接通,即2—3—5—4 连通,由泵输送的流动相冲洗定量环,推动样品进入色谱柱中进行分离检测分析。

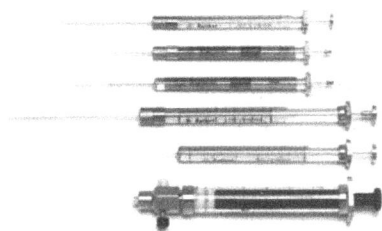

图 4.14　注射器

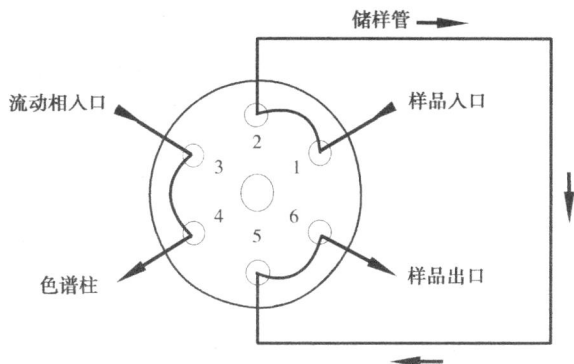

图 4.15　六通阀进样示意图

如上所述,进样体积是由定量环的体积严格控制的,所以进样准确,重现性好,适于做定量分析。更换不同体积的定量环,可调整进样量,以适合不同的测试要求。

②汽化室。

汽化室的作用是将样品瞬间汽化,实际上相当于一个加热器。汽化室的要求是死体积小、热容量大、对样品无催化作用。汽化室示意图如图 4.16 所示。

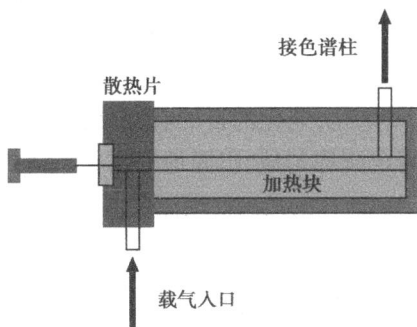

图 4.16　汽化室示意图

进样口须用硅橡胶垫密封,使用一段时间后需更换。进样口温度的选择:一般在样品沸点附近,比柱温高约 $10 \sim 15$ ℃;对沸点范围较高的样品,选在高于平均沸点处,比柱温高约 $10 \sim 15$ ℃。进样口有两种:直接进样,只用于大口径柱,将注射器中的样品全部送入色谱柱中,允许缓慢注入较大体积的稀释样品,用相对低的进样口温度;分流/不分流进样,适用于内径 $0.1 \sim 0.53$ mm 的柱,可选用分流(一部分样品进入色谱柱中,可能会有进样歧视现象,对宽沸程样品易产生非线性分流,使样品失真;不适于高纯度物质和痕量组分的分析)和不分流(类似于直接进样,样品中绝大部分进入色谱柱中)。

③分流进样规则。

进样口温度比样品中最高沸点的温度至少高 20 ℃,以得到好的重现性;针头不用预热,快速进样,并迅速拔出针头;若程序升温,柱温箱的温度应高于溶剂的沸点,进样后应快速升温;确保隔垫吹扫打开,流量设定为 $1 \sim 5$ mL/min。

④不分流进样规则。

不分流模式下,所有进样口的流量经过色谱柱和隔垫吹扫;进样口温度设置为沸点最高物质的沸点上;在进样口预热针头 0.05 min,以 1.0 μL/s 的速度进样,让注射器停在进样口几秒以确保样品完全汽化;开始时,柱温温度设定为比溶剂沸点低 20 ℃,保持 1 min,然后以 30 ℃/min 的速度升到比溶剂沸点高 40~60 ℃ 的温度,再据样品需要程序升温;进样时间为 0.3~1.0 min 后,打开分流,排气量至少应为 50 mL/min;确保隔垫吹扫打开,流量设定为 1~5 mL/min。

汽化室是将液体样品瞬间汽化为气体的装置。汽化室的要求是热容量要大,温度要足够高,且无催化作用,这样才能保证样品瞬间汽化,且不分解,能够迅速进入柱头。

3)分离系统

分离系统由柱箱、色谱柱组成。柱箱相当于一个精密的恒温箱,柱箱的要求是保温性能好,控制精度高(±0.1 ℃)。色谱柱是色谱仪的核心部件,用于分离样品。

色谱柱主要有填充柱和毛细管柱两类。

填充柱一般内径为 2~6 mm,长 1~3 m,柱内均匀紧密地填充固定相颗粒。柱材一般为玻璃或不锈钢材质,形状有 U 形和螺旋形两种。如图 4.2(e)所示。

毛细管柱又叫空心柱,分为涂壁、多孔层和涂载体空心柱。如图 4.2(f)所示,涂壁空心柱是将固定液均匀地涂在内径 0.1~0.4 mm 的毛细管内壁而成,毛细管材料可以是不锈钢、玻璃或石英。毛细管柱渗透性好,传质阻力小,而柱子可以做到长几十米,通常圈为靶形。与填充柱相比,其分离效率高(理论塔板数可达 10^6)、分析速度快、样品用量小,但柱容量低,要求检测器的灵敏度高,并且制备较难。

初次使用的气相色谱柱需要老化,老化的目的有两个,一是彻底除去填充物中的残余溶剂和某些挥发性杂质,二是促进固定液均匀地、牢固地分布在单体的表面上。老化温度要高于分析时最高柱温 3~10 ℃,并低于色谱柱的最高使用温度,老化时,色谱柱要与检测器断开。

4)温度控制系统

在气相色谱测定中,温度是重要的指标,它直接影响色谱柱的选择分离、检测器的灵敏度和稳定性。温度控制系统主要指对柱温箱(也有写作炉温、柱温)、汽化室(通常是进样口温度)和检测器三处的温度控制。

色谱柱的温度控制方式有恒温和程序升温两种。对于沸点范围很宽的混合物,往往采用程序升温法进行分析。程序升温指在一个分析周期内柱温随时间由低温向高温作线性或非线性变化,以达到用最短时间获得最佳分离的目的。

5)检测记录系统

样品经色谱柱分离后,各成分按保留时间不同,顺序地随载气进入检测器,检测器把进入的组分按时间及其浓度或质量的变化转化成易于测量的电信号,经过必要的放大传递给记录仪或计算机,最后得到该混合样品的色谱流出曲线及定性和定量信息。检测记录系统要求灵敏度高、线性范围宽、响应速度快、结构简单、通用性强。

(3)常用的气相色谱检测器

目前检测器的种类多达数十种。根据检测原理的不同,可将其分为浓度型检测器和质量型检测器两种。

浓度型检测器测量的是载气中某组分浓度瞬间的变化,即检测器的响应值和组分的浓度成正比,如热导检测器(TCD)和电子捕获检测器(ECD)。

质量型检测器测量的是载气中某组分进入检测器的速度变化,即检测器的响应值和单位时间内进入检测器某组分的量成正比,如氢火焰离子化检测器(FID)和火焰光度检测器(FPD)、氮磷检测器(NPD)等。

1)热导检测器

热导检测器是根据不同的物质具有不同的热导系数原理制成的。热导检测器由于结构简单,性能稳定,几乎对所有物质都有响应,通用性好,而且线性范围宽,价格便宜,因此是应用最广、最成熟的一种检测器。其主要缺点是灵敏度较低。

①热导检测器的结构和工作原理。

热导池由池体和热敏元件构成,可分双臂和四臂热导池两种。由于四臂热导池热丝的阻值比双臂热导池增加一倍,故灵敏度也提高一倍。目前仪器中都采用四根金属丝组成的四臂热导池。其中两臂为参比臂,另两臂为测量臂,将参比臂和测量臂接入惠斯通电桥,由恒定的电流加热组成热导池测量线路,如图 4.17 所示。

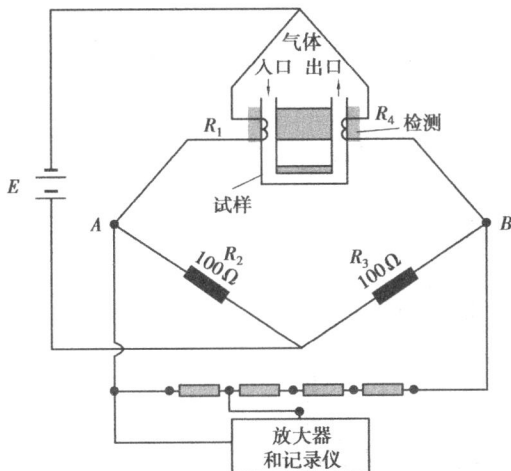

图 4.17　四臂热导池测量线路

其工作原理是:热导池中的热敏元件是两根长短、粗细和电阻值完全相同的金属丝,当电流通过时,电阻丝被加热到一定的温度,两根电阻丝的电阻值增加到一定值,只有载气通过测量池和参比池时,载气均匀地充满整个池体,载气将池体热量带走并且两池被带走的热量相同,两电阻丝的电阻值发生等量变化,二者之间没有电位差,也就没有信号产生。当样品进入测量池时,由于被测组分的热导率与载气不同,测量池和参比池中被带走的热量值之间有了差别,从而两电阻丝之间出现电阻差,即两电阻丝之间出现电位差,于是就有了信号输出。检测器信号高低取决于样品的浓度,是浓度型检测器。

②影响热导检测器灵敏度的因素。

a.桥电流。电流增加,使电阻丝温度升高,电阻丝和热导池体的温差加大,气体容易将热量传出去,灵敏度提高。因此,增大电流有利于提高灵敏度,但电流太大会影响钨丝寿命。一般桥电流控制在 100～200 mA。

b.池体温度。池体温度降低,可使池体和钨丝温差加大,有利于提高灵敏度。但池体温度过低,被测试样会冷凝在检测器中,池体温度一般不应低于柱温。

c. 载气种类。载气与试样的热导系数相差越大,则灵敏度越高,故选择热导系数大的氢气或氦气作载气有利于提高灵敏度。如用氮气作载气时,有些试样(如甲烷)的热导系数比它大就会出现倒峰。另外,要求选用99.99%的高纯度载气,载气流速和流量稳定。

d. 热敏元件的阻值。阻值高、温度系数较大的热敏元件,灵敏度高。钨丝是一种广泛应用的热敏元件,它的阻值随温度升高而增大,为防止钨丝气化,可在表面镀金或镍。

2) 氢火焰离子化检测器

①氢火焰离子化检测器的工作原理。

氢火焰离子化检测器是以氢气和空气燃烧的火焰作为能源,利用含碳有机物在火焰中燃烧产生离子,在外加的电场作用下,使离子形成离子流,根据离子流产生的微电流信号强度,检测被色谱柱分离出的组分。如图4.18所示,微电流信号大小与某一瞬间样品的质量大小有关,与载气无关,是质量型检测器。它的特点是:灵敏度很高,比热导检测器的灵敏度高约 10^3 倍;检出限低,可达 10^{-12} g;检测大多数含碳有机化合物;死体积小,响应速度快,线性范围也宽,可达 10^6 以上;而且结构不复杂,操作简单,是目前应用最广泛的色谱检测器之一。其主要缺点是:不能检测永久性气体、水、一氧化碳、二氧化碳、氮的氧化物、硫化氢等物质。

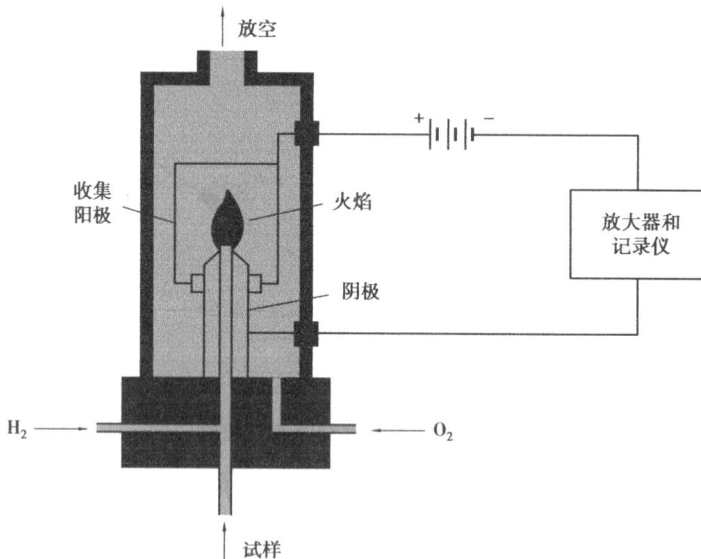

图4.18　氢火焰离子化检测器示意图

②影响氢火焰离子化检测器灵敏度的因素。

a. 载气。载气一般选择 N_2 或 Ar,且纯度要求在99%以上。当 $N_2 : H_2 = 1 : 1$ 时,灵敏度最高;当 $N_2 : H_2 = 1 : 1.4$ 时,检测器的线性范围最宽,因此通常选择 $N_2 : H_2 = 1 : 1 \sim 1 : 1.4$。空气与氢气的气流量比在 $10 : 1 \sim 24 : 1$。

b. 极化电压。氢火焰中产生的离子只有在电场作用下才能向两极定向移动,产生电流,因此极化电压的大小直接影响检测器的响应值。一般选择极化电压在 $140 \sim 300$ V。

c. 检测器温度。检测器温度对实验无影响,但是要求温度在100 ℃以上以保证燃烧生成的水蒸气不冷凝。

3) 电子捕获检测器

电子捕获检测器也称电子俘获检测器,它是一种选择性很强的检测器,对具有电负性物质(如含卤素、硫、磷、氰等的物质)的检测有很高灵敏度(检出限约 $10^{-12} \sim 10^{-14}$ g)。它是目前分析痕量电负性有机物最有效的检测器。

电子捕获检测器已广泛应用于农药残留量、大气及水质污染分析,以及生物化学、医学、药物学和环境监测等领域中。它的缺点是线性范围窄,只有 10^4 左右,且响应易受操作条件的影响,重现性较差。

①电子捕获检测器的结构和工作原理。

电子捕获检测器实际上是一种放射性离子化检测器,与氢火焰离子化检测器相似,也需要一个能源和一个电场。能源多数用 ^{63}Ni 或 ^{3}H 放射源,其结构如图 4.19 所示。

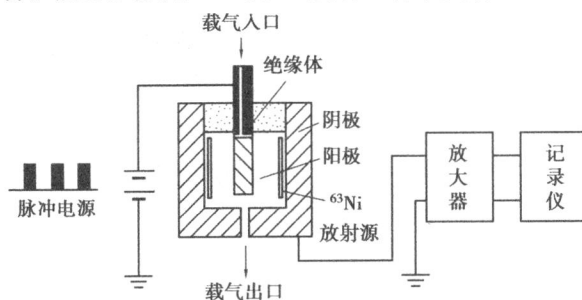

图 4.19　电子捕获检测器示意图

检测器内腔有两个电极和筒状的 β 放射源。β 放射源贴在阴极壁上,以不锈钢棒作正极,在两极施加直流或脉冲电压。放射源的 β 射线将载气(N_2 或 Ar)电离,产生次级电子和阳离子,在电场作用下,电子向正极移动,形成恒定基流。当载气带有电负性溶质进入检测器时,电负性溶质就能捕获这些低能量的自由电子,形成稳定的阴离子,阴离子再与载气阳离子复合成中性化合物,使基流降低而产生负信号——倒峰,其信号大小与样品和载气的比例有关,是浓度型检测器。捕获机理可用以下反应式表示:

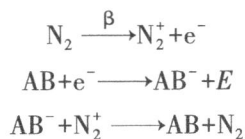

$$N_2 \xrightarrow{\beta} N_2^+ + e^-$$
$$AB + e^- \longrightarrow AB^- + E$$
$$AB^- + N_2^+ \longrightarrow AB + N_2$$

②影响电子捕获检测器灵敏度的因素。

a. 载气。载气一般选择 N_2 或 Ar,要求彻底去除 O_2、水蒸气等电负性强的气体,并且载气的浓度应在 99.99% 以上,N_2 流速在 100 mL/min 时,基流最大。

b. 极化电压。极化电压越大,基流越大。

c. 检测器温度。检测器温度不能太高,不能超过放射源的承受温度,放射源发生变化时,温度应相应地进行调整。

d. 对固定相的要求。要求固定相流失小,电负性小,否则会增加检测器的背景值。

4) 火焰光度检测器

火焰光度检测器,又称硫、磷检测器,它是一种对含磷、硫有机化合物具有高选择性和高灵敏度的质量型检测器,检出限可达 10^{-12} g/s(对 P)或 10^{-11} g/s(对 S)。火焰光度检测器结构示意图如图4.20所示。火焰光度检测器可用于大气中痕量硫化物以及农副产品、水中的毫微克级有机磷和有机硫农药残留量的测定。

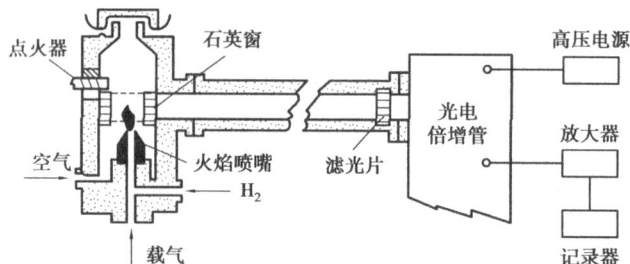

图4.20　火焰光度检测器示意图

①火焰光度检测器的工作原理。

根据硫和磷化合物在富氢火焰中燃烧时,生成化学发光物质,并能发射出特征波长的光,记录这些特征光谱,就能检测硫和磷。以硫为例,火焰光度检测器中发生如下反应

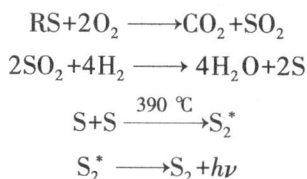

$$RS+2O_2 \longrightarrow CO_2+SO_2$$

$$2SO_2+4H_2 \longrightarrow 4H_2O+2S$$

$$S+S \xrightarrow{390\ ℃} S_2^*$$

$$S_2^* \longrightarrow S_2+h\nu$$

当激发态 S_2^* 分子返回基态时发射出 λ_{max} 为394 nm 的特征光谱。对含磷化合物燃烧时生成磷的氧化物,然后在富氢火焰中被氢还原,形成化学发光的 HPO 碎片,并发射出 λ_{max} 为426 nm 的特征光谱。这些光由光电倍增管转换成信号,经放大后由记录仪记录。

②影响火焰光度检测器的因素。

a.载气。一般选择 H_2 或 He。载气流速越大,灵敏度越高,一般 H_2 流速为 160~180 mL/min,空气流速为 140~160 mL/min。

b.检测器温度。硫的响应值随温度的升高而降低;磷的响应值与温度无关,因此温度低一些好,但是必须高于水的沸点,一般在 120 ℃ 即可。

5)氮磷检测器

氮磷检测器的结构类似氢火焰离子化检测器,主要差别是氮磷检测器在喷嘴上方有铷珠,铷珠受热而逸出少量离子,铷珠上加有极化电压,与圆筒形收集极形成直流电场,逸出的少量离子在直流电场作用下定向移动,形成微小电流被收集极收集,即为基流。当含氮或磷的有机化合物从色谱柱流出,在铷珠的周围产生热离子化反应,使铷珠的电离度大大提高,产生的离子在直流电场作用下定向移动,形成的微小电流被收集极收集,再经微电流放大器将信号放大、记录。

6)检测器性能指标

①灵敏度:信号对进入检测器的组分量的变化率。

②检出限:检测器恰能产生两倍于噪声信号时的单位时间引入检测器的样品量。它与灵敏度成反比,与噪声成正比,是衡量检测器性能好坏的综合指标。

③最小检测量:产生两倍噪声峰高时,色谱仪所需的进样量。需要注意的是,最小检测量与检出限是两个不同的概念,检出限只用来衡量检测器的性能,而最小检测量不仅与检测器

的性能有关,还与色谱仪整个系统以及操作条件有关。

④线性范围:检测器呈线性时最大和最小进样量之比。

⑤响应时间:进入检测器的某一组分的输出信号达到其真值63%所需的时间。

一个好的检测器应具备以下性能指标:灵敏度高,检出限低,死体积小,响应迅速,线性范围宽,稳定性好。表 4.6 列出了常见检测器的性能指标。

表 4.6　常见检测器的性能指标

性能	热导池检测器	氢火焰离子化检测器	电子捕获检测器	火焰光度检测器	氮磷检测器
类型	浓度	质量	浓度	质量	质量
通用性	通用	通用	选择	选择	选择
检出限	0.2 mg/kg	<10 pg/s	<0.01 μg/kg	1 pg/s(对 P) 10 pg/s(对 S)	0.05 pg/s(对 P) 0.1 pg/s(对 N)
线性范围	10^5	10^7	10^4	$10^2 \sim 10^4$(对 P) 10^2(对 S)	10^3(对 P) 10^5(对 S)
适用范围	有机物和无机物	含碳有机物	电负性有机物(如含卤素、硫、磷、氰等的物质)	含硫磷化合物	含氮磷化合物

【例 4.3】　在气相色谱分析中,为了测定下面组分,宜选用哪种检测器?

①茶叶中六六六等有机氯农药的残留量。

②白酒中水的含量。

③汽油的烃类成分分析。

④啤酒中微量硫化物。

⑤蔬菜中甲胺磷等有机磷农药的残留量。

答　在气相色谱分析中,根据被测物的性质和检测器的特性进行选择,以下答案可供参考,在实际应用中不限于所给的参考答案。

①有机氯农药含有电负性基团,选用 ECD。

②水的测定,选用 TCD。

③烃类选用 FID。

④硫化物选用 FPD。

⑤有机磷农药首选 NPD,其次也可以选 FPD。

通过上面例子的学习,我们可以发现,检测器的选择没有色谱柱的选择复杂。根据仪器信息网的调查发现,FID 的应用最多,这与它的通用性以及价格适中有很大关系,而近年来 ECD、FPD、NPD 这些选择性检测器在医药、石化、环境、食品检测等领域得到了长足发展。特别需要指出的是,质谱仪(MSD)其实也是气相色谱仪的检测器之一,其原理是通过样品转化为运动的气态离子并按质荷比大小进行分离记录,它在有机物定性定量分析中占有极重的分量,是通用型检测器。由于其结构复杂,一般单独设立章节论述。而一般的实验室也将气相色谱仪和气相色谱质谱联用仪分开管理,因此,我们在本章不对质谱部分进行论述。

(4)气液色谱固定相

气液色谱固定相由载体(担体)和固定液构成。载体为固定液提供一个大的惰性表面,使它能在表面展成薄而均匀的液膜。

1)载体

对载体的要求:有足够大的表面积和良好的孔穴结构,使固定液与样品的接触面足够大,能均匀地形成一薄膜;化学惰性,不会吸附样品或与样品发生反应;热稳定性好;形状规则,粒度均匀,具有一定机械强度。

载体可分为硅藻土和非硅藻土两类。前者主要成分是二氧化硅和无机盐,分为红色载体和白色载体两种,红色载体适合分析非极性或弱极性化合物,白色载体适合分析各种极性化合物。后者主要是有机玻璃微球载体、高分子多孔微球等,常用于特殊分析,如氟载体用于极性样品和强腐蚀性物质 HF 的分析。

2)固定液

对固定液的要求:选择性好,良好的热稳定性和化学稳定性;对样品有适当的溶解能力,在操作温度下有较低的蒸气压,以免流失太快。

固定液的特性:主要指它的极性或选择性,可以采用相对极性和固定液特征常数来表示。目前常用的是相对极性,因此对它进行重点学习。该方法规定:非极性固定液角鲨烷的极性为0,强极性固定液β,β'-氧二丙腈的极性为100,通过测定各种固定液的相对极性,分为五级,相对极性在0、+1 为非极性固定液,+2 为弱极性固定液,+3 为中等极性,+4、+5 为强极性。表4.7 列出了一些常见固定液的相对极性数据。

表 4.7　常见固定液的相对极性

固定液	相对极性	级别	固定液	相对极性	级别
角鲨烷	0	0	XE-60	52	+3
阿皮松	4~8	+1	新戊二醇丁二酸聚酯	58	+3
SE-30、OV-1	13	+1	PEG-20M	68	+3
DC-550	20	+2	PEG-600	74	+4
己二酸二辛酯	21	+2	己二酸聚乙二醇酯	72	+4
邻苯二甲酸二壬酯	25	+2	己二酸二乙二醇酯	80	+4
邻苯二甲酸二辛酯	28	+2	双甘油	89	+5
聚苯醚 OS-124	45	+3	TCEP	98	+5
磷酸二甲酚酯	46	+3	β,β'-氧二丙腈	100	+5

固定液的选择:一般按"相似相溶"原则,应按实际情况而定。

①分离非极性物质。一般选用非极性固定液,各组分按沸点次序流出,沸点低的先流出,沸点高的后流出。

②分离极性物质。选用极性固定液,各组分按极性次序分离,极性小的先流出,极性大的

后流出。

③分离非极性和极性混合物。一般选用极性固定液,各组分中非极性的先流出,极性的后流出。

④分离能形成氢键的样品。选用极性固定液,各组分中不易形成氢键的先流出,易形成氢键的后流出。

⑤复杂的难分离物质。可用两种或两种以上的混合固定液。

3)常见的气相色谱柱

常见毛细管色谱柱及其应用范围见表4.8。

表4.8　常见毛细管色谱柱及其应用范围

毛细管柱型号	极性	对应国外牌号	应用范围
SE-30、OV-1、OV-101	非极性	DB-1、BP-1、HP-1、CPSIL5CB、SPB-1、RTX-1	碳氢化合物、芳香化合物、农药、酚类、除草剂、脂肪酸甲酯等
SE-52、SE-54	弱极性	DB-5、BP-5、HP-5、CPSIL8CB、SPB-5、RTX-5	碳氢化合物、芳香化合物、农药、除草剂、滥用药物等
OV-1701	中等极性	DB-1701、BP-10、HP-1701、CPSIL19CB、SPB-1701、RTX-1701	农药、除草剂、药物、环境样品等
OV-17	中等极性	DB-17、HP-50、CPSIL19CB、SPB-50、RTX-50	农药、除草剂、药物、环境样品等
OV-225	中等极性	DB-225、HP-225、RTX-225	脂肪酸甲酯、碳水化合物、中性固醇等
PEG-20M	极性	DB-WAX、HP-WAX、CARBOWAX20M、SUPELCOWAX10、CPWAX52CB	醇类、游离酸、脂肪酸甲酯、芳香化合物、溶剂、香精油等
FFAP	极性	DB-FFAP、HP-FFAP、NUKOL、SP-1000、CPWAX58CB	醇类、挥发性游离酸、脂肪酸甲酯、醛、丙烯酸酯、酮类等

选用毛细管气相色谱柱时,除了要考虑其填料型号,还要考虑柱长、内径和膜厚。

①常用的柱长为15 m、25 m、30 m。其中30 m最普遍,15 m用于快速筛分简单混合物或分子量极高的化合物,超长柱(50、60、105 m)用于非常复杂的样品。加倍柱长,恒温分析时间加倍但峰分辨率仅增加约40%。

②常用的内径为0.25 mm、0.32 mm。填充柱进样口可用大口径毛细柱,但不能用小口径柱;毛细柱进样口可用于所有内径范围。小口径柱因为流失小,可分离复杂的样品,但通常因柱容量低,需要分流进样。大口径柱由于样品容量较大,适合于气体、强挥发性样品、吹扫捕集或顶空进样。

③商品柱的膜厚。细口径以0.25、0.5、1.0、1.4 μm为多,大口径以0.3~1.0 μm为多,也有到2.0、3.0、5.0 μm。膜厚增加,保留时间加长,对分析易挥发低保留的化合物有利,但使用温度过高会造成固定液流失;分析高沸点化合物用薄液膜的柱子,可以在短时间里使用较高柱温分析较重的组分,固定液的流失少,使用寿命长。

【例4.4】　在气相色谱分析中,为了测定下面的组分,宜选用哪种气相色谱柱?

①茶叶中六六六等有机氯农药的残留量。

②废水中的苯、甲苯和二甲苯。

③汽油的烃类成分分析。

④环境空气中的甲烷。

⑤醉驾中的酒精含量分析。

⑥尿液样品中的克仑特罗和特布他林兴奋剂含量分析。

答　在气相色谱分析中,常用的有毛细管柱和填充柱两种,根据被测物的性质和柱填料进行选择,以下答案可供参考,在实际应用中不限于所给的参考答案。

①有机氯农药一般建议使用 DB-5、DB-17、DB-1701 柱。

②苯、甲苯和二甲苯一般建议使用 DB-WAX 柱,可以实现二甲苯异构体的分离,也可以使用 DB-1 和 DB-5,这时对二甲苯和间二甲苯是分不开的。

③汽油中的烃类属于挥发性有机物,一般建议使用 DB-624 柱。

④《固定污染源废弃 氯苯类化合物的测定 气相色谱法》(HJ 1079—2019)中给出的甲烷的分析柱为 GDX-103 填充柱。

⑤《血液酒精含量的检验方法》(GA/T 842—2019)中给出的血液中的酒精分析柱为 DB-ALC 毛细管柱、DB-ALC2 毛细管柱、PLOT-Q 毛细管柱、GDX-102 填充柱和 5% Carbowax-20M/Carbopack 填充柱。

⑥克仑特罗和特布他林这类兴奋剂药物多用 DB-1、DB-5 柱分离。

通过上面例子的学习,我们可以发现,一种好的分离分析方法是不拘泥于一种色谱分析柱的,有些组分既可以用填充柱,也可以用毛细管柱达到分离的效果。即便都选用毛细管柱,柱的填料不同,分离效果也会有差异。总的来说,对于大部分气相色谱方法来说,毛细管柱的应用比填充柱多,而毛细管柱中以 DB-5、DB-1 柱应用最多,而针对一些复杂的多组分化合物,随着色谱分析技术的不断发展,也逐渐产生了不少专用色谱柱,如烷基汞专用柱、多环芳烃专用柱和挥发性有机物专用柱,因此,与时俱进、不断学习显得尤为重要。

(5)气相色谱分析条件的选择

1)柱长的选择

增加柱长可以使理论塔板数增大,但同时也会使峰宽加大,分析时间延长,因此,填充柱的柱长要适当选择,一般情况下,柱长选择以使组分能完全分离,分离度达到期望为准。

2)载气及流速的选择

常用载气为 H_2、He 或 N_2、Ar,选择载气种类时,应充分考虑流速、传质阻力及检测器的类型等因素。流速越大,传质阻力越大,但扩散越小,因此存在一个最佳流速,使得有效塔板数最大。实际工作中,为了提高分析速度,常采用比最佳流速稍高的流速作为载气速度。

3)柱温的选择

柱温直接影响分离效能和分析速度。提高柱温可以使气相、液相传质速度加快,有利于降低塔板高度,改善柱效。但增加柱温的同时,又加剧纵向扩散,从而导致柱效下降。另外,为了改善分离,提高选择性,往往希望柱温较低,这又增加了分析时间。因此,选择柱温要兼顾几方面的因素。一般原则是:在使最难分离的组分有尽可能较好分离的前提下,采取适当低的柱温。具体操作条件的选择应根据实际情况而定。

另外,柱温的选择还应考虑固定液的使用温度,柱温不能高于固定液的最高使用温度,否则固定液挥发流失,对分离不利。

对宽沸程的多组分混合物,可采用程序升温法,即在分析过程中,按一定速度提高柱温,在程序开始时,柱温较低,低沸点的组分得到分离,中等沸点的组分移动很慢,高沸点的组分还停留在柱口附近。随着温度的升高,组分由低沸点到高沸点依次分离出来。

4)汽化温度的选择

液体样品进样后,首先经汽化室瞬间汽化再继续随流动相进入色谱柱实现分离,故汽化室温度应足够高,以试样能迅速汽化而又不致分解为宜。一般选择汽化温度要比柱温高 20 ~ 70 ℃。

实训项目 (4.1) 气相色谱分离方法的建立

▶项目描述

某色谱实验室的分析人员接到关于室内空气总挥发性有机物分析方法的开发任务。

▶能力目标

- 能够查找相关的国家标准、行业标准,甚至是国际标准。
- 能够读懂标准方法,并参照标准建立适合的气相色谱方法。
- 能够根据实际情况合理调整方法参数。

▶项目分析

查找总挥发性有机物的概念,以及相应的标准方法。挥发性有机化合物(VOCs)是指在标准大气压下,任何沸点低于或等于 250 ℃ 的有机物。总挥发性有机化合物(TVOC)即所有 VOCs 浓度算术和。《民用建筑工程室内环境污染控制标准》(GB 50325—2020)选用苯、甲苯、乙酸丁酯、十一烷、乙苯、对二甲苯、间二甲苯、邻二甲苯、苯乙烯 9 种有机物作为计量溯源依据,采用 Tenax-TA 吸附管或 2,6-对苯基二苯醚多孔聚合物-石墨化炭黑-X 复合吸附管采集一定体积的空气样品,利用热脱附-毛细管柱分离-FID 检测器予以定性定量分析。

▶项目实施

本次任务需要使用热脱附仪、带 FID 检测器的气相色谱仪,耗材方面主要是毛细管气相色谱柱(最好有 DB-1、DB-5 和 DB-WAX 等不同极性)。

色谱柱的选择:色谱柱的极性大小一定程度上决定了目标物的出峰顺序。一般来说,目标物在非极性色谱柱中按沸点高低顺序分离,在极性色谱柱中按极性大小分离。选取了 DB-1(非极性)、HP-5(弱极性)和 EC-WAX(极性)三种不同极性的毛细管色谱柱进行对比,谱图如

图 4.21 所示。

（a）DB-1　　　　　　　　　　　　　（b）HP-5

（c）EC-WAX

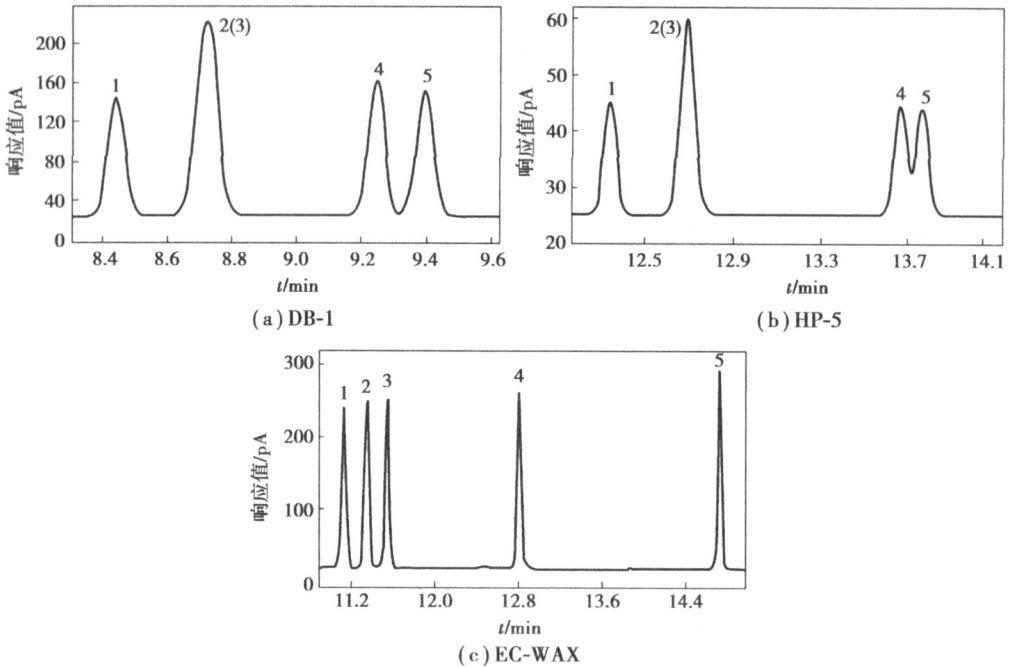

图 4.21　不同色谱柱的标准色谱图

1—乙苯；2—对二甲苯；3—间二甲苯；4—邻二甲苯；5—苯乙烯

结果表明，DB-1 不能分离对二甲苯、间二甲苯；HP-5 则存在对二甲苯、间二甲苯和邻二甲苯、苯乙烯两个难分离；在合适的升温程序和载气流速下，EC-WAX 毛细管色谱柱能实现对二甲苯、间二甲苯和邻二甲苯、苯乙烯的有效分离。因此，选择 EC-WAX。

参照《民用建筑工程室内环境污染控制标准》（GB 50325—2020），编辑程序升温方法。柱箱初始温度设定为 50 ℃（保持 8 min），以 10 ℃/min 的速率升到 120 ℃，9 个目标组分在 15 min 内实现基本分离，各物质的峰分离度均大于 1.0，如图 4.22 所示。

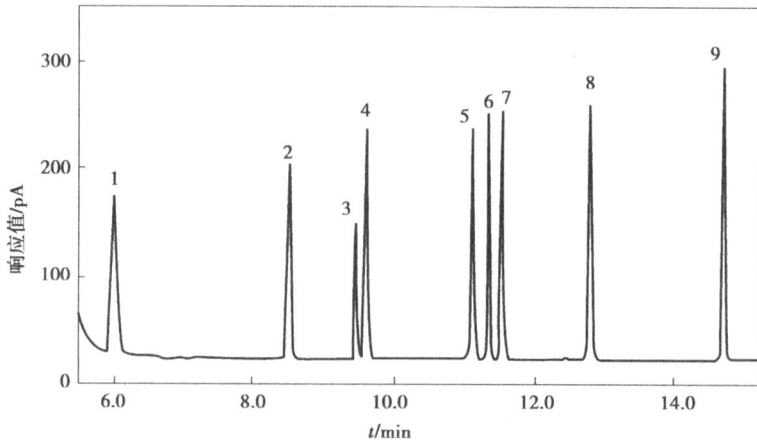

图 4.22　总挥发性有机化合物的标准色谱图

1—苯；2—甲苯；3—乙酸丁酯；4—十一烷；5—乙苯；6—对二甲苯；

7—间二甲苯；8—邻二甲苯；9—苯乙烯

实训项目 4.2 气相色谱仪的实验技术

○ 资源链接 ○

气相色谱仪的实验技术　　　　实验室气相色谱仪（GB/T 30431—2020）

▶项目描述

李明刚应聘了一家检测公司的分析工作,岗位为气相色谱仪操作员,公司要求其演示一下气相色谱仪的基本操作并回答关于方法的一些基本理论。操作机型为普析 G5 气相色谱仪。

▶能力目标

- 掌握普析 G5 气相色谱仪的操作方法。
- 熟悉普析 G5 气相色谱仪的结构。
- 了解其他气相色谱仪的测定过程。

▶项目分析

气相色谱法广泛应用于生物化学、食品分析、医药研究、环境分析、无机分析等领域。

气相色谱法分离分析样品的基本过程是:由高压钢瓶供给的流动相载气,经减压阀、净化器、稳压阀和流量计后,以稳定的压力和流速连续经过汽化室、色谱柱、检测器,最后放空。汽化室与进样口相接,它的作用是把从进样口注入的液体样品瞬间汽化为蒸气,以便随载气带入色谱柱中进行分离。分离后的样品随载气依次进入检测器,检测器将组分的浓度（或质量）变化转变为电信号。电信号经放大后,由记录仪记录下来,即得色谱图。

▶项目实施

一、仪器和试剂

1. 仪器

普析 G5 气相色谱仪;PEG-20M 毛细管柱;10 μL 微量进样针。

2. 试剂

丙酮溶液、甲苯等。

二、基本操作

1. 开气

打开载气(氮气)总阀,调节分压阀气压至气瓶室,打开载气(氮气)气路开关,调节压力至 0.4 MPa。

2. 开机

①开启主机电源开关,约经 1 min 色谱仪进行自检及初始化。

②打开计算机,打开气相色谱工作站,打开仪器控制,确认联机成功。

③在开机后检查仪器柱前压力,一般将柱前压调至 0.08 MPa,尾吹调 4.5 圈左右。

3. 仪器参数设置

(1)进样器参数设置

在仪器显示屏进样器界面按数字键"1"进入前进样器界面,前进样器界面显示的是与前进样器有关的参数,可按"上""下"键移动光标来选择项目,再按"编辑"键进入编辑状态,按数字键置入参数或按"右"键改变状态,之后按"确认",或在计算机上设置所需参数。

(2)柱箱温度设置

G5 微机温控最高限制温度为 400 ℃。柱箱的升温极限取决于色谱柱规定的最高使用温度,在仪器显示屏主菜单界面中按数字键"4"进入常规信息界面,一般温度显示、设定和控制都可在此界面完成。

(3)检测器参数设置

G5 气相色谱仪目前可选配五种检测器,即 FID、ECD、TCD、FPD 和 NPD,最多可同时安装三种检测器在仪器上。

在检测器界面中按数字键"1"可进入 FID1 检测器设定界面,用户可按"上""下"键移动光标来选择项目,再按"编辑"键进入编辑状态,按数字键置入参数或按"右"键改变状态。检测器的温度设定与控制开关方法如进样器的操作,详见"进样器参数设置"。

使用 FID 时,需打开氢气源和空气源。FID 点火:可按"上""下"键移动光标到该项目,再按"右"键改变状态。状态会由默认的"OFF"切换为"ON",此时 FID 的点火电极会点火发红,10 s 左右仪器会自动切断点火开关,状态由"ON"回到"OFF"。

4. 气相色谱工作站中参数设置

①在温度设置栏,设置柱箱温度、前进样口温度、前检测器温度,单击工具栏中的方法,选择下方方法到仪器。如果在仪器显示屏中已设置好上述参数,则需选择从仪器获取方法即可。

②选择方法中的保存方法,将"温度方法"保存到文件夹中。

③单击工作站中右上方的"仪器参数",待温度达到所设置的温度时,如果使用 FID 检测,需单击"温度设置"旁边的"检测器",单击"点火"。若使用 ECD 检测,则不需要"点火"。

④单击工具栏中的"运行",选择开始监控基线,待基线平稳后测试样品。

5. 样品分析

①在气相工作站"样品栏",右击选择"插入行",单击"方法文件"下方插入行中的"空格"选择之前保存的"温度方法",单击"储存路径"下方插入行中的"空格"选择文件夹。

②单击"start"。

③选择合适的进样器,抽吸几次待测液,待样品溶液充满进样器刻度后,进样(将进样器针头插入进样孔中,迅速按下后拔出)。点仪器显示屏上的"4"键,选择 A 或 B 通道信息中的触发即可。

④待工作站中谱图完全出现后,单击"stop",单击工具栏中的"文件",选择保存数据。

三、数据记录及处理

1. 谱图处理

①单击工作站首页中的"数据分析",即色谱数据处理界面。

②单击工具栏中的"打开"图标,打开需分析的谱图。

③单击工具栏中的"积分"图标,即到积分界面,在界面右侧选择"手动基线"对目标峰进行积分,若有杂峰,则选择"取消积分",取消杂峰积分。

2. 校正曲线

①标准溶液谱图处理后,单击工具栏中的"校正"图标,即校正界面。

②单击校正界面工具栏中的"添加所有峰"或"添加选中峰"图标,输入校正级别"1"及目标峰的浓度,单击"确定"。

③重复上述操作完成标准曲线的绘制。

④单击校正界面工具栏中的"方法"图标,单击"保存方法",即完成标准曲线的制作。

3. 样品测量

①打开需要分析的样品谱图,进行谱图处理。

②单击数据处理工具栏中的"定量"图标,在右下角定量方法中选择"外标法",打开"标曲方法",即完成样品定量。

四、注意事项

①测定时的环境温度宜保持在 20 ℃以上,并尽量使环境温度保持恒定。

②在分析过程中,保证不泄漏是关键,因而对真空瓶、注射器和气袋的密封性要作严格检查。

③标准气可用高纯氮气或除烃空气稀释配制,但对于同一个分析步骤中的标准系列,不能既用高纯氮气,又用除烃空气稀释配制。样品气一般都以空气为基体,故不宜再用高纯氮气进行稀释。

基础理论4.4　色谱定性分析和定量分析

○ 资 源 链 接 ○

色谱定性和定量分析方法

（1）色谱定性分析

色谱定性分析就是要确定各色谱峰所代表的化合物。由于各种物质在一定的色谱条件下均有确定的保留值,因此保留值可作为一种定性指标。目前各种色谱定性方法都是基于保留值的,但是不同物质在同一色谱条件下,可能具有相似或相同的保留值,即保留值并非专属的。因此,仅根据保留值对一个完全未知的样品定性是困难的,应该在了解样品的来源、性质、分析目的的基础上,对样品组成作初步的判断,再结合一定的方法确定色谱峰所代表的化合物。

1）用纯物质对照定性

在一定的色谱条件下,一个未知物只有一个确定的保留时间。因此将已知纯物质在相同的色谱条件下的保留时间与未知物的保留时间进行比较,就可以定性鉴定未知物。若二者相同,则未知物可能是已知的纯物质;若二者不同,则未知物就不是该纯物质。由于不同化合物在相同条件下往往也可具有近似甚至完全相同的保留值,因此,在相同的色谱条件下,具有相同保留值的两个物质不一定是同一物质。纯物质对照法定性有一定的局限性,只适用于组分性质已有所了解,组成比较简单,且有纯物质的未知物。例 4.1 就是利用已知纯物质(标准样品)对实际水样进行定性的。下面我们来看一个混合物的例子——柴油的定性(图 4.23 和图 4.24)。

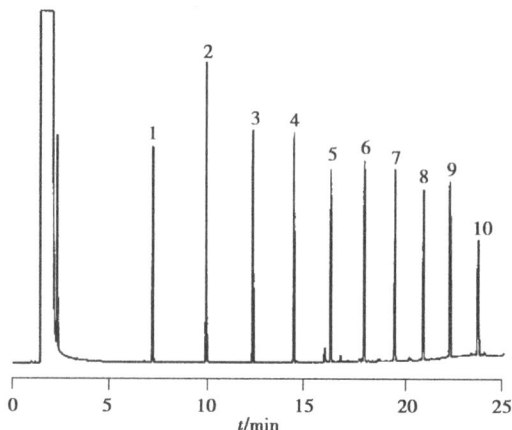

图 4.23　柴油的标准色谱图	图 4.24　市售柴油的标准色谱图

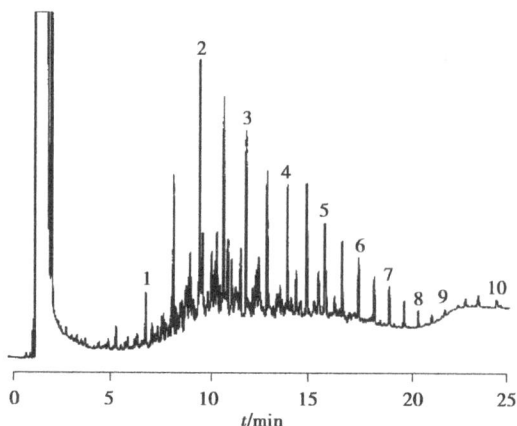

1—正癸烷;2—正十二烷;3—正十四烷;4—正十六烷;5—正十八烷;6—正二十烷;
7—正二十二烷;8—正二十四烷;9—正二十六烷;10—正二十八烷

2）利用相对保留值法

相对保留值 r_{is} 是指组分 i 与基准物质 s 调整保留值的比值,它仅随固定液及柱温变化而变化,与其他操作条件无关。

$$r_{is} = \frac{t'_{Ri}}{t'_{Rs}} \tag{4.27}$$

相对保留值测定方法:在某一固定相及柱温下,分别测出组分 i 和基准物质 s 的调整保留值,再按式(4.27)计算即可。用已求出的相对保留值与文献相应值比较即可定性。

通常选容易得到纯品的,而且与被分析组分相近的物质作基准物质,如正丁烷、环己烷、正戊烷、苯、对二甲苯、环己醇、环己酮等。

3）利用峰高增加法

当未知样品中组分较多，所得色谱峰过密，用上述方法不易辨认或仅作未知样品指定项目分析时，均可用此法。首先作出未知样品的色谱图，然后在未知样品加入某已知物，又得到一个色谱图。峰宽不变，峰高增加的组分即可能为这种已知物。

4）用经验规律和文献值进行定性

在没有标准样品时，可用文献值定性，或用气相色谱中的经验规律定性，如碳数规律、沸点规律。

5）双柱、多柱定性

两个纯化合物在性能不同的两根以上色谱柱上有完全相同保留值，则这两个纯化合物基本可以认定为同一化合物。双柱定性在有机氯农药残留分析中最为常用，如图 4.25 所示。

6）与其他方法结合

气相色谱与质谱、红外光谱、发射光谱等仪器联用是目前解决复杂样品定性分析最有效的工具之一。

图 4.26 是某实验室对某农药厂生产废水中有机磷农药含量分析的色谱图，其中（a）是总离子流图，（b）是保留时间 16.759 min 色谱峰对应的质谱图，（c）是谱库检索结果。仪器为气-质联用仪（Varian Saturn 2200）；色谱柱为 DB-1701 色谱柱（30 m×0.25 mm×0.25 μm）；进样口温度为 250 ℃；柱温为 50 ℃，保持 2 min，再以 25 ℃/min 程序升温至 120 ℃，再以 12 ℃/min 升温至 180 ℃，保持 6 min，再以 20 ℃/min 升温至 260 ℃，保持 5 min；离子源 EI 为 70 eV；离子阱温度为 220 ℃；传输线温度为 280 ℃；溶剂延迟 4.5 min，自动调谐。下面以保留时间 16.759 min 的色谱峰为例，结合质谱定性。对其进行 NIST 谱库检索，结果为灭线磷（ethoprophos），匹配度为 870。

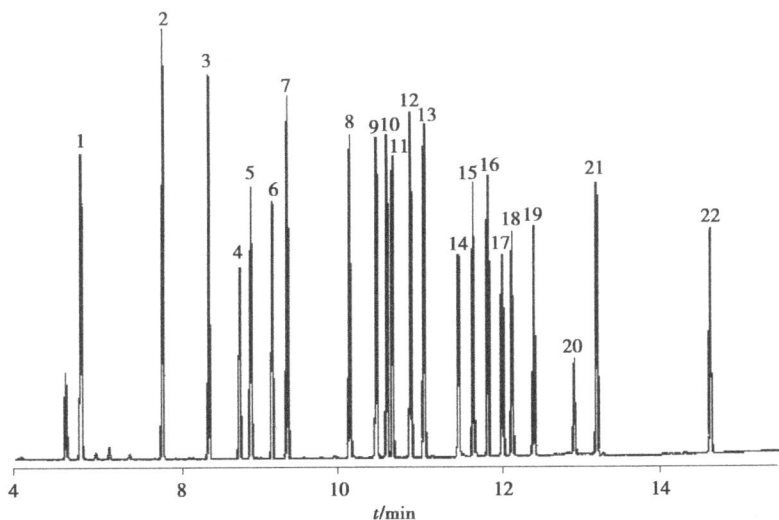

（a）DB-35气相色谱柱(中等极性)

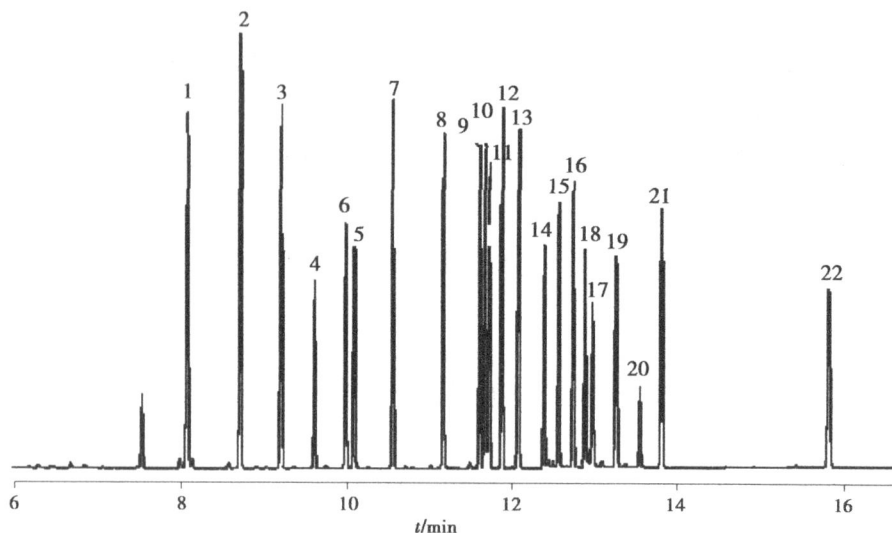

（b）DB-XLB气相色谱柱(弱极性)

图4.25　有机氯农药的标准色谱图

1—四氯-间-二甲苯（替代标准品）；2—α-BHC；3—γ-BHC；4—β-BHC；5—七氯；6—δ-BHC；
7—艾氏剂；8—环氧七氯；9—γ-氯丹；10—α-氯丹；11—硫丹Ⅰ；12—4,4'-DDE；13—狄氏剂；14—异狄氏剂；
15—4,4'-DDD；16—硫丹Ⅱ；17—4,4'-DDT；18—异狄氏剂醛；19—硫丹硫酸盐；20—甲氧 DDT；
21—异狄氏剂酮；22—十氯联苯（替代标准品）

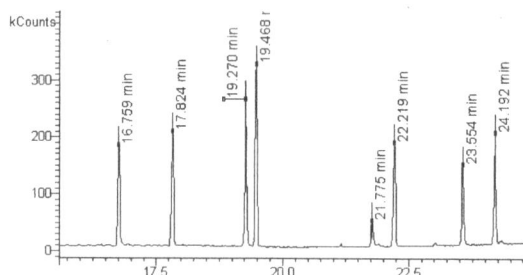

（a）总离子流图　　　　　　　　　　（b）保留时间16.759 min色谱峰对应的质谱图

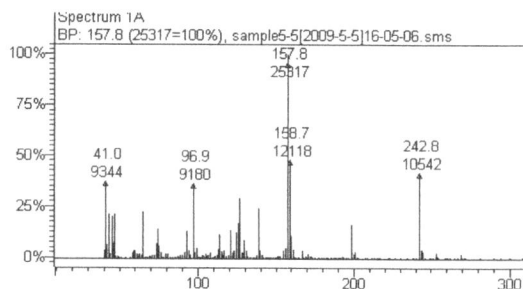

（c）谱库检索结果

图4.26　有机磷农药定性分析

（2）色谱定量分析

定量分析的任务是求出混合样品中各组分的百分含量。色谱定量的依据是,当操作条件一致时,被测组分的质量（或浓度）与检测器给出的响应信号峰面积（A_i）或峰高（h_i）成正比。但相同含量的物质由于物理、化学性质的差别,即使在同一检测器上产生的信号也不同,直接用响应信号定量,必然导致较大误差,故引入校正因子。校正因子是定量计算公式中的比例常数,其物理意义是单位面积所代表的被测组分的量,即

$$\omega_i = f_i \cdot h_i (\text{浓度型}) \tag{4.28}$$

$$m_i = f_i \cdot A_i (\text{质量型}) \tag{4.29}$$

式中,ω_i,m_i 为被测组分 i 的浓度、质量;A_i 为被测组分 i 的峰面积;h_i 为被测组分的峰高;f_i 为被测组分 i 的校正因子。

可见,进行色谱定量分析时需要:

①准确测量检测器的响应信号——峰面积或峰高。

②准确求得比例常数——校正因子。

③正确选择合适的定量计算方法,将测得的峰面积或峰高换算为组分的百分含量。

1)峰面积测量方法

峰面积是色谱图提供的基本定量数据,峰面积测量准确与否直接影响定量结果。对于不同峰形的色谱峰采用不同的测量方法。

①对称形峰面积的测量——峰高乘半峰宽法。

$$A = 1.065 \times h \times W_{1/2} \tag{4.30}$$

②不对称形峰面积的测量——峰高乘平均峰宽法。

对于不对称峰的测量如仍用峰高乘半峰宽,误差较大,因此采用峰高乘平均峰宽法。

$$A = 1/2 \times h \times (W_{0.15} + W_{0.85}) \tag{4.31}$$

式中,$W_{0.15}$ 和 $W_{0.85}$ 分别为峰高 0.15 倍和 0.85 倍处的峰宽。

2)定量校正因子

色谱定量分析的依据是被测组分的量与其峰面积成正比。但是峰面积的大小不仅取决于组分的质量,而且还与它的性质有关,即当两个质量相同的不同组分在相同条件下使用同一检测器进行测定时,所得的峰面积却不相同。因此,混合物中某一组分的百分含量并不等于该组分的峰面积在各组分峰面积总和中所占的百分率。这样,就不能直接利用峰面积计算物质的含量。为了使峰面积能真实反映出物质的质量,就要对峰面积进行校正,即在定量计算时引入校正因子。

校正因子分为绝对校正因子和相对校正因子。

$$f_i = \frac{m_i}{A_i} \tag{4.32}$$

式中,f_i 值与组分 i 质量绝对值成正比,所以称为绝对校正因子。在定量分析时要精确求出 f_i 值是比较困难的。一方面由于精确测量绝对进样量困难;另一方面峰面积与色谱条件有关,要保持测定 f_i 值时的色谱条件相同,既不可能又不方便。另外,即便能够得到准确的 f_i 值,也由于没有统一的标准而无法直接应用。为此提出相对校正因子的概念来解决色谱定量分析中的计算问题。

①相对校正因子。

相对校正因子定义为

$$f_i' = \frac{f_i}{f_s} \tag{4.33}$$

即某组分 i 的相对校正因子 f'_i 为组分 i 与标准物质 s 的绝对校正因子之比。

$$f'_i = \frac{A_s \cdot m_i}{A_i \cdot m_s} \tag{4.34}$$

可见,相对校正因子 f'_i 就是当组分 i 的质量与标准物质 s 相等时,标准物质的峰面积是组分 i 峰面积的倍数。若某组分质量为 m_i,峰面积 A_i,则 $f'_i A_i$ 的数值与质量为 m_i 的标准物质的峰面积相等。也就是说,通过相对校正因子,可以把各个组分的峰面积分别换算成与其质量相等的标准物质的峰面积,于是比较标准就统一了。这就是归一法求各组分百分含量的基础。

②相对校正因子的表示方法。

上面介绍的相对校正因子中组分和标准物质都是以质量表示的,故又称为相对质量校正因子。若以摩尔为单位,则称为相对摩尔校正因子。另外相对校正因子的倒数还可定义为相对响应值 S'(分别为相对质量响应值 S'_W 和相对摩尔响应值 S'_N)。通常所指的校正因子都是相对校正因子。

③相对校正因子的测定方法。

相对校正因子值只与被测物和标准物以及检测器的类型有关,而与操作条件无关。因此,f'_i 值可自文献中查出引用。若文献中查不到所需的 f'_i 值,也可以自己测定。常用的标准物质,对热导检测器是苯,对氢火焰离子化检测器是正庚烷。

测定相对校正因子最好是用色谱纯试剂。若无纯品,也要确知该物质的百分含量。测定时,首先准确称量标准物质和待测物,然后将它们混合均匀进样,分别测出其峰面积,再进行计算。

3)定量计算方法

①归一化法。

把所有出峰组分的含量之和按 100% 计的定量方法称为归一化法。其计算公式如下

$$\omega_i = \frac{m_i}{m} \times 100\% = \frac{A_i f'_i}{A_1 f'_1 + A_2 f'_2 + \cdots + A_n f'_n} \times 100\% \tag{4.35}$$

式中,ω_i 为被测组分 i 的百分含量;m_i 为被测组分 i 的质量;m 为试样质量;$A_1, A_2, \cdots, A_n$ 为组分 $1 \sim n$ 的峰面积;$f'_1, f'_2, \cdots, f'_n$ 为组分 $1 \sim n$ 的相对校正因子。当 f'_i 为质量相对校正因子时,得到质量百分数;当 f'_i 为摩尔相对校正因子时,得到摩尔百分数。

归一化法的优点是简单、准确,操作条件变化时对定量结果影响不大。但此法在实际工作中仍有一些限制,比如样品的所有组分必须全部流出且出峰。某些不需要定量的组分也必须测出其峰面积及 f'_i 值,并且必须知道各自组分的校正因子(校正因子需要由已知的标准品来求得),一般只适用于通用型检测器,如氢火焰离子化检测器和热导检测器。此外,测量低含量尤其是微量杂质时,误差较大。

【例 4.5】 某实验室测得 C8 芳烃异构体的色谱图,经测定各组分的校正因子和从色谱图测得各组分的峰面积值见表 4.9,用归一化定量,求各组分的百分含量。

表 4.9 各组分的校正因子和峰面积值

出峰次序	乙苯	对二甲苯	间二甲苯	邻二甲苯
峰面积	120	75	140	105
校正因子	0.97	1.00	0.96	0.98

答　根据式(4.35)计算如下：

计算乙苯、对二甲苯、间二甲苯和邻二甲苯的峰面积和校正因子的乘积分别是 116，75，134，103，它们的和是 428，最终得到百分含量分别为 27.1%，17.5%，31.3% 和 24.1%。

②外标法。

外标法，又称校正曲线法。在相同分析条件下，比较标准物质与样品的色谱峰面积或峰高。用已知的标准品配成不同浓度的标准系列，在与被测样品相同的色谱条件下，等体积准确进样，测量各种浓度的峰高或峰面积，绘制响应信号与百分含量的关系曲线；测量样品的峰面积或峰高，在校正曲线上查出其对应的百分含量。

外标法的特点：样品结果直接在标准工作曲线上读出，非常简单，尤其对大量样品分析时特别适合。但是它要求进样量、色谱分析条件严格不变，定量存在一定误差。

【例4.6】　某实验室用气相色谱仪分析正辛醇，对其 5 个浓度分析后，得到以下数据(表4.10)。现有一未知浓度的样品，经气相色谱分析后，得知其峰面积为 2 511，求该样品中正辛醇的浓度。

答　可以利用表 4.10 中的浓度和峰面积数据，采用 Excel 的"插入散点图"，再"添加趋势线"，得到正辛醇的线性方程。也可以用气相色谱仪的软件来得到目标物的线性方程。在本例中，正辛醇的线性方程是 $y = 69.609x + 753.96$，其中 y 是峰面积，x 是浓度。将峰面积 2 511 代入该线性方程，求得 $x = 25.2$ mg/L。

表 4.10　实验数据

序号	1	2	3	4	5
浓度/(mg·L⁻¹)	20	40	80	120	140
峰面积	2 187	3 845	6 368	9 157	10 440

③内标法。

当样品各组分不能全部从色谱柱流出，或有些组分在检测器上无信号，或只需对样品中某几个出现色谱峰的组分进行定量时可采用内标法。

所谓内标法，是将一定量的纯物质作为内标物加入准确称量的试样中，根据试样和内标物的质量以及被测组分和内标物的峰面积可求出被测组分的含量。由于被测组分与内标物质量之比等于峰面积之比，即

$$\frac{m_i}{m_s} = \frac{A_i f'_i}{A_s f'_s} \tag{4.36}$$

$$m_i = \frac{A_i f'_i}{A_s f'_s} \cdot m_s \tag{4.37}$$

式中，m_i 为被测组分 i 的质量；m_s 为内标物的质量；A_i 为被测组分 i 的峰面积；A_s 为内标物 s 的峰面积；f'_i 为被测组分 i 的相对校正因子；f'_s 为内标物的相对校正因子。

若试样质量为 m，则

$$\omega_i = \frac{m_i}{m} \times 100\% = \frac{A_i f'_i m_s}{A_s f'_s m} \times 100\% \tag{4.38}$$

内标法的关键是选择合适的内标物，它必须符合下列条件。

a.内标物应是试样中原来不存在的纯物质,性质与被测组分相近,能完全溶解于样品中,但不能与样品发生化学反应。

b.内标物的峰位置应尽量靠近被测组分的峰,或位于几个被测组分峰的中间并与这些色谱峰完全分离。

c.内标物的质量应与被测组分的质量接近,能保持色谱峰大小差不多。

内标法的优点:

a.因为 m_s/m 比值恒定,所以进样量不必准确。

b.因为该法是通过测量 A_i/A_s 进行计算的,操作条件稍有变化对结果没有什么影响,因此定量结果比较准确。

c.该法适宜于低含量组分的分析,且不受归一化法使用上的局限。

内标法的缺点:

a.每次分析都要用分析天平准确称出内标物和样品的质量,这对常规分析来说是比较麻烦的。

b.在样品中加入一个内标物,显然对分离度的要求比原样品更高。

实训项目 4.3 污染源废气中苯、甲苯和二甲苯的测定

○ 资源链接 ○

《工作场所空气有毒物质测定 第66部分:苯、甲苯、二甲苯和乙苯》(GBZ/T 300.66—2017)

▶项目描述

某灯饰公司委托某实验室,欲对该公司喷漆有机废气排放口废气中苯、甲苯和二甲苯的含量进行检测。

▶能力目标

- 能熟练操作气相色谱仪。
- 能通过试验确定最佳色谱条件。
- 能采用标准曲线法准确测定样品中苯、甲苯和二甲苯的含量。
- 能给出符合要求的检测报告。

▶项目分析

根据《工作场所空气有毒物质测定 第66部分:苯、甲苯、二甲苯和乙苯》(GBZ/T 300.66—

2017)的相关规定,污染源废气及环境空气中的蒸气态苯、甲苯和二甲苯用无泵型采样器采集,二硫化碳解吸后进样,经气相色谱柱分离,氢火焰离子化检测器检测,以保留时间定性,峰高或峰面积定量。苯系物物理性质见表 4.11。

表 4.11　苯系物物理性质

组分	英文名	化学式	状态	熔点/℃	沸点/℃	气味	溶解性
苯	benzene	C_6H_6	液态	5.53	80.1	芳香	难溶于水,溶于有机溶剂
甲苯	toluene	C_7H_8	液态	-95.0	110.6	芳香	极微溶于水,能与乙醇、乙醚、丙酮、氯仿、二硫化碳和冰乙酸混溶
邻二甲苯	o-xylene	C_8H_{10}	液态	-47.4	139.3	芳香	难溶于水,溶于有机溶剂
间二甲苯	m-xylene	C_8H_{10}	液态	-13.2	138.5	芳香	难溶于水,溶于有机溶剂
对二甲苯	p-xylene	C_8H_{10}	液态	-25.0	144.0	芳香	难溶于水,溶于有机溶剂

▶项目实施

一、仪器和试剂

1.仪器

气相色谱仪(Varian GC CP-3800);大气采样仪[图 4.27(a)];活性炭采样管[图 4.27(b)]。

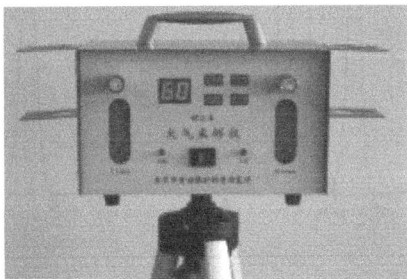

(a)大气采样仪　　　　　　(b)活性炭采样管

图 4.27　采样器材

2.试剂

二硫化碳(色谱纯,使用前先验证其纯度);苯系物标准溶液(5 个单标和 1 个混标,1 000 mg/L)。

二、基本操作

1.样品采集

在采样点,将无泵型采样器佩戴在采样对象的呼吸带,或悬挂在呼吸带高度的支架上,采集 2~8 h 空气样品。采样后,立即密封无泵型采样器,置清洁容器内运输和保存。

2.空白采集

在采样点,打开无泵型采样器的进出气口,并立即封闭,然后与样品一起运输、保存和测定。每批次样品不少于 2 个样品空白。

3. 色谱条件

EC-WAX 色谱柱(30 m×0.25 mm×0.25 μm);进样口温度为 180 ℃;进样量为 0.5 μL;分流比为 5∶1;柱温为 65 ℃;检测器温度为 250 ℃;氮气流量为 30 mL/min,氢气流量为 40 mL/min,空气流量为 400 mL/min。在仪器软件界面编辑方法,保存为"benxiwu"。

4. 样品处理

将活性炭片放入溶剂解吸瓶中,加入 5.0 mL 二硫化碳,封闭后,解吸 30 min,不时振摇。样品溶液供测定。

5. 定性分析

调用苯系物方法,依次单标进样,记录保留时间。苯系物的标准色谱图如图 4.28 所示。

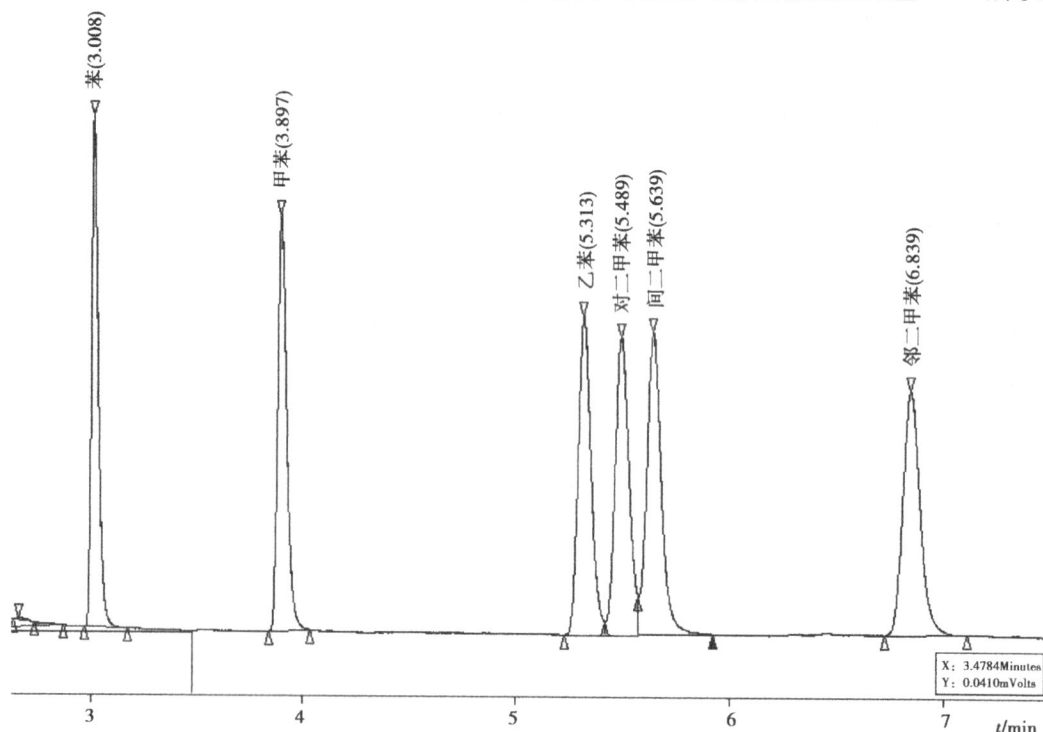

图 4.28 苯系物的标准色谱图

6. 标准曲线的制备

分别取 5 个棕色玻璃小瓶,加入 800 μL 二硫化碳溶液,再分别加入 10,20,40,80,90,100 μL 苯系物混标,稀释标准溶液成表 4.12 所列的浓度范围的标准系列溶液。参照仪器操作条件,将气相色谱仪调节至最佳测定状态,进样 1.0 μL,分别测定标准系列各浓度的峰高或峰面积。以测得的峰高或峰面积对相应的苯、甲苯和二甲苯浓度绘制标准曲线或计算回归方程,其相关系数应不小于 0.999 苯系物的标准曲线。

表 4.12 标准系列溶液的浓度范围

浓度范围 /$(g \cdot mL^{-1})$	化学物质				
	苯	甲苯	邻二甲苯	对二甲苯	间二甲苯
	0～878.7	0～866.9	0～880.2	0～864.2	0～861.1

这里需要特别强调,气相色谱方法一般要求 5 个不同浓度点,最低浓度点应接近方法的检出限,待测目标物的浓度要落在标准曲线浓度范围内,若超过标准曲线范围,则需重新绘制标准曲线。

7. 样品测定

用测定标准系列的操作条件测定样品溶液和样品空白溶液,测得的峰高或峰面积值由标准曲线或回归方程得样品溶液中苯、甲苯和二甲苯的浓度。若样品溶液中待测物浓度超过测定范围,用二硫化碳稀释后测定,计算时乘以稀释倍数。

三、数据记录及处理

按式(4.39)计算空气中苯、甲苯和乙苯或二甲苯的浓度

$$c = \frac{c_0 V}{kt} \times 1\ 000 \tag{4.39}$$

式中,c 为空气中苯、甲苯和二甲苯的浓度,mg/m^3;c_0 为测得的样品溶液中苯、甲苯和二甲苯的浓度(减去样品空白),$\mu g/mL$;V 为样品溶液的体积,mL;k 为无泵型采样器的采样流量,mL/min;t 为采样时间,min。

将实验结果形成规范的实验记录,最后出具规范的、简单易懂的检测报告。下面给出实验记录和检测报告的示例如图 4.29、图 4.30 所示。

空气和废气气相色谱分析原始记录表

样品名称	废气		收样日期		分析日期		方法依据:	空气和废气监测分析方法(第四版)					
仪器型号			仪器编号	ZHJ-YQ-050		色谱柱类型:	毛细管柱EC-WAX				检测器类型:	FID	
最低检出限:	0.01	mg/m³	计算公式			C=As*Ve/V, As=A₁-A₀, G=Cx Q_sng							

分析序号	样品编号	分析项目	进样体积 Vi (μL)	CS₂体积 Ve (mL)	气体标况体积V (L)	空白值 A₀ (ug/mL)	样品值 A₁ (ug/mL)	测得量 As (ug/mL)	样品浓度 C (mg/m³)	监测结果	标况流量 Q_sng (m³/h)	排放速率 (kg/h)	校核结论	备注
1	WG15XXXX01	苯浓度	0.5	1	9.5	0.000	14.6	14.6	1.536842	1.54			√	
		甲苯浓度	0.5	1		0.000	14.2	14.2	1.494737	1.49			√	
		对二甲苯浓度	0.5	1		0.000	13.5	13.5	1.421053	——			√	
		间二甲苯浓度	0.5	1		0.000	15.1	15.1	1.589474	——			√	
		邻二甲苯浓度	0.5	1		0.000	13.8	13.8	1.452632	——			√	
		二甲苯浓度					42.4	42.4	4.463158	4.46			√	

图 4.29　实验记录示例

检 测 报 告

XXXX(气)(2015)第 XX 号

项目名称: 废气监测

委托单位: XXXX 有限公司

地　址: XXXXXXXX

报告日期: 2022 年 XX 月 XX 日

XXXX 实验室(公章)

一. 目的

二. 采样内容(采样时间、采样位置、方法依据)

三. 检测项目

四. 监测结果

单位:浓度: mg/m³; 排放速率: kg/h; 流量: m³/h; 林格曼黑度:级; 含硫量: %; 臭气浓度无量纲)

样品编号	WG15XXXX01	
分析结果	采样位置	——
		喷漆废气排放口
苯浓度	1.54	
甲苯浓度	1.49	
二甲苯浓度	4.46	

报告编制:　　　审　核:

签　发:　　　签发人职务:　　　签发日期:2022-XX-XX

图 4.30　检测报告示例

四、注意事项

①在使用 FID 时,请务必保证机架背后的 TCD 桥电流钮子处在关的位置,否则误按到 TCD 桥流按键时会造成 TCD 热导元件的损坏。

②长期停机后重新启动操作时,应先通载气 15 min 以上。

③柱温温度的设置必须低于色谱固定液的最高使用温度,检测器温度的设置应保证样品在检测器中不冷凝,汽化室进样器系统的温度设置应高于样品组分的平均沸点,一般应高于柱箱温度 30 ~ 50 ℃。

④氢气净化器内的吸附剂必须定期活化处理,以保持净化效果。

⑤开机使用 FID 时必须先通载气和空气,再开温度控制,待检测器温度超过 100 ℃才能通氢气点火。FID 停机时,必须先关氢气熄火,然后再关温度控制,当柱温降下后再关载气和空气。如果开机时在 FID 温度低于 100 ℃就通氢气点火,或关机时不先熄火就降温,则容易造成 FID 收集极积水使得基线不稳。

⑥关机时,请务必保证柱箱和检测器的温度降到 70 ℃以下,才能关闭气源。

本实训过程中,色谱条件的优化是难点,尤其是柱子型号的选择和柱温的设置,在本例中采用恒温分析就将五种苯系物完全分离,实际工作中,随着分析化合物种类增多,化合物性质更为接近,比如有机磷农药残留分析、有机氯农药残留分析、抗生素分析等,往往需要程序升温的方式。

实训预习报告

岗位 4　气相色谱仪操作岗位		实训日期：	同组人：	
姓名：		班级：	学号：	成绩：
实训项目 4.3　污染源废气中苯、甲苯和二甲苯的测定				
健康和安全	通过预习说明哪些是健康和安全措施所必需的,并给出相应的描述。			
环保	请说明是否需要采取环保措施,并给出相应的描述。			

实训报告

岗位4　气相色谱仪操作岗位		实训日期：			同组人：	
姓名：		班级：		学号：		成绩：

实训项目4.3　污染源废气中苯、甲苯和二甲苯的测定	
实训项目 名称	
实训目的 要求	
实训仪器 及试剂	
实训原理	
实训操作步骤	

续表

实训操作步骤	
实训数据处理	
实训结果讨论	

实训评分标准

岗位4　气相色谱仪操作岗位			实训日期：	同组人：
姓名：	班级：		学号：	成绩：
自评：○熟练 ○不熟练	互评：○熟练 ○不熟练		师评：○合格 ○不合格	导师签字：
日期：	日期：		日期：	温度：　　湿度：

实训项目4.3　污染源废气中苯、甲苯和二甲苯的测定

序号	考核项目	考核内容	配分	评分要求	得分	自评	互评	师评
1	素质考核	○1.有团队协作意识,有大局意识,分工明确、互帮互助 ○2.有安全意识,能自我保护 ○3.有环保意识,能回收溶剂 ○4.能认真严谨操作、合理规划时间、实验态度良好 ○5.能够遵守实验室制度、实验纪律良好	15	未完成1项扣3分,扣分不得超过15分		○有 ○没有 ○能 ○不能	○有 ○没有 ○能 ○不能	○合格 ○不合格
2	专业技能考核	○1.能正确预处理样品 ○2.能正确配制苯系混合标准溶液 ○3.能正确使用进样针 ○4.能正确检查气相色谱仪 ○5.能正确设定仪器参数 ○6.能正确使用气相色谱仪 ○7.能正确填写仪器使用记录 ○8.能正确填写实训报告 ○9.工作台干净整洁	60	未完成1项扣6分,扣分不得超过60分		○能 ○不能	○能 ○不能	○合格 ○不合格

续表

序号	考核项目	考核内容	配分	评分要求	得分	自评	互评	师评
3	实训结果考核	○1.混合标准溶液配制方法正确 ○2.进样方法规范 ○3.仪器参数设置正确 ○4.仪器操作规范 ○5.实训操作视频上传成功	15	未完成1项扣3分,扣分不得超过15分		○熟练 ○不熟练	○熟练 ○不熟练	○合格 ○不合格
4	特色考核	○1.提前进入"校中厂"参观学习 ○2.一帮一指导其他学生 ○3.能够统筹安排实验 ○4.能够团结协作完成实验 ○5.能积极主动分享实验心得体会	10	未完成1项扣2分,扣分不得超过10分		○能 ○不能	○能 ○不能	○合格 ○不合格
5	重大失误考核	○1.不戴口罩、手套 ○2.不回收废液 ○3.不爱惜实验仪器 ○4.试液重新配制(开始峰面积测量后不允许重新配制溶液) ○5.重新测定(由于仪器本身的原因造成数据丢失,重新测定不扣分)	-20	每出现一项扣4分,并赔偿相关损失,扣分不得超过20分		○有 ○没有	○有 ○没有	○合格 ○不合格

实训项目 （4.4） 环境空气 非甲烷总烃的测定

○ 资源链接 ○

环境空气 非甲烷总烃的测定

《环境空气 总烃、甲烷和非甲烷总烃的测定
直接进样-气相色谱法》(HJ 604—2017)

▶项目描述

某化工生产公司委托某实验室,欲对环境空气中非甲烷总烃含量进行检测。

▶能力目标

- 能熟练操作气相色谱仪。
- 能通过试验确定最佳色谱条件。
- 能采用标准曲线法准确测定样品中非甲烷总烃的含量。
- 能给出符合要求的检测报告。

▶项目分析

将气体样品直接注入具氢火焰离子化检测器的气相色谱仪,分别在总烃柱和甲烷柱上测定总烃和甲烷的含量,两者之差即为非甲烷总烃的含量。同时以除烃空气代替样品,测定氧在总烃柱上的响应值,以扣除样品中的氧对总烃测定的干扰。

▶项目实施

一、仪器和试剂

1. 仪器

采样容器:全玻璃材质注射器,容积不小于 100 mL,清洗干燥后备用;气袋材质符合《固定污染源废气 挥发性有机物的采样 气袋法》(HJ 732—2014)的相关规定,容积不小于 1 L,使用前用除烃空气清洗至少 3 次。

真空气体采样箱:由进气管、真空箱、阀门和抽气泵等部分组成,样品经过的管路材质应不与被测组分发生反应。

进样器:带 1 mL 定量管的进样阀或 1 mL 气密玻璃注射器。

甲烷柱:长 3 m,内径 3 mm 的不锈钢柱,管内填充 GDX-104 高分子多孔微球载体 30 ~ 80 目。

总烃柱:装硅烷化玻璃微珠或不装任何填料(空柱),长 1 m,内径 3 mm 的不锈钢柱。

气相色谱仪:具氢火焰离子化检测器。

玻璃空气采样瓶:1 L。

铝箔复合气体采样袋:3~4 L。

采样管:用不锈钢、硬质玻璃或氟树脂材料,具有适当尺寸的管料。

流量计量装置:抽气泵、连接管、无碱玻璃棉。

2. 试剂

除非另有说明,分析时均使用符合国家标准的分析纯化学试剂和蒸馏水。

除烃空气:总烃含量(含氧峰)≤0.40 mg/m³(以甲烷计);或在甲烷柱上测定,除氧峰外无其他峰。

甲烷标准气体:10.0 μmol/mol,平衡气为氮气。也可根据实际工作需要向具资质生产商定制合适浓度标准气体。

氮气:纯度≥99.999%。

氢气:纯度≥99.99%。

空气:用净化管净化。

标准气体稀释气:高纯氮气或除烃氮气,纯度≥99.999%,按样品测定步骤测试,总烃测定结果应低于本标准方法检出限。

二、基本操作

1. 样品采集

环境空气按照《环境空气质量手工监测技术规范》(HJ 194—2017)和《环境空气质量监测点位布设技术规范》(HJ 664—2013)的相关规定布点和采样;污染源无组织排放监控点空气按照《大气污染物无组织排放监测技术导则》(HJ/T 55—2000)或者其他相关标准布点和采样。采样容器经现场空气清洗至少3次后采样。以玻璃注射器满刻度采集空气样品,用惰性密封头密封;以气袋采集样品,用真空气体采样箱将空气样品引入气袋,至最大体积的80%左右,立刻密封。

2. 运输空白

将注入除烃空气的采样容器带至采样现场,与同批次采集的样品一起送回实验室分析。

3. 样品保存

采集样品的玻璃注射器应小心轻放,防止破损,保持针头端向下状态放入样品箱内保存和运送。

样品常温避光保存,采样后尽快完成分析。玻璃注射器保存的样品,放置时间不超过8 h。

气袋保存的样品,放置时间不超过48 h,如仅测定甲烷,应在7 d内完成。

4. 分析步骤

(1)参考色谱条件

进样口温度为100 ℃;柱温为80 ℃;检测器温度为200 ℃;载气为氮气,填充柱流量15~25 mL/min,毛细管柱流量8~10 mL/min;燃烧气为氢气,流量约30 mL/min;助燃气为空气,流量约300 mL/min;毛细管柱尾吹气为氮气,流量15~25 mL/min,不分流进样。进样量为1.0 mL。

（2）校准

1）校准系列的制备

以 100 mL 注射器（预先放入一片硬质聚四氟乙烯小薄片）或 1 L 气袋为容器,按 1:1 的体积比,用标准气体稀释气将甲烷标准气体逐级稀释,配制 5 个浓度梯度的校准系列,该校准系列的浓度分别是 0.625,1.25,2.50,5.00,10.0 μmol/mol。

真空采样瓶或注射器使用前必须用 3.3 mol/L 磷酸溶液洗涤,然后用水漂洗干净,干燥后用氮气置换。采集好的样品应避光保存、尽快分析,一般放置时间不超过 12 h。

注:当样品浓度与校准气样浓度相近时可采用单点校准,单点校准气应至少进样 2 次,色谱响应相对偏差应不大于 10% ,计算时采用平均值。

2）绘制校准曲线

由低浓度到高浓度依次抽取 1.0 mL 校准系列,注入气相色谱仪,分别测定总烃、甲烷。以总烃和甲烷的浓度（μmol/mol）为横坐标,其对应的峰面积为纵坐标,分别绘制总烃、甲烷的校准曲线。

注意:当样品浓度与校准气样浓度相近时可采用单点校准,单点校准气应至少进样 2 次,色谱响应相对偏差应不大于 10% ,计算时采用平均值。

3）标准色谱图

在本标准给出的色谱分析参考条件下,总烃、甲烷和氧在毛细管柱上的标准色谱图如图 4.31 所示。

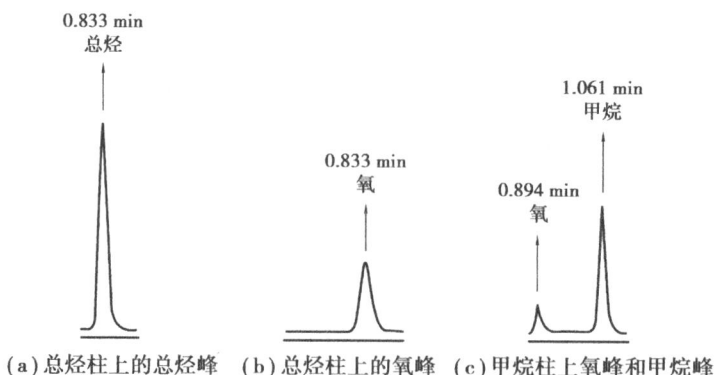

（a）总烃柱上的总烃峰　（b）总烃柱上的氧峰　（c）甲烷柱上氧峰和甲烷峰

图 4.31　总烃、甲烷和氧在毛细管柱上的标准色谱图

（3）总烃和甲烷的测定

按照与绘制校准曲线相同的操作步骤和分析条件测定样品的总烃和甲烷峰面积,总烃峰面积应扣除氧峰面积后参与计算。

注意:总烃色谱峰后出现的其他峰,应一并计入总烃峰面积。

（4）氧峰面积的测定

按照与绘制校准曲线相同的操作步骤和分析条件测定除烃空气在总烃柱上的氧峰面积。

（5）空白实验

运输空白样品按照与绘制校准曲线相同的操作步骤和分析条件测定。

三、数据记录及处理

1. 定性分析

根据标准样品色谱峰的保留时间定性,参见分别由总烃柱和甲烷柱所得的标准色谱图。

2. 定量分析

样品中总烃、甲烷的质量浓度,按照式(4.40)进行计算

$$\rho = \varphi \times \frac{16}{22.4} \qquad (4.40)$$

式中,ρ 为样品中总烃或甲烷的质量浓度(以甲烷计),mg/m³;φ 为从校准曲线或对比单点校准点获得的样品中总烃或甲烷的浓度(总烃计算时应扣除氧峰面积),μmol/mol;16 为甲烷的摩尔质量,g/mol;22.4 为标准状态(273.15 K,101.325 kPa)下气体的摩尔体积,L/mol。

样品中非甲烷总烃质量浓度,按照式(4.41)计算

$$\rho_{NMHC} = (\rho_{THC} - \rho_M) \times \frac{12}{16} \qquad (4.41)$$

式中,ρ_{NMHC} 为样品中非甲烷总烃浓度(以碳计),mg/m³;ρ_{THC} 为样品中总烃的质量浓度(以甲烷计),mg/m³;ρ_M 为样品中甲烷的质量浓度(以甲烷计),mg/m³;12 为碳的摩尔质量,g/mol;16 为甲烷的摩尔质量,g/mol。

注意:非甲烷总烃也可根据需要以甲烷计,并注明。单独检测甲烷时,结果可换算为体积百分数等表达方式。

3. 结果表示

当测定结果小于 1 mg/m³ 时,保留至小数点后两位;当测定结果大于等于 1 mg/m³ 时,保留三位有效数字。

在采用校准曲线进行定量分析时,每次开机测定样品前均要绘制校准曲线,然后每测定 4~10 个样品(根据仪器的稳定情况而定)插入校准曲线中任一浓度适当的标准样,其测值与原测值比较,变化应不大于 4%,否则应重新绘制校准曲线。

四、注意事项

①测定时环境温度宜保持在 20 ℃以上,并尽量使环境温度保持恒定。

②在分析过程中,保证不泄漏是关键,因而对真空瓶、注射器和气袋的密封性要作严格检查。

③在分析过程中,若使用的标准气用高纯氮气配制,而样品气用除烃空气稀释,则由总烃柱所得的总烃峰值(峰高或峰面积)应扣除相同条件下测得的除烃空气氧气峰值(峰高或峰面积);若使用的标准气和样品气均用净化空气配制,则不需要再考虑扣除氧峰的干扰问题。

④标准气可用高纯氮气或除烃空气稀释配制,但对于同一个分析步骤中的标准系列,不能既用高纯氮气,又用除烃空气稀释配制。样品气一般都以空气为基体,故不宜再用高纯氮气进行稀释。

实训预习报告

岗位4　气相色谱仪操作岗位		实训日期：		同组人：	
姓名：		班级：	学号：		成绩：
实训项目4.4　环境空气 非甲烷总烃的测定					

健康和安全	通过预习说明哪些是健康和安全措施所必需的,并给出相应的描述。
环保	请说明是否需要采取环保措施,并给出相应的描述。

实训报告

岗位 4　气相色谱仪操作岗位	实训日期：		同组人：	
姓名：	班级：		学号：	成绩：
实训项目 4.4　环境空气 非甲烷总烃的测定				
实训项目 名称				
实训目的 要求				
实训仪器 及试剂				
实 训 原 理				
实 训 操 作 步 骤				

续表

实训操作步骤	
实训数据处理	
实训结果讨论	

实训评分标准

岗位 4　气相色谱仪操作岗位			实训日期:	同组人:
姓名:	班级:		学号:	成绩:
自评:○熟练 ○不熟练	互评:○熟练 ○不熟练		师评:○合格 ○不合格	导师签字:
日期:	日期:		日期:	温度:　　湿度:

<table>
<tr><td colspan="9" align="center">实训项目 4.4　环境空气 非甲烷总烃的测定</td></tr>
<tr><td>序号</td><td>考核项目</td><td>考核内容</td><td>配分</td><td>评分要求</td><td>得分</td><td>自评</td><td>互评</td><td>师评</td></tr>
<tr>
<td>1</td>
<td>素质考核</td>
<td>○1. 有团队协作意识,有大局意识,分工明确、互帮互助
○2. 有安全意识,能自我保护
○3. 有环保意识,能回收溶剂
○4. 能认真严谨操作、合理规划时间、实验态度良好
○5. 能够遵守实验室制度、实验纪律良好</td>
<td>15</td>
<td>未完成 1 项扣 3 分,扣分不得超过15 分</td>
<td></td>
<td>○有
○没有
○能
○不能</td>
<td>○有
○没有
○能
○不能</td>
<td>○合格
○不合格</td>
</tr>
<tr>
<td>2</td>
<td>专业技能考核</td>
<td>○1. 能正确预处理样品
○2. 能正确配制非甲烷烃标准气体
○3. 能正确使用进样针
○4. 能正确检查气相色谱仪
○5. 能正确设定仪器参数
○6. 能正确使用气相色谱仪
○7. 能正确填写仪器使用记录
○8. 能正确填写实训报告
○9. 工作台干净整洁</td>
<td>60</td>
<td>未完成 1 项扣 6 分,扣分不得超过60 分</td>
<td></td>
<td>○能
○不能</td>
<td>○能
○不能</td>
<td>○合格
○不合格</td>
</tr>
</table>

续表

序号	考核项目	考核内容	配分	评分要求	得分	自评	互评	师评
3	实训结果考核	○1. 非甲烷烃标准气体配制方法正确 ○2. 进样方法规范 ○3. 仪器参数设置正确 ○4. 仪器操作规范 ○5. 实训操作视频上传成功	15	未完成 1 项扣 3 分,扣分不得超过 15 分		○熟练 ○不熟练	○熟练 ○不熟练	○合格 ○不合格
4	特色考核	○1. 提前进入"校中厂"参观学习 ○2. 一帮一指导其他学生 ○3. 能够团结协作完成实验 ○4. 能够统筹安排实验 ○5. 能积极主动分享实验心得体会	10	未完成 1 项扣 2 分,扣分不得超过 10 分		○能 ○不能	○能 ○不能	○合格 ○不合格
5	重大失误考核	○1. 不戴口罩、手套 ○2. 不回收废液 ○3. 不爱惜实验仪器 ○4. 标准气体重新配制(开始峰面积测量后不允许重新配制) ○5. 重新测定(由于仪器本身的原因造成数据丢失,重新测定不扣分)	-20	每出现一项扣 4 分,并赔偿相关损失,扣分不得超过 20 分		○有 ○没有	○有 ○没有	○合格 ○不合格

思考与练习

───────── ○ 资 源 链 接 ○ ─────────

岗位 4 习题

岗位 4 习题答案

思政阅读

───────── ○ 资 源 链 接 ○ ─────────

科学家故事——杨石先

岗位5

液相色谱仪操作岗位

📖 岗位分析

▶ 岗位群分布

该岗位群分布于制药、医疗卫生、公安、消防、化学、化工、环保、地质、食品、生物、材料、计量科学、石油、冶金、农业、林业等领域,主要从事科研、生产和教学中的质量控制、产品检验等工作。

▶ 工作内容

液相色谱仪操作员的工作内容主要为仪器的操作和维护,样品的前处理和检测,具体内容见表5.1。

表5.1　液相色谱仪操作员的工作内容

序号	分类	具体工作内容
1	定性分析	样品成分分析,物化参数的分析,聚合物的分析
2	定量分析	精细化工产品分析(高碳数脂肪族或芳香族的醇、醛和酮、醚、酸、酯等化工原料,以及各种表面活性剂、药物、农药、染料等化工产品,等等),环境分析(多环芳烃、酚类、多氯联苯、邻苯二甲酸酯类、联苯胺类,阴离子和非离子表面活性剂、有机农药等),食品分析(蛋白质、维生素、糖类、香精香料、食品添加剂、有机酸、食品污染物等),药物和临床分析(中草药有效成分的分离制备及纯度测定等)
3	结果处理	对检测结果进行判定和计算,给出标准化报告
4	仪器维护	能够更换仪器常见的耗材,处理简单的运行错误;能够准确描述仪器故障状态并与维修工程师有效沟通;能对仪器进行日常维护与保养

▶ 岗位要求

液相色谱仪操作员属技术性岗位,须符合岗位的技术要求,同时作为企业员工,还必须符合其社会性要求,具体要求见表5.2。

表5.2　液相色谱仪操作员的岗位要求

序号	分类	具体工作内容
1	基本要求	能针对不同类型的样品选择合适的前处理方法和分析方法,熟练掌握液相色谱仪的硬件和软件操作从而进行定性和定量分析,能够读懂仪器报告并给出标准化报告
2	维护要求	能有效维护仪器的良好工作环境(如温度、湿度要求,卫生环境管理等),能够更换仪器常见耗材(如隔垫、进样针、液相色谱柱等),能够处理简单的运行错误(如方法调用错误、仪器状态无法稳定等),能够准确描述仪器故障状态并与维修工程师有效沟通
3	职业道德要求	正直无私,把实事求是摆在职业责任的优先位置,提供真实、客观的检测数据;不断提高专业水平,为公众、雇主和顾客提供专业的服务

续表

序号	分类	具体工作内容
4	其他要求	加强学习新技术,精益求精;具有良好的语言和书面表达能力,良好的团队协作能力;能针对工作中出现的问题迅速采取恰当的处理,提供高效的服务

🐌 仪器设备

○── 资源链接 ──○

《高效液相色谱仪》(GB/T 26792—2019)

▶仪器环境要求

液相色谱实训室的基本设备要求有水、电、工作台等基本设施,同时由于液相色谱仪器是精密仪器,因此对温度、湿度、抗电磁干扰等条件也有一定的要求,具体见表5.3。

表 5.3　液相色谱室实训室环境要求

项目	具体要求
环境温度	5~35 ℃
相对湿度	≤85%
废气排放	建议阀进样方式的液相色谱仪增配废气收集装置
供电设施	220 V 电压的三相交流电源,电源必须接地良好,一般在潮湿地面(或食盐溶液灌注)钉入长0.5~1.0 m 的铁棒(丝),然后将电源接地点与之相连,总之要求接地电阻小于 1 Ω 即可(注:建议电源和外壳都接地,这样效果更好)
工作平台	一般台面高度为 0.6~0.8 m,宽度为 1 m,而且平台不能紧贴墙,应离墙 0.5~1.0 m,便于接线及检修
专用药品柜	液相色谱仪操作有使用甲醇、乙腈、萘、蒽等化学试剂,以及微升注射器、实验瓶等专用器械,故应配置专用的药品柜(注:以上各物品应标识清晰,储存于通风干燥处,标样时,切记标识,不得混淆)
防火防爆	配置灭火器,周围不得有易燃、强腐蚀性气体
避雷防护	属于第三类防雷建筑物
电磁屏蔽	周围不得有强磁场
通风设备	配置通风口,要求通风良好

▶液相色谱实训室管理规范

液相色谱仪属精密仪器,需要小心使用及定期维护,故实训室需制定详细的管理制度,保证机器的正常运作,具体规定如下。

①仪器的管理和使用必须落实岗位责任制,制定操作规程、使用和保养制度,责任到人。

②仪器使用者要认真学习仪器的原理、基本操作和注意事项,了解仪器的性能构造后方可独立操作。

③开机前检查电源、流动相情况以及色谱柱连接情况,检查无误后方可启动仪器电源。仪器联机过程中禁止关闭电源。

④仪器正常运行时,操作人员不得离岗。

⑤测定时,运行正确的方法,待仪器状态稳定后方可手动或自动进样。运行中若出现异常应立即告知管理人员。严禁擅自拆卸、调整仪器主要部件。

⑥关机前要执行关机程序。检验完毕后,流动相及废液应集中处理。

⑦仪器使用后应认真填写运行日志,剩余的耗材、样品、溶剂及废液必须及时清理,一方面可以保证实训室的清洁和安全,另一方面可以避免他人误拿、误扔。

⑧实训室内严禁吸烟、使用明火等可能对实验研究及仪器性能造成影响的一切活动。

⑨严禁在仪器设备上摆放任何物品,一切与实验无关的物品不得带入仪器室内。

⑩仪器发生故障时要及时上报,对较大事故,责任人需及时组织人员查清事故原因,提出处理意见,并组织修复处理。

⑪实训室负责人应根据仪器要求,定期保养维护,确保仪器的正常运行。

▶仪器——液相色谱仪

液相色谱仪的品牌众多,常见的液相色谱仪如图5.1所示。

　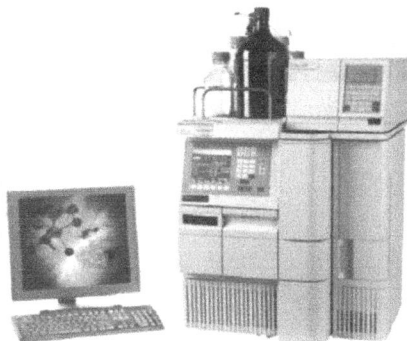

（a）安捷伦1200液相色谱仪　　　　　　（b）沃特世2695液相色谱仪
（美国安捷伦公司）　　　　　　　　　（美国沃特世公司）

（c）U3000 液相色谱仪
（美国戴安公司）

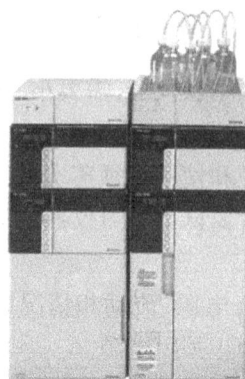

（d）LC-20A 液相色谱仪
（日本岛津公司）

（e）P230 Ⅱ 高效液相色谱仪
（大连依利特分析仪器有限公司）

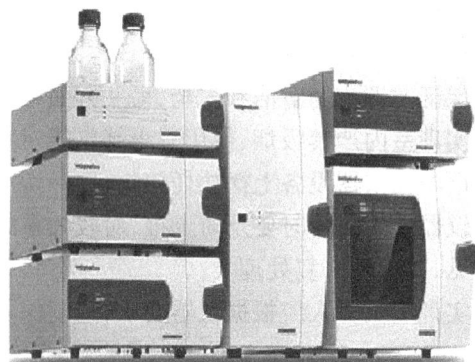

（f）LC3200 液相色谱仪
（安徽皖仪科技股份有限公司）

图 5.1　常见液相色谱仪

基础理论5.1　高效液相色谱的分离原理

○ 资源链接 ○

高效液相色谱法

（1）液相色谱分离原理

高效液相色谱法（High Performance Liquid Chromatography，HPLC）是 20 世纪 50 年代末 70 年代初发展起来的一种新型分离分析技术，随着不断改进与发展，目前已成为应用极为广泛的化学分离分析的重要手段。HPLC 是一种以高压输出的液体为流动相的色谱技术。它是在经典液相色谱基础上引入了气相色谱的理论,在技术上采用了高压、高效固定相和高灵敏度检测器,因而具有分析速度快、效率高、灵敏度高的特点。

和气相色谱一样,液相色谱分离系统也是由固定相和流动相两相组成的。液相色谱的固定相可以是吸附剂、化学键合固定相(或在惰性载体表面涂上一层液膜)、离子交换树脂或多孔性凝胶,流动相是各种溶剂。被分离混合物由流动相液体推动进入色谱柱,根据各组分在固定相及流动相中的吸附能力、分配系数、离子交换作用或分子尺寸大小的差异进行分离。色谱分离的实质是样品分子(以下称溶质)与溶剂(即流动相或洗脱液)以及固定相分子间的作用,作用力的大小决定色谱过程的保留行为。

(2)高效液相色谱法的特点

高效液相色谱可以分离分析高极性、高分子质量和离子型的各种物质,只要被分析对象能够溶解于可作为流动相的溶剂中并能够被检测,就可以直接进行分析。某些目前尚不能被直接检测,或检测灵敏度不够的,也可以采用各种衍生技术,实现这些物质的检测。HPLC 色谱图呈现各成分的特征峰,峰面积与成分的相对量成正比,HPLC 分析有以下特点。

①可进行未知物质的鉴定与确认。

②可进行多种成分的同时定量。

③可进行混合物的精制和分离。

④可测定物理化学常数。

同时,HPLC 与 GC 比较,具有以下突出的特点。

①能测定高沸点的有机物。

气相色谱分析需要将被测样品汽化才能进行分离和测定,但仪器只能在 500 ℃以下工作,所以相对分子质量大于 400 的有机物采用 GC 分析就有困难,而液相色谱可分析相对分子质量大于 2 000 的有机物,也能测定金属离子。应用液相色谱和高效液相色谱两种手段,可解决大部分有机物的定量分析问题。

②柱温要求比气相色谱低。

气相色谱要求柱温条件很高,复杂组分还要求程序控制升温,而液相色谱柱常在室温下工作,早期生产的高效液相色谱仪没有柱温层析室,色谱柱就暴露在大气中。

③柱效高于气相色谱。

气相色谱柱的柱效为 2 000 塔板/m,液相色谱柱的柱效则可达 5 000 塔板/m,这是由于液相色谱使用了许多新型的固定相。因为分离效能高,故液相色谱柱的长度较短,早期为20~50 cm,目前多采用 10~30 cm。又由于填料的不断发展和改进,目前最短的柱子长只有3 cm,板数可达 3 000~4 000,已经能够满足一般分析的需要,并有很高的分析速度。

④分析速度与气相色谱相似。

高效液相色谱的载液流速一般为 1~10 mL/min,分析样品只需要几分钟或几十分钟,一般小于 1 h。

⑤柱压高于气相色谱。

气相色谱和液相色谱的主要区别是流动相不同。气相色谱如果采用钢瓶气源,气源压力最高可达 12 MPa,进入色谱柱的压力为 0.1~0.4 MPa,但液相色谱柱的阻力较大,一般色谱柱进口压力为 15~30 MPa,液体不容易被压缩,因此没有爆炸危险。

⑥灵敏度与气相色谱相似。

液相色谱已广泛采用高灵敏度检测器,例如紫外检测器、荧光检测器等高灵敏度的检测器,大大提高了检测的灵敏度,检测下限可达 10^{-11} g。

(3)液相色谱技术的主要类型

根据分离机制(固定相)的不同,高效液相色谱技术可分为液-固吸附色谱技术、液-液分配色谱技术、键合相色谱法等。根据仪器类型的不同可分为高效液相色谱仪、超高效液相色谱仪、离子色谱仪和凝胶色谱仪等。

1)液-固吸附色谱技术

液-固吸附色谱是指流动相为液体,固定相为固体的色谱方法。吸附剂通常是多孔性的固体颗粒物质,它们的表面存在吸附中心。分离实质是利用组分在吸附剂(固定相)上吸附能力的不同而获得分离,因此称为吸附色谱法。

①分离原理。

当流动相通过吸附剂时,在吸附剂表面发生了溶质分子取代吸附剂上的溶剂分子的吸附作用。样品各组分的分离取决于组分分子和吸附剂之间作用力的强弱,也取决于组分分子和流动相分子之间作用力的强弱。组分中的基团对吸附剂表面亲和力的大小,决定了它保留时间的长短。

吸附剂表面与溶质之间的相互作用,包括氢键、静电力和色散力等。硅胶和氧化铝的保留作用主要受与溶质极性功能基团的相互作用控制。因此,溶质分子官能团性质决定了它在液固吸附色谱中的保留顺序,对结构为 RX(X 为官能团)的混合物有:烷基<卤素(F<Cl<Br<I)<醚<硝基化合物<腈<叔胺<酯<酮<醛<醇<酚<伯胺<酰胺<羧酸<碳酸。但同系物的出峰将非常接近,表现为很小的分离选择性,甚至出峰重叠。如碳原子数超过 4~6 的脂肪族同系物。

液-固吸附色谱法是适用于溶于有机溶剂的非离子型化合物间的分离,尤其是异构体间的分离,以及具有不同极性取代基的化合物间的分离。

一般来说,溶质在浓度低时被吸附剂吸附得较牢固,浓度高时吸附作用相对减弱。因此,高浓度组分色谱峰的中心部分出现较早,而谱峰后面部分由于吸附较牢固而延迟流出,形成拖尾峰。为了得到较好的峰形,应选择较小的进样量。

②固定相。

液-固吸附色谱用的固定相都是一些吸附活性强弱不等的吸附剂,例如硅胶、氧化铝、分子筛、聚酰胺等。样品中组分分子与溶剂分子在固定相固体表面竞争吸附时,官能团极性大且数目多的组分有较大的保留值,反之,保留值小。

液-固吸附色谱中对吸附剂的要求是:不与流动相和被测组分发生化学反应,有高的吸附容量,不溶于流动相等。

硅胶微球是良好的通用吸附剂。硅胶吸附剂表面结构是决定色谱性能的主要因素,其次是它的粒度大小、分布范围,装柱技术对柱效能的影响也很大。由于硅胶微球表面存在着不同活性强度的吸附部位,从而引起色谱峰严重的拖尾现象。为此需进行失活处理,降低吸附活性,方法是调节硅胶的含水量。吸附剂的含水量对于分离效率、不可逆吸附、吸附系数等有很大影响,在进行重复性分离时,必须控制吸附剂的含水量。表5.4列出了常见的吸附剂及其物理性质。

表5.4　常见的商品吸附剂

类型	名称	形状	粒度/μm	比表面积/$(m^2 \cdot g^{-1})$	平均孔径/nm
硅胶	Porasil-C	球形	35～75	50～100	200～400
	LiChrosorb Si 60	无定形	5,10	500	60
	LiChrosorb Si 100	无定形	5,10	400	100
	LiChrosorb Si 100	球形	5,10	370	100
氧化铝	Woelm Alumina	无定形	18～30	200	150
	LiChrosorb ALOX-T	无定形	5,10,30	70	150
	Bio-Rad AG	无定形	74	200	150

③流动相。

在吸附色谱中,流动相常被称为洗脱剂,它的选择要比固定相更重要,对于具有不同极性的样品,选择流动相的主要依据仍然是洗脱剂的极性。极性大的样品用极性大的流动相,极性小的样品用极性小的流动相。

在吸附色谱中,流动相的极性强度常用洗脱剂的强度参数 ε 表示,ε 越大,表示洗脱剂的极性也越大。

在吸附色谱中,经常选择二元混合溶剂作为流动相,一般以一种极性强的溶剂和一种极性弱的溶剂按一定比例混合制得所需的流动相。由于混合溶剂容易分层,因此要使流动相充分连续地流过柱子,直到进入柱内与流出柱外的流动相的组成相同。

④应用。

液-固吸附色谱是以表面吸附性能为依据的,所以它常用于分离极性不同的化合物,但也能分离那些具有相同极性基团,但基团数量不同的样品。此外,液-固吸附色谱还适于分离异构体,这主要是因为异构体有不同的空间排列方式,因此吸附剂对它们的吸附能力有所不同,从而得到了分离。例如,硝基苯胺异构体的分离,用微粒氧化铝柱分离了它的三种异构体。对位异构体的保留最强,因为它的两个官能团的位置相距最远,有更多的机会与一个以上柱的吸附部位相互作用,邻位异构体与氧化铝的相互作用较弱,可能是形成了分子内氢键的缘故。

2)液-液分配色谱技术

①分离原理。

液-液分配色谱的分离原理基本与液-液萃取相同,都是根据物质在两种互不相溶的液体中溶解度的不同,具有不同的分配系数。所不同的是,液-液色谱的分配是在柱中进行的,使这种分配可以反复多次进行。当被分配的样品进入色谱柱后,各组分按照它们各自的分配系数很快地在两相间达到分配平衡,这种分配平衡的总结果导致各组分随流动相前进的迁移速度不同,从而实现组分的分离。

②固定相。

分配色谱法中的固定相由两部分组成,一部分是惰性载体,另一部分是涂在载体上的固定液。固定液的选择要符合以下原则:对极性样品,选择极性固定液和非极性流动相;对非极性样品选择非极性固定液和极性流动相。在分配色谱法中常用的固定液如强极性 β,β-氧二丙腈、中等极性聚乙二醇、非极性的角鲨烷等,此类固定液分离重现性好,样品容量高,分离样品范围广。但其最大的缺点是固定液易被流动相洗脱而导致柱效能下降。利用前置柱虽能减少固定液流失,但不能完全克服。这种缺点的存在妨碍了它的广泛应用,目前已被化学键合固定相所代替。

化学键合固定相是利用化学反应将有机分子以化学键的方式固定到载体表面,形成均一、牢固的单分子薄层。但当固定液分子不能完全覆盖载体表面时,其载体表面的活性吸附点也会吸附组分。这样对于这种固定相来说,具有吸附色谱和分配色谱两种功能。所以,键合液-液色谱的分离原理,既不是完全的吸附过程,也不是完全的液液分配过程,两种机理兼而有之,只是按键合量的多少而各有侧重。

③流动相。

液-液分配色谱中使用溶剂作为流动相。溶剂洗脱组分的能力与溶剂的极性有关,极性增大,溶剂的洗脱强度也会增大。因此,可以通过组成混合溶剂来改善分离的选择性。溶解样品的溶剂,一般采用与流动相(用固定液饱和)相同的溶剂,若样品不溶,就只能使用以固定液饱和的极性较小的溶剂。在分配色谱中的流动相要尽可能地不与固定液互溶。

根据流动相和固定相相对极性的不同,分配色谱法可分为正相分配色谱法和反相分配色谱法。

在正相分配色谱法中,固定相载体上涂布的是极性固定液,流动相是非极性溶剂。它可用来分离极性较强的水溶性样品,组分中非极性组分先洗脱出来,极性组分后洗脱出来。正相分配色谱法中的流动相主体为己烷、庚烷,可加入小于 20% 的极性改性剂,如 1-氯丁烷、异丙烷、二氯甲烷、氯仿、乙酸乙酯、四氢呋喃、乙腈等。

在反相分配色谱法中,固定相载体上涂布极性较弱或非极性的固定液,而用极性较强的溶剂作流动相。它可用来分离油溶性样品,其洗脱顺序与正相液液色谱相反,即极性组分先被洗脱,非极性组分后被洗脱。反相分配色谱法中的流动相主体为水,可加入一定量的改性剂,如乙二醇、甲醇、异丙醇、丙酮、乙腈等。反相色谱法是目前液相色谱分离模式中使用最为广泛的一种模式。

④应用。

液-液分配色谱法既能分离极性化合物,又能分离非极性化合物,如烷烃、芳烃、稠环化合物、甾族化合物等。

3) 键合相色谱法

键合相色谱法是采用化学键合固定相的液相色谱法。键合固定相中固定液通过化学结合在载体表面上,其方法是通过化学反应在载体表面上形成一层有机基团的单分子层或聚合多分子层。因键合固定相非常稳定,使用过程中不易流失,因此,在高效液相色谱的整个应用中,键合相色谱占到了80%以上。

①分离原理。

a.正相键合相色谱的分离原理。正相键合相色谱使用的是极性键合固定相,溶质在此类固定相上的分离机理属于分配色谱。

b.反相键合相色谱的分离原理。反相键合相色谱使用的是极性较小的键合固定相,其分离机理可用疏水溶剂作用理论来解释。这种理论认为,键合在硅胶表面的非极性或弱极性基团具有较强的疏水特性,当用极性溶剂为流动相来分离含有极性官能团的有机化合物时,一方面,分子中的非极性部分与疏水基团产生缔合作用,使它保留在固定相中,另一方面,被分离物的极性部分受到极性流动相的作用,促使它离开固定相(解缔),并减小其保留作用。显然,两种作用力之差决定了溶质分子在色谱分离过程中的保留值。由于不同溶质分子这种能力的差异是不一致的,所以流出色谱柱的速度是不一致的,从而使得各种不同组分得到了分离。

②键合固定相的类型。

用来制备键合固定相的载体,几乎都为硅胶。利用硅胶表面的硅醇基(Si—OH)与有机分子之间成键,即可得到各种性能的固定相。一般可分以下三类。

a.疏水基团,如不同链长的烷烃(C_8和C_{18})和苯基等。用于反相键合相色谱法。

b.极性基团,如氨丙基、氰乙基、醚和醇等。此类键合相表面分布均匀,吸附活性比硅胶低,因而可以看成一种改性的硅胶,常用于正相操作,即用比键合相本身极性小的流动相冲洗。

c.离子交换基团,如作为阴离子交换基团的氨基、季铵盐,作为阳离子交换基团的磺酸等。

③键合相色谱法中的固定相和流动相的选择。

正相键合相色谱法使用的是强极性的键合固定相和非极性或弱极性的流动相,适用于分离极性化合物及异构体等。极性键合相的键型常有 Si—O—Si—C、Si—O—C、Si—O—Si—N 以及含有氨基、氰基、羟基和醚基的键型等。在正相键合相色谱中,采用和正相液液分配色谱相似的流动相,流动相的主体成分为己烷(或庚烷)。为改善分离的选择性,常加入的优选溶剂为质子接受体乙醚或甲基叔丁基醚、质子给予体氯仿、偶极溶剂二氯甲烷等。

反相键合相色谱法是采用极性较小的键合固定相和极性较强的流动相,适用于分离极性范围广的样品,包括分离多环芳烃、氨基酸等极性化合物。近年来,反相键合相色谱法应用极为广泛。该方法的优点是柱效能高,谱峰无拖尾现象。

反相键合相色谱的键合相使用烃基键合相,应用最多的是十八烷基键合硅烷,通常称为ODS固定相。反相键合相色谱的流动相使用极性溶剂及其混合物,常用的有水、乙腈、甲醇、乙醇、丁醇等。其洗脱强度的强弱顺序依次为:水(最弱)<甲醇<乙腈<乙醇<四氢呋喃<丙醇<二氯甲烷(最强)。

选择流动相时应考虑:

a.如以水为流动相,极性小的溶质组分保留值较大。

b.如以二元混合溶剂为流动相,极性小的溶质组分保留值随非极性溶剂浓度的增加而减小。

c.在含水流动相中,加入中性盐(如 Na_2SO_4)会增加非极性溶质组分的保留值。在反相键合相色谱法中多采用水-甲醇、水-乙腈体系,分离不(或微)溶于水但溶于醇类或其他与水混溶的有机溶剂的物质。表5.5列出了在键合相色谱中固定相和流动相的选择。

表5.5 键合相色谱中固定相和流动相的选择

基团	键合基团	分离方式	流动相
醚基	$SiO-[Si(C_6H_{12}O_2)-O]_n$	正相、反相	烃类溶剂、水-醇
硝基	$Si-(CH_2)_nNO_2$	正相、反相	烃类溶剂、水-醇
氨基	$-Si-(CH_2)_3-NH_2$	正相、反相、离子交换	烃类溶剂、水-醇
氰基	$-Si-CH_2-CH_2CN$	正相、反相	烃类溶剂
二醇基	$-Si-(CH_2)_4CH(OH)-CH_2OH$	正相	烃类溶剂
酚基	$-Si-CH_2CH_2C_4H_6OH$	反相	水-醇
烷基	$-Si-C_{18}H_{37}$	反相	水-醇
苯基	$-SiC_6H_5$	反相	水-醇
磺基	$-Si-(CH_2)_2-C_6H_4-SO_3H$	离子交换	水、水-醇
季铵基	$-Si(CH_2)_3R_3NCl$	离子交换	水、水-醇

在反相键合相色谱法中,常向流动相中加入一些改性剂,以获得良好峰形和分离效果。主要有以下两种方法。

a. 离子抑制法。在反相键合相色谱法中常向含水流动相中加入酸、碱或缓冲溶液,使流动相的 pH 值控制在一定的范围内,抑制溶质的离子化,减小谱带拖尾,改善峰形,提高分离的选择性。例如,在分析有机弱酸时,常向甲醇-水流动相中加入1%的甲酸(或乙酸、二氯乙酸、H_3PO_4、H_2SO_4)。这样就可抑制溶质的离子化,获得对称的离子峰。对于弱碱样品,向流动相中加入1%的三乙醇胺,也可达到相同的效果。

b. 离子强度调节法。在反相键合相色谱法中,分析易解离的碱性有机化合物时,随着流动相的 pH 值升高,键合相表面残存的硅羟基与碱的阴离子的亲和能力增强,会引起峰形拖尾并干扰分离,此时向流动相中加入0.1% ~1%的乙酸盐、硫酸盐或硼酸盐,就可利用盐效应减弱残存硅羟基的干扰作用,抑制峰形拖尾并改善分离效果。但应注意,经常用磷酸盐或卤代物会引起硅烷化固定相的降解。

在液相色谱法中,如果在流动相中使用了硫酸盐等这类盐时,由于这些盐在有机溶剂中的溶解度小,为防止在高压输液泵中产生结晶从而磨损泵的活塞,必须用水进行在线清洗高压泵的活塞。

④应用。

正相键合相色谱多用于分离各类中等极性化合物、异构体等,如染料、炸药、芳香胺酯、氨基酸、脂溶性维生素和药物等。

反相键合相色谱系统由于操作简单,稳定性与重复性好,已成为一种通用型液相色谱分析方法,极性、非极性、水溶性、油溶性、离子性、非离子性、小分子、大分子、具有官能团差别或分子质量差别的同系物,均可采用反相液相色谱技术实现分离。

基础理论5.2　高效液相色谱仪的结构与原理

○ 资源链接 ○

[QR code]

高效液相色谱仪的结构与原理

高效液相色谱仪现在一般都做成一个个单元组件，然后根据分析要求将所需单元组件组合起来，最基本的组件是高压输液系统、进样系统、色谱柱、检测器和数据处理系统。此外，还可根据需要配置流动相在线脱气装置、梯度洗脱装置、自动进样系统、柱后反应系统和全自动控制系统等。图5.2是具有基本配置的高效液相色谱仪的流程示意图。

液相色谱仪的工作过程：高压输液泵将流动相以稳定的流速（或压力）输送至分析体系，在色谱柱之前通过

图5.2　液相色谱仪的流程示意图

进样器将样品导入，流动相将样品带入色谱柱，在色谱柱中各组分因在固定相中的分配系数或吸附力大小的不同而被分离，并依次随流动相流至检测器，检测到的信号送至数据系统记录、处理或保存。

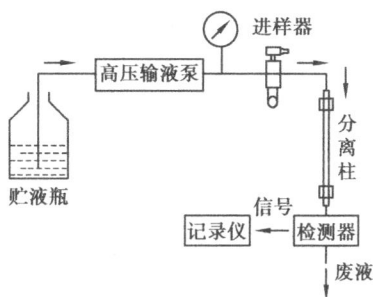

（1）高压输液系统

高压输液系统的作用是向柱子提供压力高、流动速度稳定的流动相。它以高压泵为核心，由贮液装置、高压输液泵、过滤器、梯度洗脱装置、阻尼器等组成。为了实施系统流量、压力的测量或程序控制，在输液系统的输出通路上还需安装不同类型的传感元件。

1）贮液装置

用来贮存足够数量符合分析要求的流动相。贮液罐常用机械性能和化学稳定性好的不锈钢、玻璃或特种塑料制成，容积一般为 0.5~2 L。溶剂在进入色谱系统之前，必须进行脱气，以免由于柱后压力下降使溶解在载液中的空气自动逸出形成气泡而影响检测器的正常工作。脱气的方法有加热法、减压法、超声波法和惰性气体置换法等。

2）高压输液泵

高压输液泵是高效液相色谱仪中最关键的部件，其作用是将流动相以稳定的流速或压力输送到色谱系统，使样品在色谱柱中完成分离过程。对高压输液泵的要求是：压力平稳无脉动，流速恒定，流量可调节，泵体材料耐化学腐蚀，死体积小，一般要求有 25~40 MPa 的压力。

高压输液泵按其工作原理可以分为恒流泵和恒压泵。恒流泵在一定操作条件下可输出恒定体积流量的流动相。目前常用的恒流泵有往复型泵和注射型泵，其特点是泵的体积小，

用于梯度洗脱尤为理想。恒压泵又称气动放大泵,是输出恒定压力的泵,其流量随色谱系统阻力的变化而变化。这类泵的优点是输出无脉动,对检测器的噪声低,通过改变气源压力即可改变流速。缺点是流速不够稳定,随溶剂黏度不同而改变。

目前高效液相色谱仪一般都配备往复式恒流泵,恒压泵在高效液相色谱仪发展初期使用较多,现在一般只用于色谱柱的制备。

3)过滤器

各种泵的柱塞、进样阀的阀芯加工的精密度都非常高,微小的机械杂质就将导致这些部件的损坏而不能正常工作。同时机械杂质在柱头的积累还将影响柱子的使用。因此,过滤器是必需的,因为在准备溶剂时,混有机械杂质是不可避免的。

过滤器的芯子通常是一个由不锈钢制成的具有一定孔隙度的圆锥体,由不锈钢粉末烧结而成。孔隙度是由粉末的粒度决定的,它的耐腐蚀程度取决于制造时选用的材料,也可以采用多孔聚四氟乙烯制作。虽然机械强度差,但耐腐蚀性要比不锈钢好得多。

过滤器的芯子通常镶嵌在一个不锈钢的壳体中,形成一个完整、安装方便的部件。

4)梯度洗脱装置

当样品是一个含有不同种类组分的复杂混合物时,通常用一种纯的或固定组成的混合溶剂难以实现满意的分离。为此,在液相色谱中常在一个样品的分析过程中,不断调整混合溶剂的组成,改变溶剂的强度或溶剂的选择性。如果溶剂组成随洗脱时间按一定规律变化,则称这种洗脱过程为梯度洗脱。类似于液相色谱的程序升温,用于分析组分数目多、性质差异较大的复杂样品。梯度洗脱分低压梯度(外梯度)和高压梯度(内梯度)两种方式。

①低压梯度。在常压下将两种溶剂在其中混合,然后用高压输液泵将流动相输入色谱柱中,此法的优点是只需一台高压泵,成本低廉、使用方便。

②高压梯度。高压梯度洗脱是先用两台高压输液泵将极性强度不同的两种溶剂打入混合室进行混合,再进入色谱柱,两种溶剂进入混合室的比例可由程序控制器或计算机来调节。两输液泵的流量可独立控制,可获得任意梯度的程序,精度很高,容易实现自动化。其缺点是必须使用两台高压输液泵,仪器价格昂贵,故障率也相对较高。

5)阻尼器

阻尼器也称缓冲器,是为减少流量波动而设置的,它安装于溶剂系统中。流量的脉动会引起基线和检测信号的噪声及检测限的波动。最简单的脉动阻尼器是一根比较长,但内径很细的不锈钢毛细管,可把它固定于一个组件中以便安装。

波尔登(波纹)管也是一种好的阻尼器。在系统安装一块波尔登压力计就可起到缓冲作用。但缓冲器的体积不能太大,太大不利于更换溶剂,特别是在梯度洗脱时,将引起严重的影响。

(2)进样系统

进样系统是将待分析样品引入色谱柱的装置,高效液相色谱要求进样器设计要耐高压,重复性好,死体积小,保证中心进样,与溶剂接触的部分具有很好的耐腐蚀性,进样时对色谱柱系统流量波动要小,便于实现自动化等。

高压液相色谱中,进样方式有注射器进样、进样阀进样。

1)注射器进样

注射器进样是目前最常用的进样方式,这种方式进样又分为不停流进样和停流进样两种。注射器进样是用高压注射器吸入少量样品,穿过隔垫后送入色谱柱头,如图5.3所示。

注射器进样与液相色谱仪的进样器在原理上是完全一致的。隔垫把系统和外界分开,为了使隔垫能承受上百公斤的压力,顶盖的通孔很细,而且长。在系统处于高压时,用一根金属棒压住隔垫的通孔部分,避免内部压力太大把隔垫冲破。进样时一般采用停流进样,以减少内部压力的反冲作用。隔垫必须耐溶剂侵蚀,不溶胀,使用前必须认真清洗。采用注射器进样,可获得较高的柱效,且价格便宜,结构简单。其缺点是隔垫使用次数有限,重复性也不够好。另外,由于隔垫破损形成的碎渣常常堵住进样器通道和柱头,需要定期清理。

图 5.3　注射器进样装置示意图

2)六通阀进样

六通阀可以承受 35~40 MPa 的压力,不需要停流进样。采用聚四氟乙烯或其他耐磨、耐腐蚀的材料作阀芯和密封垫。六通阀的进样与取样已在岗位 4 中学习,这里不再赘述。由于进样量是由常压下固定体积的进样管或微量注射器决定的,因此,可以获得很好的重复性。如果安装驱动装置,可做到自动进样,但比注射器进样的柱效低 10% 左右。

(3)分离系统

分离系统是高效液相色谱的心脏,其中色谱柱是核心部件,要求分离效能高,柱容量大,分析速度快,而这些性能不仅与柱子的固定相有关,也和它的外部结构、装填及使用技术等有关。

①色谱柱材料和长度。色谱柱通常为内壁抛光的不锈钢柱管。当柱压不超过 7 MPa 时,也可用厚壁玻璃或石英玻璃管柱。由于微粒固定相的采用,不得不对柱长提出限制,目前装填设备和技术只能保证直形柱,柱长在 1~550 cm,如果填料粒度采用 3~5 μm,则柱长可减至 5~10 cm。

②色谱柱内径。常用的液相色谱柱的内径有 4.6 mm 或 3.9 mm 两种规格,国内有内径为 4 mm 和 5 mm 柱。随着柱技术的发展,细内径柱受到人们的重视,内径 2 mm 柱已作为常用柱,细内径柱可获得与粗内径柱基本相同的柱效,而溶剂的消耗量却大为下降,这在一定程度上除减少了实验成本以外,也降低了废弃流动相对环境的污染和流动相溶剂对操作人员健康的损害。目前,1 mm 甚至更细内径的高效填充柱都有商品出售,特别是在与质谱联用时,为减少溶剂用量,常采用内径为 0.5 mm 以下的毛细管柱。实际过程中用作半制备或制备目的的液相色谱柱的内径一般在 6 mm 以上。

③色谱柱光洁度。柱内壁要求精细地抛光加工,绝对不允许有沟槽存在。

④色谱柱柱接头。柱接头的设计必须合理。

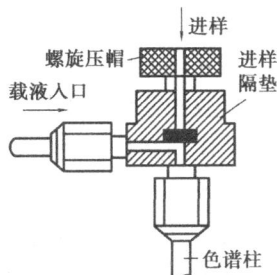

(4)检测器

高效液相色谱检测器是用于连续监测被色谱系统分离后的柱流出物组成和含量变化的装置。其作用是将柱流出物中样品组成和含量的变化转化为可供检测的信号,完成定性定量分析的任务。

液相色谱所用的溶剂在物理性质上与溶质极其相似,给液相色谱检测器的发展带来困难。科研人员力图在气相色谱检测器基础上研制液相色谱检测器,但结果都不理想。因此,液相色谱检测器在灵敏度和多样性方面都不如气相色谱检测器。检测器是高效液相色谱的薄弱环节。

理想的检测器应该具有灵敏度高、重现性好、响应快、线性范围广、对流量和温度都不敏感、不破坏样品、操作简便、易于维修等特点。目前应用较广的是紫外吸收检测器,其次是示差折光检测器、电导检测器、荧光检测器等。

1)紫外吸收检测器

紫外吸收检测器(UVD)不易受温度和载液流速波动的影响,因此这种检测器在液相色谱中应用最广,几乎所有的液相色谱仪都配有这种检测器。它的结构原理如图5.4所示。

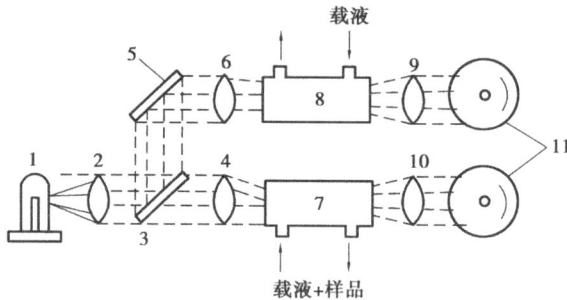

图5.4　紫外吸收检测器光学系统示意图
1—汞灯;2,4,6,9,10—聚光镜;3—分光器;
5—反光镜;7—样品吸收池;8—参比吸收池;11—光电管

紫外检测器的工作原理:由光源射出的紫外光线由聚光镜2聚集成平行光线,用半透镜把平行光线分为两束,再由聚光镜4和反光镜5各自聚焦到吸收池内,并准直为平行光线,再经聚光镜9和10照在光电管上。

紫外吸收检测器灵敏度高,检测下限约为 10^{-10} g/mL,而且线性范围广,对温度和流速不敏感,适于进行梯度洗脱,但被测物质必须是能吸收紫外线,或转化以后能吸收紫外线的物质。

2)示差折光检测器

示差折光检测器(RID)也称折光指数检测器,是一种通用型检测器,它是通过连续监测参比池和测量池中溶液的折射率之差来测定试样浓度的检测器。

溶液的光折射率是溶剂(流动相)和溶质各自的折射率乘以其物质的量浓度之和,溶有样品的流动相和流动相本身之间光折射率之差即表示样品在流动相中的浓度。原则上凡是与流动相光折射率有差别的样品都可用它来测定,其检测限可达 10^{-6} ~ 10^{-7} g/mL。

RID 对温度的变化很敏感,使用时温度变化要求保持在±0.001 ℃范围内。RID 对流动相流量的变化也很敏感,要求流动相组成完全恒定,稍有变化都会对测定产生明显的影响,因此一般不宜做梯度洗脱。此外,RID 灵敏度较低,不宜用于痕量分析。

RID 适用于没有紫外吸收的物质,如高分子化合物、糖类、脂肪、烷烃等的检测,也适用于流动相紫外吸收本底大,不适于紫外吸收检测的体系。在凝胶色谱中 RID 是必不可少的,尤其是对聚合物,如聚乙烯、聚乙二醇、丁苯橡胶等的分子量分布的测定。此外,RID 在制备色谱中也经常使用。

3)电导检测器

电导检测器(ECD)可以检测各种离子型化合物,在电化学检测器中属于通用型检测器,因此在离子色谱中应用较为普遍。

电导检测器的检测原理是:可电离的化合物在溶剂中,特别是在极性溶剂水、醇和弱酸中,形成阳离子,使本来不导电的溶剂具有导电的性质。在一定的外电场作用下,根据欧姆定律,该溶液表现出特有的电阻特性,可通过电解质电导率测量溶液中溶质的浓度。

电导检测器的结构如图 5.5 所示。其主体为玻璃碳(或铂片)制成的导电正极和负极,两电极间用厚 0.05 mm 的聚四氟乙烯薄膜隔开。薄膜中间开一条长形的孔道作为流通池,仅 1～3 μL 的体积。正、负极之间相距约 0.05 mm,当流动相中含有的离子通过流通池时,会引起电导率的改变。此二电极构成交流惠斯顿电桥的一臂,当流动相电导率发生变化时,电桥即产生一不平衡信号,经放大、整流后输入记录仪或数据处理设备。

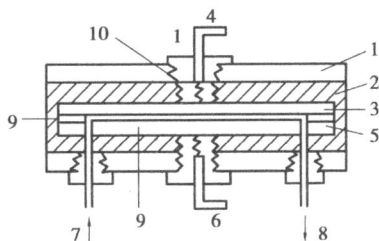

图 5.5　电导检测器结构示意图

1—不锈钢压板;2—聚四氟乙烯绝缘层;3—玻璃碳正极;4—正极导线接头;5—玻璃碳负极;
6—负极导线接头;7—流动相入口;8—流动相出口;
9—中间有条形孔槽可通过流动相的厚 0.05 mm 聚四氟乙烯薄膜;10—弹簧

电导检测器操作简便,在不发生电解的情况下,具有很高的灵敏度。

4)荧光检测器

有两种类型的化合物可用荧光检测器(FLD)检测,它们或者本身能发射荧光,或者通过衍生化的方法使本来不发射荧光的化合物发射荧光。本身具有荧光特性的有机或无机化合物是很少的,但是很多生物活性物质、药物制品和环境污染物是发射荧光的。荧光检测器由于具有较高的灵敏度和选择性而成为液相色谱常用的检测器之一。它是一种具有高灵敏度和高选择性的浓度型检测器。

当多原子分子吸收光量子时,电子从基态的最低振动能级根据量子力学的选择规则跃迁到高能电子态,然后分子通过无辐射过程松弛到一种激发态的最低振动能级,并在回到基态时发射光子,这个过程称为荧光。

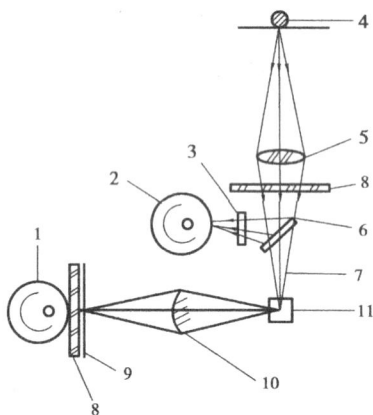

图5.6 荧光检测器光路示意图

1—样品光电倍增管;2—参比光电倍增管;

3—参比衰减器;4—光源;5—激发透镜;

6—光束分离器;7—激发光栏;

8—干涉滤光片;9—狭缝;

10—发射透镜;11—样品池

图5.6是一种简单的滤光器型荧光检测器光路图。因为输出信号的强度正比于辐射光的强度,所以通常使用汞(高能线状光谱)或钨、氘、氙(连续光谱)灯光源。

在使用荧光检测器时要注意流动相组成对荧光发射的影响。溶剂自身的极性、pH、氧的含量、溶剂的氢键作用等都将影响荧光的发射强度或发射波长。溶剂中的杂质,特别是氧的含量,可能完全抑制低浓度荧光化合物发射的信号,因而溶剂需要脱氧。

(5)数据处理系统

HPLC的数据处理系统主要有记录仪、色谱数据处理机和色谱工作站,其作用是记录和处理色谱分析的数据。目前是比较广泛的是色谱数据处理机和色谱工作站。

实训项目 5.1 高效液相色谱仪的实验技术

▶项目描述

李某刚应聘了一家检测公司的分析工作,岗位为高效液相色谱仪操作员,公司要求其演示一下高效液相色谱仪的基本操作并回答关于方法的一些基本理论。操作机型为普析L600高效液相色谱仪。

▶能力目标

- 掌握普析L600高效液相色谱仪的操作方法。
- 熟悉液相色谱仪的结构与原理。
- 了解其他高效液相色谱仪的测定过程。

▶项目分析

该任务是学生面试时经常遇到的场景之一,主要考查学生对方法的掌握和对仪器的使用是否符合用人单位的预期,在考查了学生的专业能力的同时还考查了学生的临场反应能力、沟通能力和表达能力。

液相色谱仪是利用混合物在液-固或不互溶的两种液体之间分配比的差异,对混合物进行先分离、后分析鉴定的仪器,广泛应用到生物化学、食品分析、医药研究、环境分析、无机分析等领域。

液相色谱仪工作原理:由储液器、泵、进样器、色谱柱、检测器、记录仪等几部分组成。储液器中液相色谱仪的流动相被高压泵打入系统,样品溶液经进样器进入流动相,被流动相载入色谱柱(固定相)内,由于样品溶液中的各组分在两相中具有不同的分配系数,在两相中做相对运动时,经过反复多次的吸附-解吸的分配过程,各组分在移动速度上产生较大的差别,被分离成单个组分依次从柱内流出,通过检测器时,样品浓度被转换成电信号传送到记录仪,数据以图谱形式打印出来。

色谱分离的实质是样品分子(以下称溶质)与溶剂(即流动相或洗脱液)以及固定相分子间的作用,作用力的大小决定色谱过程的保留行为。

高效液相色谱仪的测定过程:被分离混合物由流动相液体推动进入色谱柱,根据各组分在固定相及流动相中的吸附能力、分配系数、离子交换作用或分子尺寸大小的差异进行分离。之后单一组分进入检测器,经检测器将光信号转变为电信号,并经信号指示系统调制放大后,显示或打印出谱图,完成测定。

操作前应先理顺分析流程,理顺操作流程:

接通电源→打开计算机→打开两个高压输液泵以及检测器→启动工作站→自检→打开色谱柱→排出管路中的气泡→设置实验参数→采集基线→进样→待测定完毕→保存谱图→数据分析→关闭检测器开关与泵开关→依次关闭色谱柱以及两个高压输液泵和检测器→退出工作软件→关闭主机电源→关闭计算机→填写仪器使用记录。

▶项目实施

一、仪器和试剂

1. 仪器

普析 L600 高效液相色谱仪;色谱柱:C_{18} 反相色谱柱(4.5 mm×150 mm);进样器:三通阀,配 10 μL 定量管;注射器:25 μL 平头微量注射器。

2. 试剂

萘-甲醇溶液,甲醇等。

二、基本操作

1. 开机前准备

检查流动相甲醇或乙腈是否充足,检查滤头是否插入瓶底。

2. 开机

依次打开两个高压输液泵以及检测器的电源开关,打开计算机,启动工作站,单击"仪器配置",单击"启动",单击"控制采集",单击"启动",仪器进行自检,进入数据采集界面;打开色谱柱电源开关,拧开 A 泵与 B 泵的放空阀,将管路中的气泡排出,如果气泡不能自己排出,需要拧开放空阀右侧柱塞并用洗耳球将气泡吸出,观察管道中没有气泡后,拧紧放空阀旋钮。

3. 设置实验参数

设置实验参数(如泵压力、流速、检测器波长、检测梯度等实验标准中所需参数),在桌面新建文件夹,用来保存自己所需要的谱图数据。开始采集基线,待基线平稳后,重新采集30 min 并保存,开始进行试样检测。

4. 进样

单击"开始和关闭采集基线"开始进样,打开进样阀门,将 3 ~ 5 倍定量环体积待测溶液注入进样口,关闭进样阀门,拔出进样针,待测定完毕,保存谱图,如果需要继续测定,重复以上步骤。

三、数据记录及处理

1. 数据分析

在主界面选择数据分析界面,单击"启动"按钮;单击文件,打开数据;文件打开后,单击积分界面,单击"显示/隐藏积分界面表",界面右侧出现"手动积分事件"工具栏,工具栏中有"取消积分"按钮,在作用范围内所有峰不被积分;"手动基线"用来手动调整基线的起点和终点。

新建校正任务,如果需要在校正表中增加新的数据点,则单击"添加校正级别",添加新级别前先切换到对应色谱图,弹出对话框后,填入校正级别和对应的含量。若还要加入新的校正级别,重复以上步骤。工作站会根据选择的校正曲线类型进行多点拟和,得出相应校正曲线、曲线方程和相关系数。

2. 关机

首先在采集界面关闭检测器开关和泵开关,然后依次关闭色谱柱以及两个高压输液泵和检测器的电源开关,关闭工作站及计算机,合上仪器前面板,罩上防尘罩。

四、注意事项

①实验过程中要注意观察流动相使用情况,注意观察使用过程中高压输液泵前端是否漏液。

②流动相一般贮存于玻璃、聚四氟乙烯容器中,不能贮存在塑料容器中。更换流动相(缓冲盐溶液)前要用 10% 甲醇进行冲洗,使用完后先用 10% 甲醇冲洗,再用 100% 甲醇进行冲洗。

③流动相中不能有杂质,否则会将滤头堵塞。

④容器应定期清洗,以除去底部的杂质沉淀和可能生长的微生物。容器一定要盖严,防止溶剂挥发引起组成变化,也防止氧和二氧化碳溶入流动相。

⑤磷酸盐、乙酸盐缓冲液很易长霉,应临用现制。

⑥管路中不能有气泡,一定要将气泡排出。

⑦当采集界面长时间不用时,要将氘灯关闭。

⑧手动进样时,进样量尽量小,使用定量管定量时,进样体积应为定量管的 3 ~ 5 倍。

⑨进样应使用液相色谱专用平头进样针。进样时,进样针应插到底,不使用时将针头留在进样器内。

⑩关闭仪器后要将进样阀门关闭并堵上堵头。

⑪泵工作时防止溶剂瓶内的流动相用完,否则空泵运转也会磨损柱塞、密封圈,最终产生漏液。

⑫当指示灯绿灯亮时,表明仪器正在运行;当指示灯黄灯亮时,表明泵处于未就绪状态,等待达到或完成一个特殊条件,或正在运行自测程序;当指示灯红灯亮时,表明泵出现故障。

基础理论5.3　高效液相色谱固定相、流动相的选择

在实际分析过程中,确立了分析模式之后,接下来就应该选择合适的固定相与流动相了,这也是十分重要的。以下以几种常见的液相色谱分析方法来说明固定相与流动相的选择。

(1)硅胶吸附色谱

在硅胶吸附色谱中,对保留值和选择性起主导作用的是溶质与固定相的作用,流动相的作用主要是调节溶质的保留值在一定范围内。在吸附色谱中,流动相的弱组分是正己烷,实际过程中,可根据溶质所含的官能团信息,选择适当的流动相的强组分。

①样品中只含有—NH_2、—OH、—COOH、—NH—这类质子给予体基团时,可选用异丙醇作为流动相的强组分。

②样品中的溶质含有—COO—、—NO_2 和—C=O 这类只接受质子的基团时,可选用乙酸乙酯、丙酮或乙腈作为流动相的强组分。

③样品中的溶质只含有—O—和苯基这类极性作用较弱的基团时,可选用乙醚作为流动相的强组分。

④样品中的溶质同时含有多个—H_2PO_4、—COOH、—OH、—NH_2 等氢键力较强的基团时,可选用异丙醇作为流动相的强组分,但还需加入适量的乙醇或乙腈,必要时也可加入水。

(2)键合正相色谱

键合正相色谱分离机理与硅胶吸附色谱相似,流动相的选择可引用硅胶吸附色谱中的规则,固定相的选择原则如下。

①若样品中溶质中含有—COO—、—NO_2、—CN 等具有质子接受体基团,则可选用氨基、二醇基这一类具有质子给予能力的固定相。

②若样品溶质中含—NH_2、—OH、—COOH、—NH—等具有质子给予能力的基团,则可选用腈基、氨基和醇基键合固定相。

(3)反相色谱

在反相色谱中,C_{18} 反相键合相柱(简称 ODS)是最常用的色谱柱。水是常用的流动相弱组分,流动相强组分主要是甲醇、乙腈与四氢呋喃等。

选择流动相时应注意以下几点。

①若样品溶质中含有两个以下氢键作用基团(如—NH_2、—OH、—COOH 等)的芳香烃邻、对位或邻、间位异构体,可选用甲醇/水为流动相。

②若样品溶质中含有两个以上 Cl、I、Br 邻、间、对位异构体或极性取代基的间、对位异构体以及双键位置不同的异构体,可选用苯基或 C_{18} 键合固定相、乙腈/水为流动相。

③当实际过程中获得溶质的容量因子 k' 值大于30(一般要求 $1<k'<20$)时,应在反相色谱

系统的甲醇/水流动相中加入适量四氢呋喃、氯仿或丙酮,以使被分离溶质的 k' 值保持在适当范围内。当然,也可以通过减少固定相表面键合碳链浓度或缩短碳链长度来达到减小 k' 值的目的。

④若样品溶质中含有—NH₂、—NH—等这一类基团时,应在反相色谱的流动相中加入适量添加剂有机胺来提高样品保留值的重现性和色谱峰的对称性。

(4)凝胶色谱

凝胶是凝胶色谱的核心,是产生分离作用的基础,进行凝胶色谱实验的重要一环是选择和搭配具有不同孔径、性能良好的凝胶。生物大分子分离的传统方法多采用多糖聚合物软胶凝胶色谱填料,这种填料只能在低压、慢速操作条件下使用,目前在很大程度上已被微粒型交联亲水硅胶和亲水性键合硅胶取代。填料具有一定的孔径尺寸分布,随孔径大小的差别,分离相对分子质量范围在1万~200万。对于实验室分析或小规模制备,平均粒度在 $3 \sim 13~\mu m$ 的填料,一般有良好的柱效和分离能力;但对于大规模制备和纯化,考虑到成本和渗透性,可选用较粗的粒度。实际过程中,往往实验室只配置有一定的色谱柱,因此,色谱分离方法和色谱柱往往是确定的,有时也谈不上色谱柱的选择,但对装备齐全的实验室而言,色谱柱的选择还是有意义的。

实训项目 5.2 水质 多环芳烃萘的测定

○ 资源链接 ○

水质 多环芳烃萘的测定

《水质 多环芳烃的测定 液液萃取和
固相萃取高效液相色谱法》(HJ 478—2009)

▶项目描述

某化工生产公司委托某检测公司,欲对工业废水水体中萘含量进行检测。

▶能力目标

- 掌握高效液相色谱法测定萘的原理。
- 了解萘的测定方法。
- 学会 HPLC 仪器的基本操作。

▶项目分析

用正己烷或二氯甲烷萃取水中多环芳烃(PAHs),萃取液经硅胶或弗罗里硅土柱净化,用二氯甲烷和正己烷的混合溶剂洗脱,洗脱液浓缩后,用具有荧光/紫外检测器的高效液相色谱仪分离检测。

▶**项目实施**

一、仪器和试剂

1. 仪器
①液相色谱仪(HPLC):普析 L600 高效液相色谱仪。
②色谱柱:C_{18} 反相色谱柱(4.5 mm×150 mm)。
③进样器:三通阀,配 10μL 定量管。
④注射器:25 μL 平头微量注射器。
⑤采样瓶、分液漏斗、浓缩装置等一般实验室常见仪器。

2. 试剂
①乙腈(CH_3CN):液相色谱纯。
②甲醇(CH_3OH):液相色谱纯。
③二氯甲烷(CH_2Cl_2):液相色谱纯。
④正己烷(C_6H_{14}):液相色谱纯。
⑤硫代硫酸钠($Na_2S_2O_3 \cdot 5H_2O$)。
⑥无水硫酸钠(Na_2SO_4):在 400 ℃下烘烤 2 h,冷却后,贮于磨口玻璃瓶中密封保存。
⑦氯化钠(NaCl):在 400 ℃下烘烤 2 h,冷却后,贮于磨口玻璃瓶中密封保存。
⑧标准溶液:20.0 mg/L 萘的乙腈溶液。在 4 ℃以下冷藏。
⑨十氟联苯标准使用溶液:40 μg/mL 的十氟联苯的乙腈溶液。在 4 ℃以下冷藏。

二、基本操作

1. 样品的采集
样品必须采集在预先洗净烘干的采样瓶中,采样前不能用水样预洗采样瓶,以防止样品的沾染或吸附。采样瓶要完全注满,不留气泡。若水中有残余氯存在,要在每升水中加入 80 mg 硫代硫酸钠除氯。

2. 样品预处理
萃取:摇匀水样,量取 1 000 mL 水样(萃取所用水样体积根据水质情况可适当增减),倒入 2 000 mL 的分液漏斗,加入 50 μL 十氟联苯,加入 30 g 氯化钠,再加入 50 mL 二氯甲烷或正己烷,振摇 5 min,静置分层,收集有机相,放入 250 mL 接收瓶中,重复萃取两遍,合并有机相,加入无水硫酸钠至有流动的无水硫酸钠存在。放置 30 min,脱水干燥。

浓缩:用浓缩装置浓缩至 1 mL,待净化。如萃取液为二氯甲烷,浓缩至 1 mL,加入适量正己烷至 5 mL,重复此浓缩过程 3 次,最后浓缩至 1 mL,待净化。

净化:用 1 g 硅胶柱作为净化柱,将其固定在液液萃取净化装置上。先用 4 mL 淋洗液冲洗净化柱,再用 10 mL 正己烷平衡净化柱(当 2 mL 正己烷流过净化柱后,关闭活塞,使正己烷在柱中停留 5 min)。将浓缩后的样品溶液加到柱上,再用约 3 mL 正己烷分 3 次洗涤装样品的容器,将洗涤液一并加到柱上,弃去流出的溶剂。被测定的样品吸附于柱上,用 10 mL 二氯甲烷/正己烷(1+1)洗涤吸附有样品的净化柱,收集洗脱液于浓缩瓶中(当 2 mL 洗脱液流过净化柱后关闭活塞,让洗脱液在柱中停留 5 min)。浓缩至 0.5 ~ 1.0 mL,加入 3 mL 乙腈,再浓缩至 0.5 mL 以下,最后准确定容到 0.5 mL 待测。

3. 色谱条件

梯度洗脱程序:65% 乙腈+35% 水,保持 27 min;以 2.5% 乙腈/min 的增量至 100% 乙腈,保持至出峰完毕。

流动相流量:1.2 mL/min。

4. 标准系列的制备

取一定量萘标准使用液和十氟联苯标准使用液于乙腈中,制备至少 5 个浓度点的标准系列,萘质量浓度分别为 0.1,0.5,1.0,5.0,10.0 μg/mL,贮存在棕色小瓶中,于冷暗处存放。

5. 初始标准曲线

通过样品定量环分别移取 5 种浓度的标准使用液 10 μL,注入液相色谱,得到不同浓度萘的色谱图。以峰高或峰面积为纵坐标,浓度为横坐标,绘制标准曲线。标准曲线的相关系数应大于 0.999,否则重新绘制标准曲线。

6. 样品的测定

取 10 μL 待测样品注入高效液相色谱仪中。记录色谱峰的保留时间和峰高(或峰面积)。

7. 空白实验

在分析样品的同时,应做空白实验,即用蒸馏水代替水样,按与样品测定相同的步骤分析,检查分析过程中是否有污染。

三、数据记录及处理

按式(5.1)计算样品中萘的质量浓度

$$\rho_i = \frac{\rho_{xi} \times V_1}{V} \tag{5.1}$$

式中,ρ_i 为样品中组分 i 的质量浓度,μg/L;ρ_{xi} 为从标准曲线中查得组分 i 的质量浓度,mg/L;V_1 为萃取液浓缩后的体积,μL;V 为水样体积,mL。

四、注意事项

①在萃取过程中出现乳化现象时,可采用搅动、离心、用玻璃棉过滤等方法破乳,也可采用冷冻的方法破乳。

②在样品分析时,若预处理过程中溶剂转换不完全(即有残存正己烷或二氯甲烷),会出现保留时间漂移、峰变宽或双峰的现象。

实训预习报告

岗位 5　液相色谱仪操作岗位		实训日期：		同组人：	
姓名：		班级：	学号：		成绩：
实训项目 5.2　水质 多环芳烃萘的测定					
健康和安全	通过预习说明哪些是健康和安全措施所必需的，并给出相应的描述。				
环保	请说明是否需要采取环保措施，并给出相应的描述。				

实训报告

岗位5　液相色谱仪操作岗位		实训日期：		同组人：	
姓名：		班级：		学号：	成绩：
实训项目5.2　水质 多环芳烃萘的测定					
实训项目 名称					
实训目的 要求					
实训仪器 及试剂					
实 训 原 理					
实 训 操 作 步 骤					

续表

实训操作步骤	
实训数据处理	
实训结果讨论	

实训评分标准

岗位 5　液相色谱仪操作岗位		实训日期：		同组人：
姓名：	班级：	学号：		成绩：
自评：○熟练 ○不熟练	互评：○熟练 ○不熟练	师评：○合格 ○不合格		导师签字：
日期：	日期：	日期：		温度：　　湿度：

实训项目 5.2　水质 多环芳烃萘的测定

序号	考核项目	考核内容	配分	评分要求	得分	自评	互评	师评
1	素质考核	○1. 有团队协作意识,有大局意识,分工明确、互帮互助 ○2. 有安全意识,能自我保护 ○3. 有环保意识,能回收溶剂 ○4. 能认真严谨操作、合理规划时间、实验态度良好 ○5. 能够遵守实验室制度、实验纪律良好	15	未完成1项扣3分,扣分不得超过15分		○有 ○没有 ○能 ○不能	○有 ○没有 ○能 ○不能	○合格 ○不合格
2	专业技能考核	○1. 能正确预处理样品 ○2. 能正确配制流动相 ○3. 能正确配制萘标准溶液 ○4. 能正确使用进样针 ○5. 能正确检查液相色谱仪 ○6. 能正确设定仪器参数 ○7. 能正确使用高效液相色谱仪 ○8. 能正确处理实验数据 ○9. 能填写仪器使用记录 ○10. 能正确填写实训报告 ○11. 工作台干净整洁	60	未完成1项扣6分,扣分不得超过60分		○能 ○不能	○能 ○不能	○合格 ○不合格

序号	考核项目	考核内容	配分	评分要求	得分	自评	互评	师评
3	实训结果考核	○1. 原始数据记录合理无涂改 ○2. 计算正确无抄袭 ○3. 标准曲线符合标准 ○4. 有效数字及单位正确 ○5. 所测数值在线性范围内	15	未完成 1 项扣 3 分,扣分不得超过15 分		○熟练 ○不熟练	○熟练 ○不熟练	○合格 ○不合格
4	特色考核	○1. 提前进入"校中厂"参观学习 ○2. 一帮一指导其他学生 ○3. 能够自行设计实验 ○4. 能够独立完成实验 ○5. 能积极主动分享实验心得体会	10	未完成 1 项扣 2 分,扣分不得超过10 分		○能 ○不能	○能 ○不能	○合格 ○不合格
5	重大失误考核	○1. 不戴口罩、手套 ○2. 不回收废液 ○3. 不爱惜实验仪器 ○4. 试液重新配制(开始峰面积测量后不允许重新配制溶液) ○5. 重新测定(由于仪器本身的原因造成数据丢失,重新测定不扣分)	-20	每出现一项扣 4 分,并赔偿相关损失,扣分不得超过20 分		○有 ○没有	○有 ○没有	○合格 ○不合格

基础理论5.4 高效液相色谱分析的样品处理与方法选择

原则上高效液相色谱分析的样品一定要溶于流动相,如有大量妨碍分离的成分共存,或待分析成分量太少,则须先进行分离或浓缩等前处理,进样前过滤样品溶液。

(1)高效液相色谱分析的样品处理

萃取是分离和提纯液态有机化合物最常用的一种方法,是利用物质在不同溶剂中溶解度的差异来分离混合物的方法。根据分离物相态的差异,可分为液-液萃取、固-液萃取。使用的溶剂称为萃取剂,被分离的物质称为萃取物。

1)萃取

①液-液萃取。

液-液萃取,又称溶剂萃取或抽提,是用溶剂分离和提取液体混合物中的组分的过程。液-液萃取用选定的溶剂分离液体混合物中某种组分,溶剂必须与被萃取的混合物液体不相溶,具有选择性的溶解能力,而且必须有好的热稳定性和化学稳定性,并有小的毒性和腐蚀性。在液体混合物中加入与其不相混溶(或稍相混溶)的溶剂,利用其组分在溶剂中的不同溶解度而达到分离或提取的目的。例如,用苯分离煤焦油中的酚,用有机溶剂分离石油馏分中的烯烃,用四氯化碳萃取水中的溴单质。

A. 基本原理。利用化合物在两种互不相溶(或微溶)的溶剂中溶解度或分配系数的不同,使化合物从一种溶剂中转移到另外一种溶剂中。经过反复多次萃取,将绝大部分的化合物提取出来。

分配定律是萃取方法理论的主要依据,物质对不同的溶剂有着不同的溶解度。同时,在两种互不相溶的溶剂中,加入某种可溶性的物质时,它能分别溶解于两种溶剂中,实验证明,在一定温度下,该化合物与此两种溶剂不发生分解、电解、缔合和溶剂化等作用时,此化合物在两液层中的比是一个定值。不论所加物质的量是多少,都是如此,属于物理变化。有机化合物在有机溶剂中一般比在水中溶解度大。用有机溶剂提取溶解于水的化合物是萃取的典型实例。在萃取时,若在水溶液中加入一定量的电解质(如氯化钠),利用"盐析效应"以降低有机物和萃取溶剂在水溶液中的溶解度,常可提高萃取效果。

常使用的有机溶剂为石油醚、乙醚、氯仿、四氯化碳等,常用仪器为分液漏斗,操作时,应当选择容积较液体样品体积大一倍以上的分液漏斗,少量多次(一般 3~5 次)进行分液。

B. 萃取装置。实验室用的萃取仪器主要是分液漏斗。而工业中的萃取设备很多,可以分为罐式(萃取器)、塔式(萃取器)和离心机式(离心萃取机)三大类,其中塔式设备是最常用的。不论哪种萃取设备,必须完成萃取两相的混合、分离。混合要充分,分离更要充分。

②液-固萃取。

液-固萃取是利用有机溶剂从固体中把待测组分分离出来。常用的萃取剂为石油醚、乙醚、氯仿、四氯化碳等。常用的仪器为索氏提取器(图 5.7),液-固萃取如有必要,可以采用加热的方式加速萃取。

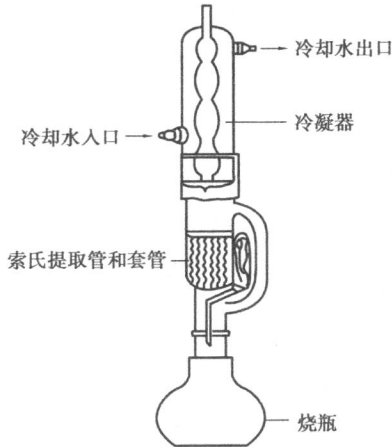

图 5.7　索氏提取器液-固萃取装置

③固-液萃取。

固-液萃取是一种使用吸附剂的萃取技术。此方法是使一定体积的样品溶液通过装有固体吸附剂的小柱,样品中与吸附剂有强作用的组分被完全吸附。然后,用强洗脱溶剂将被吸附的组分洗脱出来,定容成小体积被测样品溶液。

固-液萃取作为样品前处理技术,不仅可用于色谱分析中的样品预处理,而且可用于红外光谱、质谱、核磁共振、紫外和原子吸收等各种分析方法的样品预处理。它是将吸附剂颗粒细微化,并将吸附剂装入已商品化的小柱子中,它利用分析物在不同介质中被吸附的能力差将目标物提纯,有效地将目标物与干扰组分分离,大大增强对分析物特别是痕量分析物的检出能力,提高了被测样品的回收率。

C_{18} 和活性炭是较常见的两种吸附剂,已广泛应用于环境、制药、临床医学、食品等领域。活性炭填料的吸附柱,可以分析苯系物、烷烃、卤代烃、醇、酮、酯等物质。此外,还有其他具有不同选择性的填料,如氰基、氨基、苯基、双醇基填料,硅胶、氧化铝、硅酸镁、聚合物、离子交换剂、排阻色谱填料、亲和色谱填料等。

固相萃取技术具有很多优点:简便快速;使用有机溶剂少;避免乳化现象,提高了分离效率;针对不同类型有机污染物有多种类型的吸附剂和有机溶剂可供选择;易与其他仪器(GC、GC/MS 等)联用,实现自动化在线分析。各种不同固定相的柱,可以适应各种样品预处理的需要。现在使用最多的是 C_{18} 柱,该填料疏水性强,对非极性的组分有吸附作用,在水相中对绝大多数有机物显示保留,因此可以从水中将多核芳烃萃取出来,完成浓缩样品的作用。

④快速溶剂萃取。

快速溶剂萃取(ASE)是在一定的温度(50～200 ℃)和压力(9.3～20.6 MPa)下用溶剂对固体或半固体样品进行萃取的方法。使用常规的溶剂、利用增加温度和压力提高萃取的效率,其结果大大加快了萃取的时间并明显降低萃取溶剂的使用量。

与索氏提取、超声、微波、超临界和经典的分液漏斗振摇等传统方法相比,快速溶剂萃取有如下突出优点:有机溶剂用量少,9 g 样品仅需 15 mL 溶剂,减少了废液的处理;快速,完成一次萃取全过程的时间一般仅需 15 min;基体影响小,可进行固体、半固体的萃取(样品含水75% 以下),对不同基体可用相同的萃取条件;由于萃取过程为垂直静态萃取,可在充填样品时预先在底部加入过滤层或吸附介质;方法发展方便,已成熟的用溶剂萃取的方法都可用快速溶剂萃取法;自动化程度高,可根据需要对同一种样品进行多次萃取,或改变溶剂萃取,其缺点是不适合热敏性物质的萃取。

⑤微波萃取。

微波萃取是利用微波能来提高萃取率的一种最近发展起来的新技术。它的原理是在微波场中,吸收微波能力的差异使得基体物质的某些区域或萃取体系中的某些组分被选择性加热,从而使得被萃取物质从基体或体系中分离,进入介电常数较小、微波吸收能力相对差的萃取剂中;微波萃取具有设备简单、适用范围广、萃取效率高、重现性好、节省时间、节省试剂、污染小、适合热敏性物质的萃取等特点。

⑥超临界萃取。

超临界萃取是利用超临界流体如二氧化碳作萃取剂,从各种复杂的样品中把需要的物质分离出来的一项新技术。其优点是可以在近乎常温的条件下提取分离,即不保留样品中的所有有效成分,无残留。

2)衍生化技术

在液相色谱的分析过程中,有的样品不能或难以直接分离和检测。如液相色谱仪的检测器是紫外-可见检测器,而样品的待测组分在紫外-可见区没有吸收,或者吸收很弱,这时应采用衍生化技术。衍生化技术就是在色谱分析过程中使用具有特殊官能团的化学试剂(称为衍生化试剂)与待测样品进行化学反应(称为衍生化反应),将特殊的官能团引入样品中,使样品转变成另一易于检测的化合物,通过后者的分析检测可以对目标化合物进行定性和定量分析。按衍生化的方法可以分为柱前衍生化和柱后衍生化。其中柱后衍生化按生成衍生物的类型又可分为紫外-可见光衍生化、荧光衍生化、拉曼衍生化和电化学衍生化。

①紫外-可见光衍生化。

紫外衍生化是指将紫外吸收弱或无紫外吸收的有机化合物与带有紫外吸收基团的衍生化试剂反应,使之生成可用紫外检测的化合物。如胺类化合物容易与卤代烃、羰基、酰基类衍生试剂反应。表5.6列出了常见的紫外衍生化试剂。

表5.6 常见的紫外衍生化试剂

化合物类型	衍生化试剂	最大吸收波长/nm	$\varepsilon_{254}/(\text{L}\cdot\text{mol}^{-1}\cdot\text{cm}^{-1})$
RNH$_2$ 及 RR'NH	2,5-二硝基氟苯	350	>10^4
	对硝基苯甲酰氯	254	>10^4
	对甲基苯磺酰氯	224	10^4
RCH(COOH)NH$_2$	异硫氰酸苯酯	244	10^4
RCOOH	对硝基苄基溴	255	5 200
	对溴代苯酰甲基溴	250	1.8×10^4
	萘酰甲基溴	248	1.2×10^4
ROH	对甲氧基苯甲酰氯	252	1.5×10^4
RCOR'	对硝基苯甲氧胺盐酸盐	254	5 200

注:ε_{254} 表示在254 nm处的摩尔吸光系数。

可见光衍生化有两个主要的应用:一是用于过渡金属离子的检测,将过渡金属离子与显色剂反应,生成有色的配合物、螯合物或离子缔合物后用可见光检测;二是用于有机离子的检测,在流动相中加入被测离子的反离子,使之形成有色的离子对化合物后,分离并检测。

②荧光衍生化。

荧光衍生化是将被测物质与荧光衍生化试剂反应后生成具有荧光的物质后进行检测。有的荧光衍生化试剂本身没有荧光,而其衍生物却有很强的荧光。表5.7列出了常见的荧光衍生化试剂。

表5.7　常见的荧光衍生化试剂

化合物类型	衍生化试剂	激发波长/nm	发射波长/nm
RCOH	邻苯二甲醛	340	455
	荧光胺	390	475
α-氨基羧酸、伯胺、仲胺、苯酚、醇	丹酰氯	350~370	490~530
α-氨基羧酸	吡哆醛	332	400
RCOOH	4-溴甲基-7-甲氧基香豆素	355	420
RCOR′	丹酰肼	340	525

(2)高效液相色谱分离方法的选择

正确地选择色谱分离方法,一方面必须尽可能多地了解样品的有关性质,另一方面必须熟悉各种色谱方法的主要特点及其应用范围。选择色谱分离方法的主要依据是样品的相对分子质量的大小,在水中和有机溶剂中的溶解度,极性和稳定程度以及化学结构等物化性质。

1)相对分子质量

对于相对分子质量较低(一般在200以下),挥发性比较好,加热又不易分解的样品,可以选择液相色谱法进行分析。相对分子质量在200~2 000的化合物,可用液-固吸附、液-液分配和离子交换色谱法。相对分子质量高于2 000,则可用凝胶色谱法。

2)溶解度

水溶性样品最好用离子交换色谱法和液-液分配色谱法;样品微溶于水,但在酸或碱存在下能很好电离的化合物,也可用离子交换色谱法;油溶性样品或相对非极性的混合物,可用液-固色谱法。

3)化学结构

若样品中包含离子型或可离子化的化合物,或者能与离子型化合物相互作用的化合物(例如配位体及有机螯合剂),可首先考虑用离子交换色谱,但凝胶色谱法和液-液分配色谱法也都能顺利地应用于离子化合物;异构体的分离可用液-固色谱法;具有不同官能团的化合物、同系物可用液-液分配色谱法;对于高分子聚合物,可用凝胶色谱法。

实训项目 5.3 环境空气 苯并［a］芘的测定

▶项目描述

某化工生产公司委托某检测公司,欲对环境空气中苯并[a]芘含量进行检测。

▶能力目标

- 学会流动相的配制与过滤。
- 熟悉 HPLC 仪器的基本构造和工作原理。
- 学会 HPLC 仪器的基本操作。

▶项目分析

本实训项目依据《环境空气 苯并[a]芘的测定 高效液相色谱法》(HJ 956—2018),该标准规定了测定环境空气和无组织排放监控点空气颗粒物中苯并[a]芘的高效液相色谱法,该标准适用于环境空气和无组织排放监控点空气颗粒物(PM$_{2.5}$、PM$_{10}$ 或 TSP 等)中苯并[a]芘的测定。

具体方法:用超细玻璃(或石英)纤维滤膜采集环境空气中的苯并[a]芘,用二氯甲烷或乙腈提取,提取液浓缩、净化后,采用高效液相色谱分离,荧光检测器检测,根据保留时间定性,外标法定量。

本方法检测限:用二氯甲烷提取时,定容体积为 1.0 mL 时,方法检出量为 0.008 μg,方法测定量下限为 0.032 μg;用 5.0 mL 乙腈提取时,方法检出量为 0.040 μg,方法测定量下限为 0.160 μg。

当采样体积为 144 m³(标准状态下),用二氯甲烷提取,定容体积为 1.0 mL 时,方法的检出限为 0.1 ng/m³,测定下限为 0.4 ng/m³;当采样体积为 6 m³(标准状态下),用二氯甲烷提取,定容体积为 1.0 mL 时,方法的检出限为 1.3 ng/m³,测定下限为 5.2 ng/m³。

当采样体积为 1 512 m³(标准状态下),取十分之一滤膜,用二氯甲烷提取,定容体积为 1.0 mL 时,方法的检出限为 0.1 ng/m³,测定下限为 0.4 ng/m³,用 5.0 mL 乙腈提取时,方法的检出限为 0.3 ng/m³,测定下限为 1.2 ng/m³。

▶项目实施

一、仪器和试剂

1. 仪器

①高效液相色谱仪(HPLC):具有荧光检测器和梯度洗脱功能。

②色谱柱:4.6 mm×250 mm,填料为 5.0 μm 的 ODS-C$_{18}$(十八烷基硅烷键合硅胶)色谱柱或其他性能相近的色谱柱。

③采样器:满足《环境空气颗粒物(PM$_{10}$ 和 PM$_{2.5}$)采集器技术要求及检测方法》(HJ 93—2013)或《总悬浮颗粒物采样器技术要求及检测方法》(HJ/T 374—2007)对采样器的要求。

④提取设备:低频超声波清洗器、索氏提取器或加压流体萃取仪等性能相当的提取设备。

⑤浓缩设备:氮吹浓缩仪、K-D 浓缩仪或其他性能相当的设备。

⑥净化装置:固相萃取装置。

⑦超细玻璃(或石英)纤维滤膜:根据采样头选择相应规格的滤膜。滤膜对 0.3 μm 标准粒子的截留效率不低于 99%,使用前在马弗炉中于 400 ℃加热 5 h 以上,冷却后保存于滤膜盒中,保证滤膜在采样前和采样后不受沾污,并在采样前处于平展状态。

⑧硅胶固相萃取柱:1 000 mg/6 mL,也可根据杂质含量选择适宜容量的商业化固相萃取柱。

⑨有机相针式过滤器:13 mm×0.45 μm,聚四氟乙烯或尼龙滤膜。

2. 试剂

除非另有说明,分析时均使用符合国家标准的分析纯试剂,实验用水为新制备的超纯水或蒸馏水。

①乙腈(CH$_3$CN):高效液相色谱纯。

②正己烷(C$_6$H$_{14}$):高效液相色谱纯。

③二氯甲烷(CH$_2$Cl$_2$):高效液相色谱纯。

④无水硫酸钠(Na$_2$SO$_4$):使用前于马弗炉 450 ℃加热 4 h。冷却,于磨口玻璃瓶中密封保存。

⑤二氯甲烷-正己烷混合溶液:3+7,临用现配。

⑥苯并[a]芘标准储备液(ρ = 100 μg/mL):溶剂为乙腈,直接购买市售有证标准溶液,参考标准溶液证书进行保存。

⑦苯并[a]芘标准中间液(ρ = 10.0 μg/mL):准确移取 1.00 mL 苯并[a]芘标准储备液⑥至 10 mL 容量瓶中,用乙腈定容,混匀。4 ℃以下密封避光冷藏保存,保存期 1 年。

⑧苯并[a]芘标准使用液(ρ = 2.00 μg/mL):准确移取 1.00 mL 苯并[a]芘标准中间液⑦至 5 mL 容量瓶中,用乙腈定容,混匀。4℃以下密封避光冷藏保存,保存期 6 个月。

二、基本操作

1. 采样和样品处理

（1）样品的采集

环境空气采样点位的布设符合《环境空气质量手工监测技术规范》（HT 194—2017）的要求，无组织排放监控点的布设符合《大气污染物无组织排放检测技术导则》（HJ/T 55—2000）的要求；采样时间、频率及所采颗粒物粒径按照相关标准的规定执行。采样时，用无锯齿镊子将滤膜放入洁净滤膜夹内，滤膜毛面朝向进气方向，将滤膜牢固压紧。将滤膜夹放入采样器中，设置采样时间等参数，启动采样器开始采样。采样结束后，用镊子取出滤膜，滤膜尘面向内对折，避免尘面接触无尘边缘，放入保存盒中。

（2）样品的保存

样品采集完成后，滤膜避光密封保存，迅速送回实验室，于 20 ℃以下 2 个月内完成提取；制备的试样在 4 ℃以下避光保存，30 日内完成分析。

（3）样品的处理

①超声波提取。

除去滤膜边缘无尘部分，将滤膜分成 n 等份，取 n 分之一滤膜切碎，放入具塞瓶内，加入适量二氯甲烷超声提取 15 min，提取液用无水硫酸钠干燥，转移至浓缩瓶，重复提取 3 次，合并提取液，待浓缩、净化。通常整张直径 9 cm 滤膜，每次需加入 35 mL 提取溶剂。

如果采用乙腈超声提取，将切碎的滤膜放入 10 mL 具塞瓶内，准确加入 5.0 mL 乙腈超声提取 15 min，静置，提取液用有机相针式滤器过滤，弃去 1 mL 初始液，滤液收集于样品瓶中待测。

注意：根据实际样品情况确定滤膜取用量，必须保证所取滤膜浸没在液面之下。

②样品浓缩。

二氯甲烷样品提取液在浓缩设备中于 45 ℃以下浓缩，将溶剂完全转换为正己烷，浓缩至 1 mL，待净化。如果不需进一步净化，则可将溶剂转换为乙腈，定容至 1.0 mL，转移至样品瓶中待测。

③样品净化。

将硅胶固相萃取柱固定于净化装置，依次用 4 mL 二氯甲烷、10 mL 正己烷冲洗柱床，待柱内充满正己烷后关闭流速控制阀，浸润 5 min 后打开控制阀，弃去流出液。当液面稍高于柱床时，将浓缩后的样品提取液转移至柱内，用 1.0 mL 二氯甲烷-正己烷混合溶液洗涤样品瓶 2 次，将洗涤液转移至柱内，接收流出液，用 8.0 mL 二氯甲烷-正己烷混合溶液洗脱，待洗脱液流过净化柱后关闭流速控制阀，浸润 5 min，再打开控制阀，接收洗脱液至完全流出。

洗脱液按浓缩并将溶剂转换为乙腈，定容至 1.0 mL，转移至样品瓶中待测。

④空白试样的制备。

取同批空白滤膜按照与试样制备相同的步骤制备实验室空白试样。

2. 仪器参数设置

仪器参考条件如下。

柱箱温度：35 ℃；

进样量:10 μL;

荧光检测器的激发波长(λ_{ex})/发射波长(λ_{em}):305 nm/430 nm;

流动相 A:乙腈;

流动相 B:水。

梯度洗脱程序见表 5.8。

表 5.8　梯度洗脱程序

时间/min	流动相流速/($\text{mL} \cdot \text{min}^{-1}$)	A/%	B/%
0	1.2	65	35
27	1.2	65	35
41	1.2	100	0
45	1.2	65	35

3. 标准曲线的建立

分别移取适量苯并[a]芘标准使用液,用乙腈稀释,制备标准系列,质量浓度分别为 0.025,0.050,0.100,0.500,1.00,2.00 μg/mL。

将标准系列溶液依次注入高效液相色谱仪,按照仪器参考条件分离检测,得到各不同浓度的苯并[a]芘的色谱图。以浓度为横坐标,其对应的峰高(或峰面积)为纵坐标,绘制标准曲线。

4. 试样测定

按照与标准曲线绘制相同的仪器条件进行试样的测定,记录色谱峰的保留时间和峰高(或峰面积)。当试样浓度超出标准曲线的线性范围时,用乙腈稀释后再进行测定。

5. 空白实验

按照与试样测定相同的仪器条件进行空白试样的测定。

三、数据记录及处理

1. 定性分析

依据保留时间定性(苯并[a]芘标准色谱图如图 5.8 所示),与标准曲线中间点保留时间相比变化不得超过±10 s。

2. 定量分析

根据化合物的峰高(或峰面积),采用外标法定量。

3. 结果计算

样品中苯并[a]芘的质量浓度(ρ)按照式(5.2)进行计算

$$\rho = \frac{\rho_i \times V \times 1\ 000}{V_s \times (1/n)} \tag{5.2}$$

式中,ρ 为样品中苯并[a]芘的质量浓度,ng/m³;ρ_i 为由标准曲线得到试样中苯并[a]芘的质量浓度,μg/mL;V 为试样体积,mL;V_s 为实际采样体积,m³;$1/n$ 为分析用滤膜在整张滤膜中所占的比例。

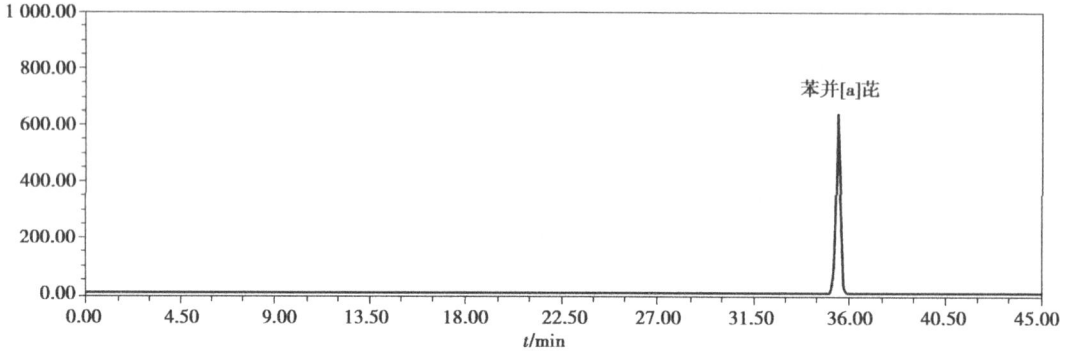

图 5.8　苯并[a]芘标准色谱图

4. 结果表示

测定结果的小数点后保留位数与检出限一致,且最多保留三位有效数字。

四、注意事项

①本方法所用的溶剂和试剂均具有一定毒性,苯并[a]芘属于强致癌物,样品前处理过程应在通风橱中进行,并按规定要求佩戴防护用具,避免接触皮肤和衣物。

②当样品基质干扰测定时,可采用硅胶固相萃取柱去除或减少干扰。

③标准曲线的相关系数≥0.999,否则,重新绘制标准曲线。样品测定期间每日至少测定1 次曲线中间点浓度的标准溶液,苯并[a]芘的测定值和标准值的相对误差应在±15% 以内,否则应建立新的标准曲线。

④实验中产生的废液应集中收集,并做好相应标识,委托有资质的单位进行处理。

实训预习报告

岗位 5　液相色谱仪操作岗位		实训日期：	同组人：	
姓名：		班级：	学号：	成绩：
实训项目 5.3　环境空气 苯并[a]芘的测定				
健康和安全	通过预习说明哪些是健康和安全措施所必需的,并给出相应的描述。			
环保	请说明是否需要采取环保措施,并给出相应的描述。			

实训报告

岗位5　液相色谱仪操作岗位		实训日期：	同组人：	
姓名：		班级：	学号：	成绩：
实训项目5.3　环境空气 苯并[a]芘的测定				
实训项目 名称				
实训目的 要求				
实训仪器 及试剂				
实 训 原 理				
实 训 操 作 步 骤				

续表

实训操作步骤	
实训数据处理	
实训结果讨论	

实训评分标准

岗位 5 液相色谱仪操作岗位			实训日期:		同组人:	
姓名:	班级:		学号:		成绩:	
自评:○熟练 ○不熟练	互评:○熟练 ○不熟练		师评:○合格 ○不合格		导师签字:	
日期:	日期:		日期:		温度:	湿度:

实训项目 5.3　环境空气 苯并[a]芘的测定

序号	考核项目	考核内容	配分	评分要求	得分	自评	互评	师评
1	素质考核	○1. 有团队协作意识,有大局意识,分工明确、互帮互助 ○2. 有安全意识,能自我保护 ○3. 有环保意识,能回收溶剂 ○4. 能认真严谨操作、合理规划时间、实验态度良好 ○5. 能够遵守实验室制度、实验纪律良好	15	未完成 1 项扣 3 分,扣分不得超过 15 分		○有 ○没有 ○能 ○不能	○有 ○没有 ○能 ○不能	○合格 ○不合格
2	专业技能考核	○1. 能正确预处理样品 ○2. 能正确配制流动相 ○3. 能正确配制苯并[a]芘标准溶液 ○4. 能正确使用进样针 ○5. 能正确检查液相色谱仪 ○6. 能正确设定仪器参数 ○7. 能正确使用高效液相色谱仪 ○8. 能正确处理实验数据 ○9. 能填写仪器使用记录 ○10. 能正确填写实训报告	60	未完成 1 项扣 6 分,扣分不得超过 60 分		○能 ○不能	○能 ○不能	○合格 ○不合格

续表

序号	考核项目	考核内容	配分	评分要求	得分	自评	互评	师评
3	实训结果考核	○1. 原始数据记录合理无涂改 ○2. 计算正确无抄袭 ○3. 标准曲线符合标准 ○4. 有效数字及单位正确 ○5. 所测数值在线性范围内	15	未完成 1 项扣 3 分,扣分不得超过 15 分		○熟练 ○不熟练	○熟练 ○不熟练	○合格 ○不合格
4	特色考核	○1. 提前进入"校中厂"参观学习 ○2. 一帮一指导其他学生 ○3. 能够自行设计实验 ○4. 能够独立完成实验 ○5. 能积极主动分享实验心得体会	10	未完成 1 项扣 2 分,扣分不得超过 10 分		○能 ○不能	○能 ○不能	○合格 ○不合格
5	重大失误考核	○1. 不戴口罩、手套 ○2. 不回收废液 ○3. 不爱惜实验仪器 ○4. 试液重新配制(开始峰面积测量后不允许重新配制溶液) ○5. 重新测定(由于仪器本身的原因造成数据丢失,重新测定不扣分)	-20	每出现一项扣 4 分,并赔偿相关损失,扣分不得超过 20 分		○有 ○没有	○有 ○没有	○合格 ○不合格

思考与练习

○ 资 源 链 接 ○

岗位 5 习题

岗位 5 习题答案

思政阅读

○ 资 源 链 接 ○

科学家故事——邢其毅

岗位 **6**

离子色谱仪操作岗位

📖 岗位分析

▶岗位群分布

该岗位群分布于环境监测、生物制药、食品检测、医疗卫生、石油化工、农业、半导体、水文地质等领域,主要从事科研、生产和教学中的质量控制、产品检验等工作。

▶工作内容

离子色谱仪操作员的工作内容主要为仪器的操作和维护,样品的前处理和检测,具体内容见表6.1。

表6.1 离子色谱仪操作员的工作内容

序号	分类	具体工作内容
1	定性分析	样品成分分析
2	定量分析	环境分析(常见无机阳离子、阴离子含量分析等),食品分析(糖类、有机酸、有机碱和重金属形态测定等),油田地质(油田地质钻探泥浆中各种无机离子现场分析等),药物和临床分析(注射液中氨基酸、糖类及常见无机阴阳离子检测、抗生素药物检测等),农业(土壤样品中的阳离子检测、植物中的糖类检测等),化工(洗涤剂中的酸根离子检测、牙膏中阴阳离子检测、皮革中六价铬的检测、灭火剂中的阳离子检测等),能源(沼气中的有机酸、生物柴油中阳离子检测等),电力(核电站一次循环水中阴离子检测、锅炉水中的硅酸盐检测等),公安(爆炸物中糖类、氯酸根的检测等)
3	结果处理	对检测结果进行判定和计算,给出标准化报告
4	仪器维护	能够更换仪器常见的耗材,处理简单的运行错误;能够准确描述仪器故障状态并与维修工程师有效沟通;能对仪器进行日常维护与保养

▶岗位要求

离子色谱仪操作员属技术性岗位,须符合岗位的技术要求,同时作为企业员工,还必须符合其社会性要求,具体要求见表6.2。

表6.2 离子色谱仪操作员的岗位要求

序号	分类	具体工作内容
1	基本要求	能针对不同类型的样品选择合适的前处理方法和分析方法,熟练掌握离子色谱仪的硬件和软件操作从而进行定性和定量分析,能够读懂仪器报告并给出标准化报告

续表

序号	分类	具体工作内容
2	维护要求	能有效维护仪器的良好工作环境(如温度、湿度要求,卫生环境管理等),能够更换仪器常见耗材(如淋洗液、再生液、冲洗液的配制和更换,过滤头、保护柱的更换等),能够处理简单的运行错误(如方法调用错误、仪器状态无法稳定等),能够准确描述仪器故障状态(如柱压过高等)并与维修工程师有效沟通
3	职业道德要求	正直无私,把实事求是摆在职业责任的优先位置,提供真实、客观的检测数据;不断提高专业水平,为公众、雇主和顾客提供专业的服务
4	其他要求	加强学习新技术,精益求精;具有良好的语言和书面表达能力,良好的团队协作能力;能针对工作中出现的问题迅速采取恰当的处理,提供高效的服务

仪器设备

──○ 资源链接 ○──

《离子色谱仪》(GB/T 36240—2018)

▶仪器环境要求

离子色谱实训室的基本设备要求有水、电、工作台等基本设施,同时因为色谱仪器是精密仪器,因此还对温度、湿度、抗电磁干扰等条件有一定的要求,具体见表6.3。

表 6.3　离子色谱实训室环境要求

项目	具体要求
环境温度	10 ~ 30 ℃
相对湿度	≤85%
供电设施	220 V 电压的三相交流电源,电源必须接地良好
工作平台	一般台面高度为 0.6 ~ 0.8 m,宽度为 1 m,而且平台不能紧贴墙,应离墙 0.3 ~ 1.0 m,便于接线及检修
实验用水	配备纯水机,制备电导率控制在 0.05 μS/cm 的超纯水
防火防爆	配置灭火器,周围不得有易燃、强腐蚀性气体
避雷防护	属于第三类防雷建筑物
电磁屏蔽	周围不得有强磁场
通风设备	配置通风口,要求具有良好通风

▶离子色谱实训室管理规范

离子色谱仪属精密仪器,需要小心使用及定期维护,故实训室需制定详细的管理制度,保证机器的正常运作,具体规定如下。

①仪器的管理和使用必须落实岗位责任制,制定操作规程、使用和保养制度,责任到人。

②仪器使用者要认真学习仪器的原理、基本操作和注意事项,了解仪器的性能构造后方可独立操作。

③使用易挥发、强腐蚀性、有毒物品时,必须佩戴防护用品。

④实训室内的一切仪器及药品严禁带出,禁止公物私用。禁止用个人移动存储设备在工作站上传或下载任何数据、资料。

⑤微量注射器是易碎器械,使用时多加小心,不用时洗净放入盒内。

⑥开机前确认淋洗液储量是否满足需要,若淋洗液容易变质的,需使用前现配现用。

⑦测定时,运行正确的方法。运行中若出现异常应立即告知管理人员。严禁擅自拆卸、调整仪器的主要部件。

⑧实训室内严禁吸烟、使用明火等可能对实验研究及仪器性能造成影响的一切活动。

⑨严禁在仪器设备上摆放任何物品,一切与实验无关的物品不得带入仪器室内。

⑩仪器发生故障时要及时上报,对较大事故,责任人需及时组织人员查清事故原因,提出处理意见,并组织修复处理。

⑪实训室负责人应根据仪器要求,定期保养维护,确保仪器的正常运行。

▶仪器——离子色谱仪

(1)常见的离子色谱仪

离子色谱(Ion Chromatography,IC)经过半个多世纪的发展已经成为各个领域最为常用的分析化学方法,在许多领域的分析实验室中发挥着极为重要的作用。离子色谱仪的品牌众多,常见的离子色谱仪如图6.1所示。

(a)戴安 ICS-5000⁺高压离子色谱系统　　　(b)930 系列智能集成型离子色谱系统
　　（美国赛默飞世尔科技公司）　　　　　　　　（瑞士万通公司）

（c）IONUS 离子色谱仪
（德国曼默博尔公司）

（d）YC3000 离子色谱仪
（青岛埃伦色谱科技有限公司）

（e）HIC-ESP 离子色谱仪
（日本岛津公司）

（f）CIC-D300$^+$型离子色谱仪
（青岛盛瀚色谱技术有限公司）

图 6.1　各种离子色谱仪

（2）离子色谱仪的常见耗材

离子色谱仪的常见耗材如图 6.2 所示。

（a）淋洗液发电器　　　（b）过滤头　　　（c）离子色谱柱　　　（d）柱塞密封圈

图 6.2　离子色谱仪的常见耗材

1）淋洗液

不纯的淋洗液会导致系统延迟、仪器性能变差以及不可靠的分析结果。因此，选择合适的淋洗液对样品的分离分析至关重要。无论采用哪种淋洗液，要获得最佳性能，都需要准确的称量和配制，要非常注意实验用水的级别、淋洗液的保存期以及去除二氧化碳。

2）过滤头

过滤头是离子色谱最常用的消耗品之一,其主要作用过滤将待测样品。离子色谱的待测样品一般是水溶液,要选择水性过滤头。需要特别指出,过滤头是一次性用品,一个待测样品使用一个过滤头,使用后要及时丢弃,对于处理过高浓度样品、危险化学品的过滤头需要集中处置。

3）色谱柱

色谱柱是离子色谱分析中是一个核心部分,复杂的样品在此实现分离。离子色谱柱最常用的是阴离子交换色谱柱,根据不同的色谱柱填料,其应用范围也不一样。在进行离子色谱分析时,色谱柱的选择至关重要,有关内容将在基本原理中加以详细讨论。

4）柱塞密封圈

柱塞密封圈用于隔离泵与外界,以保持正常的柱压。使用一段时间后,会有一定的磨损,因而密封圈需要定期更换以保证系统的密封性。盐溶液对柱塞密封圈的寿命有着很大的影响,使用盐溶液作为流动相的体系时,要注意清洗。

基础理论6.1　离子色谱法的原理

（1）离子色谱法的定义

离子交换色谱法（Ion Exchange Chromatography，IEC）是利用离子交换原理和液相色谱技术结合来测定溶液中阳离子和阴离子的一种分离分析方法。

离子色谱法是由离子交换色谱法发展出来的一种分离方法。由于离子交换色谱法在无机离子的分析和应用受到限制,例如,对于那些不能采用紫外检测器的被测离子,或者部分被测离子的电导信号被强电解质流动相的高背景电导覆盖而无法检测。为了解决这个问题,1975 年 Small 等人提出一种能同时测定多种无机和有机离子的新技术。通过抑制柱使具有高背景电导的流动相转变成低背景电导的流动相,从而用电导检测器直接检测各种离子含量,这种色谱技术称为离子色谱。

离子色谱法除了具有色谱法的优点外,还有以下特点:可以同时测定多种元素,可以测定多价态可氧化元素（如 NO_2^- 和 NO_3^-）,不同价态和形态的离子（如 Fe^{2+} 和 Fe^{3+}）。

（2）离子色谱法的分类

按照分离原理的差异,主要有以下分类方式,详见表6.4。

表6.4　离子色谱分类

分离模式	分离机理	分析对象或应用领域
离子交换	库仑力	无机和有机离子分析
离子对	疏水作用	离子性物质分析
离子排斥	道南平衡	有机酸、氨基酸等
离子分配	疏水作用	生物大分子

续表

分离模式	分离机理	分析对象或应用领域
金属配合物	疏水作用、螯合作用	金属离子
反向液相色谱	疏水作用	极性和离子型化合物

①离子交换色谱法。一种将离子交换原理和液相色谱技术结合起来测定溶液中阳离子和阴离子的分离分析方法,利用被分离组分与固定相之间发生离子交换的能力差异来实现分离。离子交换色谱主要是用来分离离子或可离解的化合物。它不仅广泛地应用于无机离子的分离,而且广泛地应用于有机和生物物质,如氨基酸、核酸、蛋白质等的分离。

②离子对色谱法。离子对色谱法是将一种或数种与溶质离子电荷相反的离子(称为对离子或反离子)加到流动相或固定性中,使其与溶质离子结合形成离子对,从而控制溶质离子保留行为的一种色谱法。离子对色谱是分离强极性有机酸和有机碱的方法,它是离子对萃取技术与色谱法相结合的产物。

③离子排斥色谱法。基于溶质和固定相之间排斥作用的离子色谱法。最常用的离子排斥色谱固定相是具有较高交换容量的全磺化交联聚苯乙烯阳离子交换树脂,这种阳离子交换树脂一般不能用于阳离子的离子交换色谱分离。离子排斥色谱对于从强酸中分离弱酸,以及弱酸的相互分离是非常有用的。

(3)离子色谱基本原理

1)离子交换色谱法

离子交换色谱法是利用不同待测离子对固定相亲和力的差别来实现分离的。其固定相采用离子交换树脂,树脂上分布有固定的带电荷基团和可游离的平衡离子。当待分析物质电离后产生的离子可与树脂上可游离的平衡离子进行可逆交换,其交换反应通式如下。

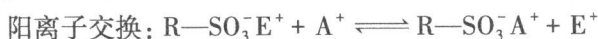

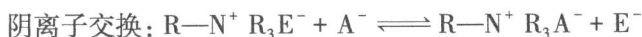

阳离子交换: $R—SO_3^- E^+ + A^+ \rightleftharpoons R—SO_3^- A^+ + E^+$

阴离子交换: $R—N^+ R_3 E^- + A^- \rightleftharpoons R—N^+ R_3 A^- + E^-$

一般形式: $R—E + A \rightleftharpoons R—A + E$

达到平衡时,以浓度表示的平衡常数(离子交换反应的选择系数)

$$K_{A/E} = \frac{[A]_r [E]}{[A][E]_r}$$

式中,$[A]_r$、$[E]_r$ 分别代表树脂相中待测离子和洗脱剂离子的浓度;$[A]$、$[E]$ 分别代表它们在溶液中的浓度。离子交换反应的选择性系数 $K_{A/E}$ 表示待测离子 A 对于树脂亲和力的大小,数值越大,说明 A 离子交换能力越大,越易保留而难以洗脱。一般来说,A 离子电荷越大,水合离子半径越小,$K_{A/E}$ 值就越大。

2)离子对色谱法

关于离子对色谱法的机理,至今仍不十分明确。目前有三种机理:离子对形成机理、离子交换机理和离子相互作用机理。以离子对形成机理为例进行说明。加入有一离子对色谱体系,固定相是非极性键合作用,流动相为水溶液,并在其中加入一种电荷与待测离子 A^- 相反

的离子 B^+,离子 B^+ 由于静电引力与离子 A^- 生成离子对化合物 A^-B^+。离子对生成反应式如下

$$A^-_{水相}+B^+_{水相} \xrightleftharpoons{K_{AB}} A^-B^+_{有机相}$$

由于离子对化合物 A^-B^+ 具有疏水性,因而被非极性固定相提取。待测离子的性质不同,它与反离子形成离子对的能力大小不同以及形成的离子对疏水性能不同,导致各组分离子在固定相中滞留时间不同,因而出峰先后不同。

离子对色谱法类型很多,最常见的是键合相反相离子对色谱法,它的固定相采用非极性的疏水键合相(如十八烷基键合相等),流动相为加有平衡离子的极性溶液(如甲醇-水或乙腈-水)。

3) 离子排斥色谱法

离子排斥色谱法的理论认为,在固定相与流动相的界面存在一个假想的通南膜,游离状态的离子因受固定相表面同种电荷的排斥作用而无法穿过通南膜进入固定相,在空体积(排斥体积)处最先流出色谱柱。而弱离解性物质可以部分穿过通南膜进入固定相,离解度越低的物质越容易进入固定相,其保留值也就越大。于是,不同离解度的物质就可以通过离子排斥色谱法得以分离。

【例6.1】 图6.3为某实验室分析人员对工业废水样品中的阴离子成分进行分析得到的离子色谱图。色谱条件:流动相为碳酸钠+碳酸氢钠,流速 1.2mL/min;电导检测器。已知组分有氟离子、氯离子、溴离子、碘离子、亚硝酸根、硝酸根、磷酸氢根、硫酸根,请尝试给出出峰顺序。

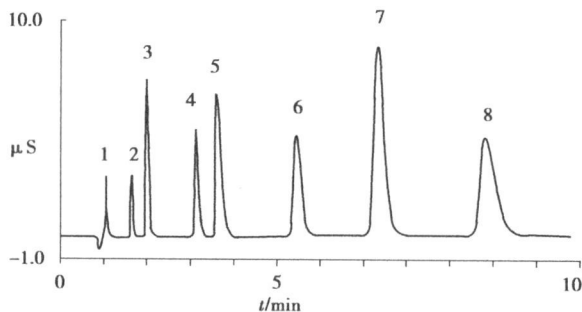

图6.3　某实验室水样分析的离子色谱图

答 根据离子交换色谱法的基本原理,离子电荷越大,离子半径越小,在离子色谱柱上的保留程度越高,即 $K_{A/E}$ 数值越大洗脱越难。推出谱图6.3中的色谱峰分别是:1. F^-,2. Cl^-,3. NO_2^-,4. Br^-,5. NO_3^-,6. I^-,7. HPO_4^{2-},8. SO_4^{2-}。当然进一步的验证,可以通过查阅文献资料以及购买标液,在相同色谱条件下逐个验证。

通过上面的理论学习以及实际应用,我们明白了对于离子交换色谱来说,离子的 $K_{A/E}$ 的值非常重要,它直接影响色谱图上各个组分流出的先后顺序。

对于典型的磺酸型阳离子交换树脂,一价离子的 $K_{A/E}$ 值顺序为:

$$Cs^+ > Rb^+ > K^+ > NH_4^+ > Na^+ > H^+ > Li^+$$

二价离子的 $K_{A/E}$ 值顺序为:

$$Ba^{2+} > Pb^{2+} > Sr^{2+} > Ca^{2+} > Cd^{2+} > Cu^{2+} > Zn^{2+} > Mg^{2+}$$

对于季铵型强碱阴离子交换树脂,各阴离子的选择性顺序为:

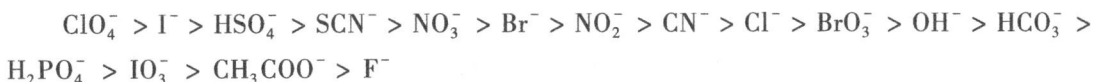

$ClO_4^- > I^- > HSO_4^- > SCN^- > NO_3^- > Br^- > NO_2^- > CN^- > Cl^- > BrO_3^- > OH^- > HCO_3^- > H_2PO_4^- > IO_3^- > CH_3COO^- > F^-$

基础理论6.2　离子色谱仪的结构与原理

离子色谱法从广义的定义来说,是利用被测物质的离子性进行分离和检测的液相色谱法。而狭义的定义来看,是以低交换容量的离子交换树脂为固定相,对离子性物质进行分离,用电导检测器连续检测流出物电导变化的一种液相色谱方法。因此我们重点学习狭义的离子色谱。

(1)离子色谱仪的结构

离子色谱仪主要由淋洗液输送系统、进样系统、分离系统、检测系统以及数据处理系统五大系统组成(图6.4)。

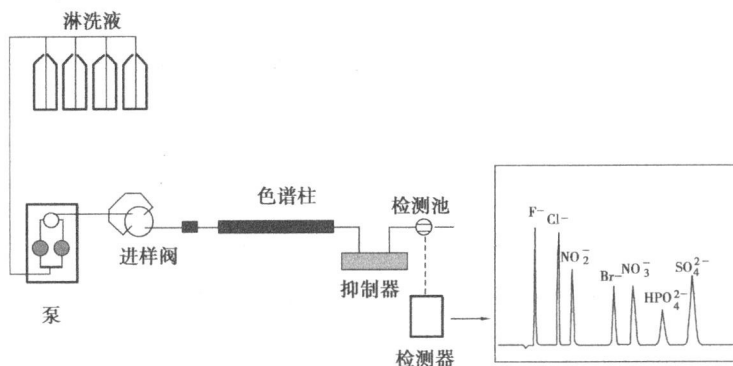

图6.4　离子色谱仪的结构示意图

1)淋洗液输送系统

淋洗液输送系统包括淋洗液贮罐和淋洗液泵。淋洗液能够从树脂分离柱上置换被测离子,淋洗液需要满足以下要求:淋洗离子对离子交换树脂的亲和力与被测离子对离子交换树脂的亲和力相近或者亲和力更大;能够发生抑制柱反应,反应产物为电导很低的弱电解质或水。一般商品化的离子色谱仪均配有聚丙烯或高密度聚乙烯材质的耐压淋洗液贮罐及再生液贮罐。

另外,需要特别指出的是,在配制各种淋洗液的再生液时,应使用电导率小于0.06 μS/cm的去离子水,水中不应有大于0.2 μm的颗粒物和微生物,因此淋洗液在使用前应过滤、脱气以除去其中的颗粒物及气泡。而细菌滋生会堵塞和破坏分离柱,所以淋洗液应当保持新鲜,定期更换。NaOH体系的淋洗液,由于NaOH易吸收空气中的二氧化碳,引起背景电导上升,基线上飘,保留时间慢慢前移。一般需要加惰性保护,或者采用专用的淋洗液发生装置。

淋洗液泵是离子色谱仪的重要部件,用于为整个分析系统连续不断地提供淋洗液(图6.5)。由于色谱柱很细(2~5 mm),填料粒度很小(常用颗粒直径为5~10 μm),因此阻力很大,为达到快速、高效的分离,必须使用高压输液泵。对于高压输液泵来说,关键要流量稳定,因为它不仅影响柱效能,而且直接影响到峰面积的重现性和定量分析的精密度,还会引起保留值和分辨能力的变化。另外,要求压力平稳无脉动,这是因为压力的不稳和脉动的变化,对很多检测器来说是很敏感的,它会使检测器的噪声增大。一般来说,淋洗液泵需要满足以下要求:耐酸碱腐蚀;耐高压,30 MPa 内可正常运行;流量精确,重复性在 0.5% 以内;流速在 0.01 ~ 5.00 mL/min 内可调。现代离子色谱仪多采用微机控制的高精度无脉冲双往复泵。

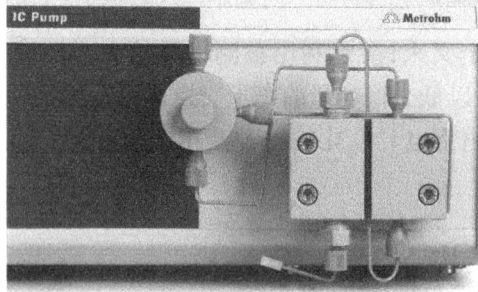

图 6.5　淋洗液泵

2)进样系统

在离子色谱中,进样方式及试样体积对柱效有很大影响。为了保证测定的精密度,几乎所有离子色谱仪均采用进样阀进样。通过进样阀(常用六通阀)直接向压力系统内进样而不必停止流动相的流动。六通阀其结构和原理与岗位 4 中所用的六通阀相同。

3)分离系统

离子色谱分析柱是离子色谱仪最重要的部件之一。离子色谱柱的高效性和特殊分离能力,是离子色谱迅速发展的关键。随着新型离子交换柱填料的发展,IC 技术已成功地扩展到多种基体中有机和无机离子的测定。

柱管材料应是惰性的,一般均在室温下使用。制备性能优良的色谱柱,不仅要考虑柱填料的性能,而且要考虑柱管材料、柱头结构、连接工艺等条件和装柱工艺。柱管材料的强度和内壁光洁度对柱效有显著的影响。目前常用的离子色谱柱是内径 2 ~ 5mm,长度 15 ~ 30 cm的直形 PEEK 或不锈钢柱,填料颗粒度 5 ~ 10μm。在离子色谱中,柱温度对分离有很大影响,当柱温低于 20 ℃时,柱分离效率下降。离子色谱仪可配备恒温柱箱。

此外,为了延长离子色谱柱的寿命,在进行样品检测的时候先使用保护柱,防止样品中的强保留成分,以及淋洗液中的杂质进入分析柱,它是淋洗液和样品溶液进入分析柱之前的最后一道"过滤"装置。

4)检测系统

检测系统包括抑制器和检测器。抑制器是抑制型电导检测器的关键部件,高的抑制容量,低的死体积,能自动连续工作,不用复杂和有害的化学试剂是现代抑制器的主要特点。电导检测器是离子色谱法中使用最广泛的检测器。关于检测器将在下面详细叙述。

5)数据处理系统

现代离子色谱仪均配备计算机控制的色谱工作站,色谱工作站除做数据处理之外,还可以控制仪器,半智能地帮助使用者选择和优化色谱条件。使用色谱工作站,可以轻松准确地完成测试,获得校正曲线、测试结果以及精密度数据等。

【例 6.2】　以阴离子色谱分析为例,根据图 6.6 说明抑制器在离子色谱分析中的作用。

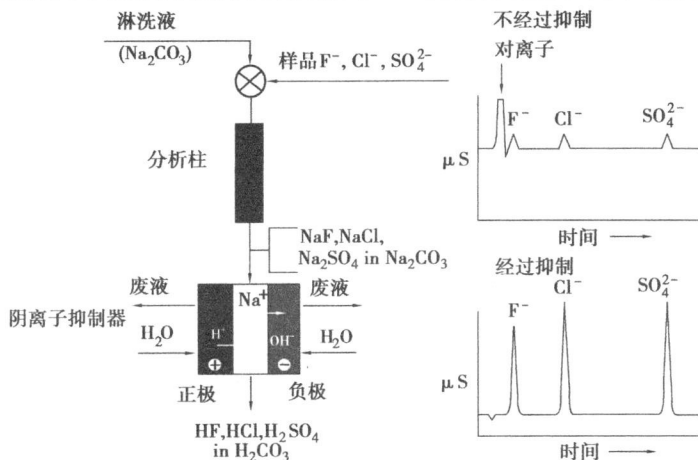

图 6.6　抑制器的作用示意图

答　以阴离子色谱分析为例。在未进样前,阴离子分析柱的树脂为 R—HCO 型,流动相不与它发生作用,进入含 R—H 型树脂的抑制柱,发生如下反应

$$RH + NaHCO_3 \longrightarrow RNa + H_2CO_3$$

作为流动相的强电解质 $NaHCO_3$ 和 Na_2CO_3 经抑制柱后转化为弱电解质 H_2CO_3(包括 CO_2),电导率仪对它显示低的电导率,基线平稳后,通过进样系统注入样品,样品中的阴离子进入离子色谱柱中,与固定相和流动相进行无数次交换、洗脱、再交换、再洗脱过程,使阴离子得到有效的分离。分离后的物质进到阳离子抑制柱,柱中的树脂又将阳离子进行交换,产生与阴离子相应的酸,这样样品中与阴离子相对应的盐经过抑制后,就转化为阴离子对应的酸。由此看出,抑制柱同时起到了抑制背景电导和增强被测组分信号电导双重作用。

(2)离子色谱固定相

作为固定相的离子交换剂,其基质大致有三大类:合成树脂(聚苯乙烯)、纤维素和硅胶。根据官能团的离解度大小还有强弱之分(表 6.5)。其中强酸和强碱性离子交换树脂较稳定,因此应用较多。

表 6.5　离子交换剂上的官能团

类型	官能团
强阳离子交换剂 SCX	$—SO_3H$
弱阳离子交换剂 WCX	$—CO_2H$
强阴离子交换剂 SAX	$—N^+R_3$
弱阴离子交换剂 WAX	$—NH_2$

常见的离子交换剂固定相大致有以下几种。

①多孔性离子交换树脂。它主要是聚苯乙烯和二乙烯苯基的交联聚合物,直径为 3～20 μm,有微孔和大孔之分,如图 6.7(a)、(b)所示。其优点是有较高的交换容量,对温度的

稳定性较好;缺点是在水或有机溶剂中易发生膨胀,造成传质速度慢,柱效低。

②薄膜型离子交换树脂。它是在直径约 $30\ \mu m$ 的固体惰性核上,凝聚 $1\sim 2\ \mu m$ 厚的树脂层,如图 6.7(c)所示。

③表面多孔型离子交换树脂。它是在固体惰性核上,覆盖一层微球硅胶,再在上面涂一层很薄的离子交换树脂,如图 6.7(d)所示。

薄膜型和表面多孔型离子交换树脂的优点是传质速度快,具有高的柱效,能实现快速分离。但由于表层上的离子交换树脂量有限,交换容量低,容易超负荷。

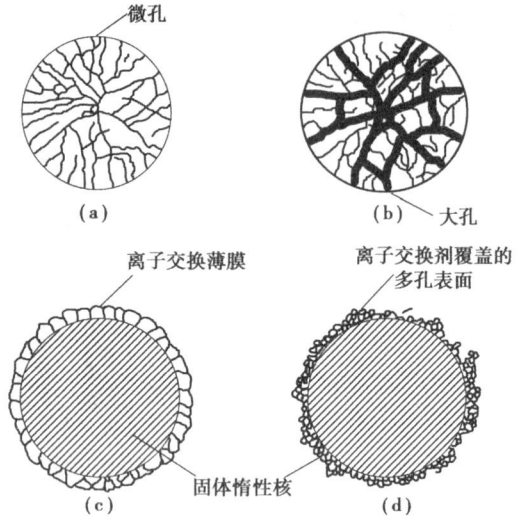

图 6.7　离子交换剂固定相示意图

(3)离子色谱流动相

离子色谱的流动相一般是一定 pH 值和盐浓度的缓冲溶液。通过改变流动相中盐离子的种类、浓度和 pH 值可以改变选择性。如果增加盐离子的浓度,则可降低样品离子的竞争吸附能力,从而降低其在固定相上的保留值。对于阴离子交换树脂来说,各种阴离子的滞留次序为

柠檬酸离子 $>$ SO_4^{2-} $>$ $C_2O_4^{2-}$ $>$ I^- $>$ NO_3^- $>$ CrO_4^{2-} $>$ Br^- $>$ SCN^- $>$ Cl^- $>$ $HCOO^-$ $>$ CH_3COO^- $>$ OH^- $>$ F^-

而阳离子的滞留次序大致为

Ba^{2+} $>$ Pb^{2+} $>$ Ca^{2+} $>$ Ni^{2+} $>$ Cd^{2+} $>$ Cu^{2+} $>$ Co^{2+} $>$ Zn^{2+} $>$ Mg^{2+} $>$ Ag^+ $>$ Cs^+ $>$ Rb^+ $>$ K^+ $>$ NH_4^+ $>$ Na^+ $>$ H^+ $>$ Li^+

【例 6.3】　试举例说明离子色谱选择淋洗液的原则。

答　离子色谱分离是基于淋洗离子和样品离子之间对树脂有效交换容量的竞争,为了得到有效的竞争,样品离子和淋洗离子应有相近的亲合力。下面举例说明选择淋洗液的一般原则。用 CO_3^{2-}/HCO_3^- 作淋洗液时,在 Cl^- 之前洗脱的离子是弱保留离子,包括一价无机阴离子、短碳链一元羧酸和一些弱离解的组分,如 F^-、$HCOO^-$、CH_3COO^-、CN^- 和 S^{2-} 等。因此,对 $HCOO^-$、CH_3COO^- 与 F^-、Cl^- 等的分离应选用较弱的淋洗离子,如 HCO_3^-、OH^- 和 $B_4O_7^{2-}$。中等强度的碳酸盐淋洗液对高亲和力组分的洗脱效率低。

对离子交换树脂亲合力强的离子有两种情况,一种是离子的电荷数大,如 PO_4^{3-}、AsO_4^{3-} 和多聚磷酸盐等;一种是离子半径较大,疏水性强,如 I^-、SCN^-、$S_2O_3^{2-}$、苯甲酸和柠檬酸等。对前者以增加淋洗液的浓度或选择强的淋洗离子为主。对后一种情况,推荐的方法是在淋洗液中加入有机改进剂(如甲醇、乙腈和对氰酚等)或选用亲水性的柱子,有机改进剂的作用主要是减少样品离子与离子交换树脂之间的非离子交换作用,占据树脂的疏水性位置,减少疏水性离子在树脂上的吸附,从而缩短保留时间,减少峰的拖尾,并增加测定灵敏度。

离子色谱中,一价淋洗离子洗脱一价待测离子,二价淋洗离子洗脱二价待测离子,淋洗液浓度的改变对二价和多价待测离子保留时间的影响大于一价待测离子。若多价离子的保留

时间太长,增加淋洗液的浓度是较好的方法。

特别要指出的是,在离子色谱中,可加入不同的淋洗液添加剂来改善选择性,这种淋洗液添加剂只影响树脂和所测离子之间的相互作用,而不影响离子交换。对与树脂亲合力较强的离子,如一些可极化的离子,I^-和ClO_4^-,以及疏水性的离子,如苯甲酸和三乙胺等,在淋洗液中加入适量极性的有机溶剂如甲醇或乙腈,可缩短这些组分的保留时间并改善峰形的不对称性。

(4)离子色谱检测器

离子色谱常用的检测方法可以归纳为两类,即电化学法和光学法。电化学法包括电导和安培检测器;光学法主要是紫外-可见光检测器和荧光检测器。电导检测器是离子色谱的通用型检测器,主要用于测定无机阴阳离子;安培检测器主要用于测量在外加电压下能够在工作电极上产生氧化或还原反应的物质;紫外-可见光检测器和荧光检测器在离子色谱分析中广泛应用于过渡金属、稀土元素和环境中有机物的检测。表6.6列出了离子色谱常见检测器的检测器和应用范围。

表 6.6　离子色谱常见检测器

检测器	检测原理	应用范围
电导检测器	电导	pK_a 或 pK_b 小于 7 的阴阳离子和有机酸
安培检测器	在 Ag/Pt/Au 等电极上发生氧化或还原反应	CN^-、S^{2-}、I^-、SO_3^{2-}、氨基酸、醇、醛、单糖、寡糖、酚、有机胺、硫醇
紫外-可见光检测器	紫外-可见光吸收	在紫外或可见区域有吸收的阴阳离子,如过渡金属、二氧化硅等
荧光检测器	激发和发射	铵、氨基酸

离子色谱检测器的选择,主要的依据是被测定离子的性质、淋洗液的种类等因素。同一物质有时可以用多种检测器进行检测,但灵敏度不同。例如,NO_2^-、NO_3^-、Br^-等离子在紫外区域测量时可以得到较电导检测高的灵敏度;I^-用安培法测定其灵敏度高于电导法。

1)电导检测器

电导检测器是一种通用型检测器,通过检测电导池溶液电导信号来做出检测,其基本原理如下。

将电解液置于施加了电场的电极之间时,溶液将导电,此时溶液中的阴离子移向阳极,阳离子移向阴极,并遵从科尔劳施定律

$$\kappa = \frac{A/L \sum c_i \lambda_i}{1\ 000} \tag{6.1}$$

式中,κ 为电导率,是电阻的倒数($\kappa = 1/R$);A 为电极截面积;L 为两电极间的距离;c_i 为离子浓度,mol/L;λ_i 为离子的极限摩尔电导。

根据科尔劳施定律,离子的摩尔电导与浓度成正比。在一个足够稀的溶液中,离子的摩尔电导达到最大值,此最大值称为离子的极限摩尔电导 λ_i。A/L 的值是电导池的一个常数,待

测离子的电导率只与检测离子的电导之和有关,检测离子的电导又与极限摩尔电导有关。表6.7列出了常见离子在水溶液中的极限摩尔电导值。

表 6.7　常见离子在水溶液中的极限摩尔电导值(25 ℃)

阳离子	λ_i	阴离子	λ_i
H^+	350	OH^-	198
Li^+	39	F^-	54
Na^+	50	Cl^-	76
K^+	74	Br^-	78
NH_4^+	73	NO_2^-	71
Mg^{2+}	53	PO_4^{3-}	80
Ca^{2+}	60	SO_4^{2-}	80
Sr^{2+}	59	HCO_3^-	44.5
Cu^{2+}	56.6	CO_3^{2-}	69.3

电导池检测的是阴阳离子的总电导。以 0.1 mmol/L NaCl 溶液为例,电导 = 0.1×(50+76) = 12.6 μS/cm。我们设想,如果能将 Na^+ 以极限摩尔电导最高的 H^+ 代替,则电导 = 0.1×(350+76) = 42.6 μS/cm,电导提高了 30 μS/cm,大大提高了灵敏度。

以上我们讨论了稀溶液中浓度与电导的关系,当溶液浓度增加后,电导与浓度之间直接的正比关系便不存在了。在离子色谱法中,当被测组分浓度低于 1 mmol/L 时,电导仍正比于浓度。例如,25 ℃时,一个无限稀的 KCl 溶液的摩尔电导值 149.9,浓度为 1 mmol/L 时为 146.9,仅减少了 2%。如果电解质是弱电解质,如部分电离的酸或碱,则 c_i 必须以离子解离部分的浓度代替,因为只有这部分离子才对电导值有影响。对酸或碱,可利用 pK 值和溶液的 pH 值计算离解的程度。

影响电导测定的因素主要有待测溶液的浓度和温度。溶液的电导与溶液中溶质的浓度呈线性关系,同时这种线性关系也受溶液中离子的离解度、离子的迁移率和溶液中离子对的形成等因素的影响。温度是严重影响电导的另一个因素。一般来说,温度和电导率在一定范围内存在线性关系。因此,必须消除和减弱温度对电导测定的影响。这些可以通过保持电导池温度的恒定或通过电导率乘以一个与温度有关的校正因子,将测定值修正到温度为 25 ℃时的电导率。

2) 安培检测器

安培检测器是一种用于测量电活性分子在工作电极表面发生氧化或还原反应时所产生电流变化的检测器,其主要优点是灵敏度高、选择性好、响应范围宽及结构简单。安培检测器的检测池有三种电极,它们分别是工作电极、参比电极和对电极。在外加电压的作用下,被测物质在工作电极表面发生氧化或还原反应,检测池内产生电解反应,当氧化反应时,电子由电活性被测物质向安培池的工作电极方向转移;当还原反应时,电子由工作电极向被测物质方向移动。

根据所施加电压方式的不同,安培检测器分为恒电位安培法、脉冲安培法和积分脉冲安培法。在恒电位安培法中,一个固定电位连续施加到安培池上,被测物质在工作电极表面的氧化或还原作用产生电流,所产生电流的大小与进行电化学反应的被测物质浓度成正比。单电位时,一些反应产物使电极表面"中毒",导致测定重现性差和检测的灵敏度迅速降低。用多电位时,选择第二电位、第三电位甚至第四电位(在特定的时间内)形成电化学清洗电极表面的依次重复的电位,这样就可以得到好的重现性,测定那些无法用单电位安培法测定的组分。当采用脉冲安培法时,施加电位、脉冲时间和工作电极的材料都可以根据被测物进行选择优化以达到高的灵敏度和选择性。

安培检测器主要使用银电极、金电极、铂电极和玻碳电极四种不同材料的工作电极。表6.8列出了四种电极的应用范围。

表 6.8　安培检测器中四种工作电极的应用范围

工作电极	检测方法	检测物质
Ag	恒电位安培检测法	CN^-、I^-、Br^-、S^{2-} 等
玻碳	恒电位安培检测法	I^-、Br^-、S^{2-}、SO_3^{2-}、$S_2O_3^{2-}$、SCN^-、NO_3^- 等
Pt	恒电位安培检测法	I^-、S^{2-}、SO_3^{2-}、AsO_3^- 等
	脉冲安培检测法	醛、醇、硫脲等
	积分脉冲安培检测法	脂肪胺、氨基酸等
Au	脉冲安培检测法	糖、脂肪胺、氨基酸、醛、醇等
	积分脉冲安培检测法	氨基酸、糖、脂肪胺、氨基酸、醛、醇等

3)光学检测器

紫外-可见光检测器的基本原理是以朗伯-比尔定律为基础。它的优点有:选择性好,通过波长的改变,便可选择性地进行检测;应用面广,除可用于离子型的过渡金属、镧系元素的分析外,其紫外检测器还广泛用于有机酸以及其他有机化合物的测定;灵敏度高,很容易进行μg/L级的测定。与高效液相色谱相比较,紫外-可见光检测在离子色谱的检测方法中并不占据重要的地位,因为许多无机阴离子在紫外区域无吸收,但对电导检测是一个重要的补充。紫外-可见光检测器特别适合在高浓度 Cl^- 存在下测定样品中痕量的 Br^-、I^-、NO_3^- 和 NO_2^-,因为 Cl^- 对紫外-可见光检测不灵敏。

【例6.4】　在色谱分析中,为了测定下面的组分,宜选用哪种分析方法?

①生理盐水中钠、钾、钙、镁的检测。

②注射液中葡萄糖、果糖、蔗糖的检测。

③雨水中的氟离子、氯离子、硝酸根、硫酸根离子的检测。

④工业循环冷却水中二氧化硅的检测。

⑤中药材中拟除虫菊酯类农药的检测。

答　在色谱分析中,根据被测物的性质进行选择,以下答案可供参考,在实际应用中不限于所给的参考答案。

①钠、钾、钙、镁属于常见的阳离子检测,选用离子色谱-电导检测器。

②糖的测定,选用离子色谱-安培检测器。

③氟离子、氯离子、硝酸根、硫酸根离子属于常见的阴离子检测,选用离子色谱-电导检测器。

④工业循环冷却水中二氧化硅的检测首选离子色谱-紫外-可见光检测器。

⑤中药材中拟除虫菊酯类农药的检测,首选气相色谱,其次液相色谱和离子色谱也能用于拟除虫菊酯类农药的检测,但是操作上往往需要衍生,较为烦琐。

【例6.5】 简单叙述离子色谱与高效液相色谱的关系及异同。

答 离子色谱是液相色谱的一种,但由于它与普通高效液相色谱在仪器结构和分析对象上的差异,一般作为独立的色谱分支。两者的不同主要有以下几方面。

①在仪器结构方面,离子色谱和高效液相色谱均有溶剂输送系统、进样系统、检测系统、数据处理系统,但离子色谱和高效液相色谱所用的流动相不同,检测方式不同,在各部件上存在一定差异。

a. 离子色谱的流动相一般是缓冲溶液或者含有少量有机试剂,一般称为淋洗液。高效液相色谱的流动相一般是黏度低、背景值小、易于获得纯品的溶剂,反相高效液相色谱的流动相通常以水作为基础溶剂,再加入一定量的与水互溶的极性溶剂,如甲醇、乙腈等。

b. 离子色谱的高压输液泵,一般采用PEEK塑料作为泵体、流路和阀,而高效液相色谱由于一般采用有机溶剂作为流动相,多数采用金属泵体。随着高效液相在生物领域的广泛应用,一些在生物方面应用的高效液相色谱也采用PEEK材料作为泵体、流路和阀,使两者具有一定的通用性。

c. 检测器方面。高效液相色谱最常见的是紫外-可见光检测器,而离子色谱除了可以接紫外-可见光检测器,最常见的是电导检测器。

d. 色谱柱方面。离子色谱一般采用聚合物柱,柱效约为30 000;高效液相色谱柱多采用硅胶基质的色谱柱,柱效约为60 000。

e. 气路方面。离子色谱由于不同厂家设计不同,有的仪器设有惰性气体保护淋洗液的装置,用气量不大;而高效液相色谱中,蒸发光散射检测器和质谱检测器用到气源,用气量较大。

②在分析对象方面,离子色谱主要利用离子在水溶液中电离产生电导的特点,因此主要用于无机离子的分析,高效液相色谱要求被测物具有一定光度吸收,因此高效液相色谱一般用于有机化合物的分析。当然两者的应用并不是完全隔绝的,随着技术的不断发展进步,离子色谱也广泛用于有机化合物的分析,而高效液相色谱也可用于解决无机离子的分析,两者具有互补性。

实训项目 6.1 离子色谱仪的实验技术

○ 资源链接 ○

离子色谱仪的实验技术

▶项目描述

某色谱实验室的分析人员接到关于大气降水中的可溶性磷酸盐分离方法的开发任务。

▶能力目标

- 能够查找相关的国家标准、行业标准，甚至是国际标准。
- 能够读懂标准方法，并参照标准建立适合的离子色谱方法。
- 能够根据实际情况合理调整方法参数。

▶项目分析

①查找可溶性磷酸盐的定义和相应的标准方法。可溶性磷酸盐指通过 0.45 μm 微孔滤膜过滤，以 PO_4^{3-} 形式被检测的正磷酸盐。通过方法检索，查找到《水质 磷酸盐的测定 离子色谱法》（HJ 669—2013）符合要求。

②确认实验室是否具备对应的仪器、前处理设备以及耗材。本次任务需要纯水仪、离子色谱仪，配备阴离子抑制器和电导检测器，色谱柱主要是阴离子分离柱、阴离子保护柱（高容量烷醇季胺基团阴离子交换柱）和预处理柱（阳离子交换柱）。

③参照《水质 磷酸盐的测定 离子色谱法》（HJ 669—2013），按照仪器说明书操作仪器，编辑梯度洗脱条件见表 6.9。

表 6.9　梯度洗脱参考条件

$t/\min$	$c_{OH^-}/(\mathrm{mmol \cdot L^{-1}})$
0 ~ 7	10
7 ~ 15	10 ~ 40
15 ~ 18.5	40
18.5 ~ 24	10

④往仪器中注入少量磷酸盐标准溶液，得到磷酸盐的色谱图，如图 6.8 所示。

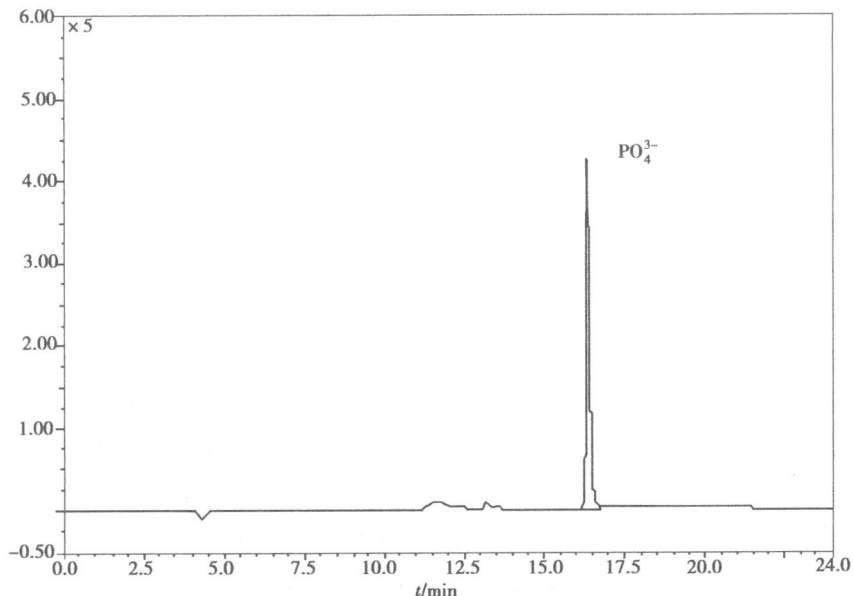

图 6.8　磷酸根离子色谱图

至此,分离方法建立完毕。在本项目中,由于是现有标准方法,而且只需要分离一种物质,所以比较简单。而在实际工作中,经常遇到需要分离多种复杂物质,离子色谱通常需要不断地优化梯度洗脱的条件,确保目标化合物都能分开,从而准确定性定量。感兴趣的同学不妨尝试做以下调查研究:离子色谱法电导测定人尿中的尿酸,参照《美国药典》测定阿司匹林药品中的水杨酸和乙酰水杨酸,离子色谱法测定伏特加中葡萄糖、果糖、蔗糖等,相信同学们在学习过程中更能体会到色谱世界的精彩。

▶项目实施

离子色谱分析方法的操作步骤如下。

1. 分离方式和检测方式的选择

分析者对待测离子应有一些一般信息,首先应了解待测化合物的分子结构和性质以及样品的基体情况,如无机还是有机离子,离子的电荷数,是酸还是碱,亲水还是疏水,是否为表面活性化合物等。待测离子的疏水性和水合能是决定选用何种分离方式的主要因素。水合能高和疏水性弱的离子,如 Cl^- 或 K^+,最好用离子交换色谱分离。水合能低和疏水性强的离子,如 ClO_4^- 或四丁基铵离子,最好用亲水性强的离子交换柱分离或离子对色谱分离。有一定疏水性也有明显水合能的 pK_a 值 $1 \sim 7$ 的离子,如乙酸盐或丙酸盐,最好用离子排斥色谱分离。有些离子既可用阴离子交换分离,也可用阳离子交换分离,如氨基酸、生物碱和过渡金属等。

很多离子可用多种检测方式。例如测定过渡金属时,可用单柱法直接用电导或脉冲安培检测器,也可用柱后衍生反应,使金属离子与4-(2-吡啶偶氮)间苯二酚(PAR)或其他显色剂作用,再用紫外-可见光检测。一般的规律是:对无紫外或可见吸收以及强离解的酸和碱,最好用电导检测器;具有电化学活性和弱离解的离子,最好用安培检测器;对离子本身或通过柱后反应后生成的络合物在紫外-可见光有吸收或能产生荧光的离子和化合物,最好用紫外-可见光或荧光检测器。若对所要解决的问题有几种方案可选择,分析方案的确定主要由基体的类型、选择性、过程的复杂程度以及是否经济来决定。表6.10 和表6.11 总结了对各种类型离子可选用的分离方式和检测方式。

离子色谱柱填料的发展推动了离子色谱应用的快速发展,为多种离子分析方法的开发提供了多种可能性。特别应提出的是在 pH 值为 $0 \sim 14$ 的水溶液和 100% 有机溶剂(反相高效液相色谱用有机溶剂)中稳定的亲水性高效高容量柱填料的商品化,使得离子交换分离的应用范围更加扩大。常见的在水溶液中以离子形态存在的离子,包括无机和有机离子,以弱酸的盐(Na_2CO_3、$NaHCO_3$、KOH、$NaOH$)或强酸(H_2SO_4、甲基磺酸、HNO_3、HCl)为流动相,阴离子交换或阳离子交换分离,电导检测已是成熟的方法,有成熟的色谱条件可参照。对近中性的水可溶的有机"大"分子(相对常见的小分子而言),若待测化合物为弱酸,则由于弱酸在强碱性溶液中会以阴离子形态存在,因此选用较强的碱为流动相,阴离子交换分离;若待测化合物为弱碱,则由于在强酸性溶液中会以阳离子形态存在,选用较强的酸作流动相,阳离子交换分离;若待测离子的疏水性较强,由于与固定相之间的吸附作用而使保留时间较长或峰拖尾,则可在流动相中加入适量有机溶剂,减弱吸附,缩短保留时间、改善峰形和选择性。对该类化合物的分离也可选用离子对色谱分离,但流动相中一般含有较复杂的离子对试剂。此外,对弱保留离子可选用高容量柱和弱淋洗液以增强保留,对强保留离子则反之。

表 6.10　分离方式和检测器的选择(阴离子)

分析离子			分离方式	检测器
无机阴离子	亲水性	强酸	F^-、Cl^-、NO_3^-、Br^-、SO_3^{2-}、NO_2^-、PO_4^{3-}、SO_4^{2-}、ClO_4^-、ClO_3^-、ClO^-、BrO_4^-、低分子量有机酸	阴离子交换	电导 紫外-可见光
			SO_3^{2-}	离子排斥	安培
			砷酸盐、硒酸盐、亚硒酸盐	阴离子交换	电导
			亚砷酸盐	离子排斥	安培
		弱酸	BO_3^{3-}、CO_3^{2-}	离子排斥	电导
			SiO_3^{2-}	离子交换 离子排斥	紫外-可见光
	疏水性		CN^-、HS^-(高离子强度基体) BF_4^-、$S_2O_3^{2-}$、SCN^-、ClO_4^-、I^-	离子排斥 阴离子交换 离子对	安培 电导
	缩合磷酸剂 多价螯合剂		未络合	阴离子交换	紫外-可见光
			已络合		电导
	金属络合物		$Au(CN)^-$、$Au(CN)_4^-$、 $Fe(CN)_6^{4-}$、$Fe(CN)_6^{2-}$、EDTA-Cu	离子对 阴离子交换	电导
有机阴离子	羧酸	一价	脂肪酸,C<5(酸消解样品,盐水,高离子强度基体)	离子排斥	电导
		一至三价	脂肪酸,C>5 芳香酸	离子对 阴离子交换	电导 紫外-可见光
			一元、二元、三元羧酸+无机阴离子羟基羧酸、二元和三元羧酸+醇	阴离子交换 离子排斥	电导
	磺酸		烷基磺酸盐、芳香磺酸盐	离子对 阴离子交换	电导 紫外-可见光
	醇类		C<6	离子排斥	安培

表 6.11　分离方式和检测器的选择（阳离子）

分析离子			分离方式	检测器
无机阳离子		Li^+、Na^+、K^+、Rb^+、Cs^+、Mg^{2+}、Ca^{2+}、Sr^{2+}、Ba^{2+}、NH_4^+	阳离子交换	电导
	过渡金属	Cu^{2+}、Ni^{2+}、Zn^{2+}、Co^{2+}、Cd^{2+}、Pb^{2+}、Mn^{2+}、Fe^{2+}、Fe^{3+}、Sn^{2+}、Sn^{4+}、Cr^{3+}等	阴离子交换、阳离子交换	紫外-可见光 电导
		Al^{3+}	阳离子交换	紫外-可见光
		Cr^{6+}（CrO_4^{2-}）	阴离子交换	紫外-可见光
	镧系金属	La^{3+}、Ce^{3+}、Pr^{3+}、Nd^{3+}、Sm^{3+}、Eu^{3+}、Gd^{3+}、Tb^{3+}、Dy^{3+}、Ho^{3+}、Er^{3+}、Tm^{3+}、Yb^{3+}、Lu^{3+}	阴离子交换 阳离子交换	紫外-可见光
有机阳离子		低分子量烷基胺、醇胺、碱金属和碱土金属	阳离子交换	电导 安培
		高分子量烷基胺、芳香胺、环己胺、季胺、多胺	阳离子交换、离子对	电导 紫外 安培

2. 色谱条件的优化

1）改善分离度

①稀释样品。对组成复杂的样品，若待测离子对树脂亲合力相差颇大，就要做几次进样，并用不同浓度或强度的淋洗液或梯度淋洗。若待测离子之间的浓度相差较大，而且对固定相亲合力差异较大，增加分离度的最简单方法是稀释样品或做样品前处理。例如，盐水中 SO_4^{2-} 和 Cl^- 的分离。若直接进样，在常用的分析阴离子的色谱条件下，其色谱峰很宽而且拖尾，30 min 之后 Cl^- 的洗脱仍在继续，表明进样量已超过分离柱容量。在这种情况下，在未恢复稳定基线之前不能再进样。若将样品稀释 10 倍之后再进样就可得到 Cl^- 与痕量 SO_4^{2-} 之间较好的分离。对阴离子分析推荐的最大进样量，一般为静态柱容量的 30%，超过这个范围就会出现大的平头峰或肩峰。

②改变分离和检测方式。若待测离子对固定相亲合力相近或相同，样品稀释的效果常不令人满意。对于这种情况，除选择适当的流动相之外，还应考虑选择适当的分离方式和检测方式。例如，NO_2^- 和 ClO^-，由于它们的电荷数和离子半径相似，在阴离子交换分离柱上共淋洗。但 ClO^- 的疏水性大于 NO_2^-，在离子对色谱柱上就很容易分开了。又如 NO_2^- 与 Cl^- 在阴离子交换分离柱上的保留时间相近，常见样品中 Cl^- 的浓度又远大于 NO_2^-，使分离更加困难，但 NO_2^- 有强的紫外吸收，而 Cl^- 则很弱，因此应改用紫外检测器测定 NO_2^-，用电导检测器测定 Cl^-，或将两种检测器串联，于一次进样同时检测 Cl^- 与 NO_2^-。对高浓度强酸中有机酸的分析，若采用离子排斥，由于强酸不被保留，不干扰有机酸的分离。

③样品前处理。对高浓度基体中痕量离子的测定,例如海水中阴离子的测定,最好的方法是对样品做适当的前处理。除去过量 Cl^- 的前处理方法有:使样品通过 Ag^+ 型前处理柱除去 Cl^-,或进样前加 $AgNO_3$ 到样品中沉淀 Cl^-;也可用阀切换技术,其方法是使样品中弱保留的组分和 90% 以上的 Cl^- 进入废液,只让 10% 左右的 Cl^- 和保留时间大于 Cl^- 的组分进入分离柱进行分离。

④选择适当的淋洗液。参照【例 6.3】选择淋洗液。

2)缩短保留时间

缩短分析时间与提高分离度的要求有时是相矛盾的。在能得到较好的分离结果的前提下,分析的时间自然是越短越好。为了缩短分析时间,可改变分离柱容量、淋洗液流速、淋洗液强度,在淋洗液中加入有机改进剂和用梯度淋洗技术。

最简单的方式是减小分离柱的容量,或用短柱。例如,用 3 mm×500 mm 分离柱分离 NO_2^- 和 SO_4^{2-},需用 18 min;而用 3 mm×250 mm 的分离柱,用相同浓度的淋洗液只用 9 min。但 NO_2^- 和 SO_4^{2-} 的分离不好,若改用稍弱的淋洗液就可得到较好的分离。

增大进样体积有利于提高检测灵敏度,但会导致大的系统死体积,即大的水负峰,因而推迟样品离子的出峰时间。如在戴安的 AS11 柱上用 NaOH 为淋洗液,进样量分别为 25 μL、250 μL 和 750 μL 时,F^- 的保留时间分别为 2.0 min、2.5 min 和 3.6 min。为了缩短保留时间,最好用小的进样体积。

增加淋洗液的流速可缩短分析时间,但流速的增加受系统所能承受的最高压力的限制,流速的改变对分离机理不完全是离子交换的组分的分离度的影响较大。例如,对 Br^- 和 NO_2^- 的分离,当流速增加时分离度降低很多,而分离机理主要是离子交换的 NO_2^- 和 SO_4^{2-},甚至在很高的流速时,它们之间的分离度仍很好。

增加淋洗液的强度对分离度影响与缩短分离柱或增加淋洗液的流速相同。用较强的淋洗离子可加速离子的淋洗,但对弱保留和中等保留的离子,会降低分离度。当用弱淋洗液(如 $B_4O_7^{2-}$)分离弱保留样品离子时,弱保留离子如奎尼酸盐、乳酸盐、乙酸盐、丙酸盐、甲酸盐、丁酸盐、甲基磺酸盐、丙酮酸盐、戊酸盐、一氯醋酸盐、BrO^- 和 Cl^- 等得到较好分离。但一般样品中都含有一些对阴离子交换树脂亲合力强的离子,如 SO_4^{2-}、PO_4^{3-} 等,如果用等浓度淋洗,它们将在一小时之后甚至更长时间才被洗脱。对这种情况,应于样品分析完毕,用高浓度的强淋洗液作样品再进一次样,将强保留组分从柱中推出来,或者用较强的淋洗液洗柱子半小时。在淋洗液中加入有机改进剂,可缩短保留时间和减小峰的拖尾。

3)改善检测灵敏度

方法一:调试仪器。按说明书操作,使仪器在最佳工作状态,得到稳定的基线,才可将检测器的灵敏度设置在较高灵敏挡,这是提高检测灵敏度的最简单方法,但此时基线噪声也随之增大。

方法二:增加进样量。直接进样,进样量的上限取决于保留时间最短的色谱峰与死体积之间的时间,例如用 IonPac CS 12A 柱,12 mmol/L 硫酸作淋洗液。进样体积 1 300 μL,可直接用电导检测 μg/L 级别的碱金属和碱土金属。

方法三:使用浓缩柱。此法一般只用于较清洁的样品中痕量成分的测定,用浓缩柱时要注意,不要使分离柱超负荷。柱子的动态离子交换容量小于理论值的 30%。对弱保留的离子,若浓缩柱的柱容量不是足够大,则用加大进样量方法所得到的结果较用浓缩柱好。

　　方法四:使用微孔柱。离子色谱中常用的标准柱的直径为 4 mm,微孔柱的直径为 2 mm。因为微孔柱较标准柱的体积小 4 倍,在微孔柱中进同样(与标准柱)质量的样品,将在检测器产生 4 倍于标准柱的信号。从动力学的角度考虑,在相同的流动线速度下,内径较大的柱子比内径较小的柱子有较大的洗脱体积,故样品在内径较大的柱子内被稀释的程度较内径较小的柱子严重。另外,内径较小的柱子在进行离子交换时更易洗脱,同时死体积较小,因此即使进样量较大也不会出现色谱峰严重拖尾的现象,同时可以避免使用浓缩柱时可能会出现的由于过高的基体造成某些待测离子不能定量保留的现象,而淋洗液的用量只为标准柱的四分之一,可减少淋洗液的消耗。

基础理论6.3　　离子色谱的应用

　　离子色谱作为色谱法的其中一种,其定性方法与气相色谱、液相色谱相似,最为常见的是采用标准样品的保留时间定性。而在联用技术方面,离子色谱和电感耦合等离子体质谱联用技术在形态分析中有着无可替代的作用。

　　定量分析的依据是被测组分的量与响应信号成正比,但相同含量的物质由于物理、化学性质的差别,即使在同一检测器上产生的信号也不同,直接用响应信号定量,必然导致较大误差,故引入校正因子。校正因子是定量计算公式中的比例常数,其物理意义是单位面积所代表的被测组分的量。常见的方法有归一化法、外标法和内标法,在此不一一赘述。

实训项目 6.2　　测定大蒜中的糖类含量

○ 资源链接 ○

离子色谱法测定地表水中的无机阴离子(SO_4^{2-}、Cl^-)　　《水质 无机阴离子(F^-、Cl^-、NO_2^-、Br^-、NO_3^-、PO_4^{3-}、SO_3^{2-}、SO_4^{2-})的测定 离子色谱法》(HJ 84—2016)

▶项目描述

　　某高校分析实验室开展兴趣实验,欲对市售大蒜的糖类含量进行检测。

▶能力目标

- 能准确配制标准系列溶液。
- 能够对样品进行合适的前处理。
- 能正确进行仪器的操作练习及数据处理。

●实训报告的书写规范、准确。

►**项目分析**

　　根据文献调研,确定实验方案。大蒜中的糖类多为葡萄糖、果糖、半乳糖等,因而确定了离子色谱安培检测方法来完成本次实验。

►**项目实施**

一、仪器和试剂

　　1.仪器

　　①ICS-2500 离子色谱仪(美国戴安公司),Au 为工作电极,Ag/AgCl 为参比电极的脉冲安培检测器。

　　②DEAE 纤维素树脂柱,AminoPac PA10(2 mm×250 mm)离子色谱分离柱。

　　③低温粉碎破碎机(图6.9)。

　　④离心机(图6.10)。

图6.9　低温粉碎破碎机　　　　图6.10　离心机

　　2.试剂

　　①200 mmol/L 氢氧化钠溶液。

　　②超纯水(电导率小于 0.5 μS/cm,并经过 0.45 μm 微孔滤膜过滤的去离子水)。

　　③单糖标准物质(鼠李糖、阿拉伯糖、半乳糖、葡萄糖、甘露醇和果糖)。

二、基本操作

　　1.配制单糖标准系列溶液

　　用分析天平分别称取鼠李糖、阿拉伯糖、半乳糖、葡萄糖、甘露醇和果糖各 100.0 mg 置于 50 mL 烧杯中,加入 5 mL 超纯水溶解,转移至 50mL 容量瓶中,再用少许超纯水淋洗烧杯数次,并转移至容量瓶中,定容,得到各单糖浓度为 2 000 mg/L 的混合储备液。

　　用移液枪分别吸取上述储备液 0,25,50,150,750,1 500 μL 于 50 mL 容量瓶中,用超纯水定容至刻度,得到浓度分别为 0,1,2,6,30,60 mg/L 的标准溶液。

　　2.大蒜样品的前处理

　　将大蒜洗涤、去皮后,用 3 倍量水煮沸 20 min,破碎、打浆、压榨,取上清液于 60 ℃下浓缩至可溶性固形物(浓度为10%),然后上DEAE纤维素树脂柱,水洗,洗脱液用5%苯酚-硫酸试剂洗脱多糖,经冷冻干燥得到中性多糖部分。

将大蒜多糖样品13 mg置于具塞玻璃管中,加入0.7 mL 6 mol/L硫酸,室温下放置1 h,充分溶解后,再用6倍蒸馏水稀释,封口,100 ℃水解1 h。水解液用2 mol/L的氢氧化钠中和至pH值约为7,用0.2 μm的一次性滤头过滤,收集滤液并用蒸馏水定容至10 mL。

3. 设置色谱条件

AminoPac PA10(2 mm×250 mm)离子色谱分离柱,柱温30 ℃,淋洗液10.0 mmol/L NaOH。在仪器软件界面编辑方法。

4. 定性分析

调用方法,依次单标进样,记录保留时间,单糖的标准色谱图如图6.11所示,6个化合物均实现完全分离,满足分析需要,无须再优化。

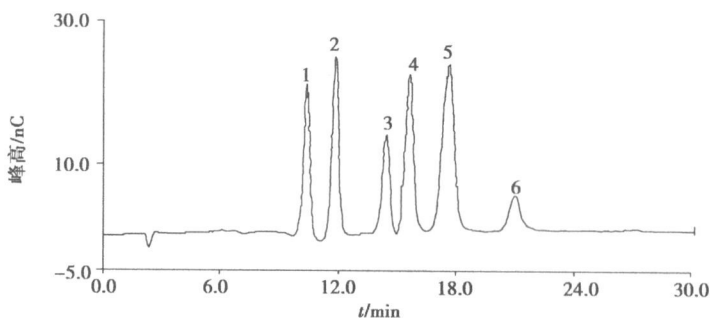

图6.11　单糖的标准色谱图

1—鼠李糖；2—阿拉伯糖；3—半乳糖；4—葡萄糖；5—甘露醇；6—果糖

5. 定量分析(标准曲线的绘制)

将配制的单糖标准溶液系列,从低浓度到高浓度依次进入离子色谱分析,得到标准曲线,见表6.12。

表6.12　标准样品的校准曲线和相关系数

单糖	标准曲线	相关系数	单糖	标准曲线	相关系数
鼠李糖	$y = 42.76x + 0.023$	0.999 1	葡萄糖	$y = 36.24x - 0.019$	0.999 5
阿拉伯糖	$y = 50.39x + 0.031$	0.999 3	甘露醇	$y = 25.71x + 0.026$	0.999 4
半乳糖	$y = 45.11x + 0.028$	0.999 1	果糖	$y = 9.61x - 0.017$	0.999 5

6. 样品的测定

将处理好的待测液注入离子色谱仪。记录保留时间和峰面积,保留时间定性,峰面积定量。该样品的色谱图如图6.12所示。

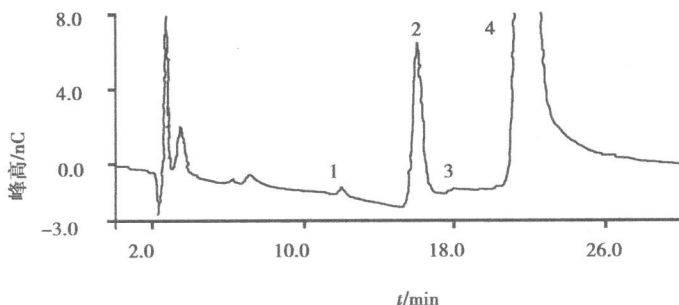

图 6.12　实际样品的色谱图
1—半乳糖;2—葡萄糖;3—甘露醇;4—果糖

三、数据记录及处理

在仪器的软件上,查看结果,其中半乳糖 0.003 15 mg/L,葡萄糖 0.137 mg/L,甘露醇 0.003 23 mg/L,果糖 7.43 mg/L。由此看出,大蒜多糖主要由果糖和葡萄糖组成,此外还有少量的半乳糖和甘露醇。

四、注意事项

①细菌。细菌滋生对离子色谱有较大的负面影响,它会破坏分离柱。不少离子色谱问题往往是由于藻类、细菌和霉菌的滋生引起的。

防止细菌滋生的措施:淋洗液、再生液以及冲洗液应保持新鲜,定期更换;所有容器用水冲洗后再用甲醇/水(1:4)或丙酮/水(1:4)冲洗;如果仍有细菌滋生,可以在淋洗液中加入 5% 甲醇或丙酮。

②颗粒。离子色谱仪出现的压力过载往往是管路中进入颗粒物造成。颗粒物的来源有:细菌的滋生,样品、淋洗液、再生液未过滤。使用淋洗液过滤头、在线过滤器以及保护柱可以将危险降到最小,上述部件都属于离子色谱仪的基本耗材,实验室要有足够的库存备用。

③水质。离子色谱仪以水性介质为主,因此水的好坏对结果影响很大。如果遇到标准曲线线性不好,谱图中待测离子出现负峰的问题,就需要追查实验室的水质问题了。离子色谱仪的用水要求是电阻大于 18 MΩ,用小于 0.45 μm 滤膜过滤。

④试剂。所有试剂都应当是分析纯以上,最好是优级纯。标准品应当是离子色谱专用的,尤其是阳离子标准品。需特别注意,原子吸收所用的标准品和样品是用酸溶解的,不能用在离子色谱仪上。

⑤淋洗液。使用超纯水配制,各化学成分比例准确,无细小颗粒,无气泡。淋洗液最长不能超过一周,更换淋洗液后一定要注意排气泡。强碱性淋洗液要防止二氧化碳的吸附,测量痕量阳离子(ppb 级)时不能用玻璃容器存放淋洗液。为了改善峰形可以往淋洗液中添加适量的改性剂,如分离一价离子钠、铵、钾,也可以向淋洗液中添加适量的 18-冠醚-6。

⑥分离柱。使用时要注意色谱柱的最大流速、最大压力和 pH 值范围。柱子接入系统时,先冲洗 10 min 以上再接检测器,便于气泡赶出。再生时需要反方向冲洗。

阳离子色谱柱使用中要注意温度的影响,如未配置柱温箱,建议用柔软材料包裹色谱柱,且测定时尽量不要打开柱箱门。

短时间不用,可直接将柱子两端盖上塞子,放在盒中保存;长时间不用,阴离子柱应保存在 10 mmol/L Na$_2$CO$_3$ 中,阳离子则在 4 ℃冰箱冷藏保存。

⑦抑制器。抑制器要避免在未通液体时空转,以减少柱芯陶瓷片磨损。不可用手接触抑制器陶瓷片。特别指出,硫酸再生液会对低浓度的硫酸根测定造成一定污染,可以选择 10 mmol/L 草酸+5% 丙酮为再生液。

⑧阴阳系统更换。通常的实验室一般只配一部离子色谱仪,这时候往往做完阴离子分析,还要接着做阳离子分析,需要执行下面的操作。将阴离子柱和保护柱拆下,用超纯水以流速 2.5 mL/min 冲洗系统 20 min;换上阳离子淋洗液,以流速 2.5 mL/min 分级冲洗泵、进样六通阀约 10 min 后,接上保护柱,以柱标准流速冲洗保护柱约 10 min;接上分离柱,以柱标准流速冲洗分离柱约 10 min;接上检测器,平衡约 1 h。

思考与练习

──────○ 资源链接 ○──────

岗位 6 习题

岗位 6 习题答案

思政阅读

──────○ 资源链接 ○──────

科学家故事——钱学森

参考文献

[1] 黄一石,吴朝华,杨小林.仪器分析[M].3版.北京:化学工业出版社,2013.

[2] 邓勃.原子吸收光谱分析的原理、技术和应用[M].北京:清华大学出版社,2004.

[3] 丁敬敏,吴朝华.仪器分析测试技术[M].北京:化学工业出版社,2011.

[4] 邓勃,何华焜.原子吸收光谱分析[M].北京:化学工业出版社,2004.

[5] 谷雪贤,黎春怡,柳滢春.仪器分析使用技术[M].北京:化学工业出版社,2011.

[6] 穆华荣.分析仪器维护[M].3版.北京:化学工业出版社,2015.

[7] 陈集,朱鹏飞.仪器分析教程[M].2版.北京:化学工业出版社,2016.

[8] 王炳强.仪器分析:光谱与电化学分析技术[M].北京:化学工业出版社,2010.

[9] 北京大学化学系仪器分析教学组.仪器分析教程[M].2版.北京:北京大学出版社,2005.